Chengjiu Meiyige Xuesheng de Mengxiang

成就每一个学生的梦想

——鲍贤俊交通职业教育理论与实践文集

鲍贤俊　著

人民交通出版社

内 容 提 要

本书是鲍贤俊校长多年从事职业教育工作，勤学不辍，特别是多年担任校长的经历的一种总结，也是上海市名校长名师培养工程（以下简称“双名”工程）的重要成果之一。其中有鲍贤俊校长在办学过程中的体会感悟，更多的是他在大胆创新、敢于改革、勇于实践的过程中所获得的经验和智慧。本书共收录文章55篇，涉及交通职业教育建设发展的方方面面，富有交通特色，对广大职业教育工作者而言，值得研读、参考和借鉴。

图书在版编目（CIP）数据

成就每一个学生的梦想：鲍贤俊交通职业教育理论与实践文集 / 鲍贤俊著. —北京：人民交通出版社，2013.11

ISBN 978-7-114-10993-5

Ⅰ.①成… Ⅱ.①鲍… Ⅲ.①交通运输业－职业教育－文集 Ⅳ.①U-53

中国版本图书馆 CIP 数据核字（2013）第 267042 号

书　　名：成就每一个学生的梦想——鲍贤俊交通职业教育理论与实践文集
著 作 者：鲍贤俊
责任编辑：卢仲贤　任雪莲　刘　君
出版发行：人民交通出版社
地　　址：（100011）北京市朝阳区安定门外外馆斜街 3 号
网　　址：http://www.ccpress.com.cn
销售电话：（010）59757973
总 经 销：人民交通出版社发行部
经　　销：各地新华书店
印　　刷：北京市密东印刷有限公司
开　　本：787 × 980　1/16
印　　张：19
字　　数：381 千
版　　次：2013 年 11 月　第 1 版
印　　次：2013 年 11 月　第 1 次印刷
书　　号：ISBN 978-7-114-10993-5
定　　价：78.00 元
（有印刷、装订质量问题的图书由本社负责调换）

序 一

鲍贤俊院长是我在人民交通出版社工作期间认识的一位博学、善思的职业教育工作者。欣闻他将自己多年的从业体会整理成册，取名为“成就每一个学生的梦想”，我深感钦佩，一则为他的思想成就，一则为他作为人民教师的崇高价值追求。

交通运输是国民经济的基础性、先导性产业和服务业性行业，其发展水平，是一个国家现代化程度的重要标志。新中国成立以来，特别是改革开放以来，我国的交通运输事业获得了巨大的发展。铁路、公路、水运、民航基础设施不断完善，综合运输系统快速发展，运输服务水平和服务能力大幅度提高，安全发展和应急保障能力明显提升，信息化、智能化发展在交通运输现代化建设中的作用越来越突出。交通运输的发展成就为经济社会平稳健康发展和人民群众便捷安全出行提供了基础条件，高速公路、高速铁路、民航、小汽车进入家庭、交通运输信息服务、现代物流的发展深刻地改变了人们的时间和空间观念，从而深刻地改变了人们的生产和生活方式。

掩卷深思，三十多年交通运输的建设与发展历史，恰好是科学技术不断发展和劳动者素质不断提高的过程，也是广大交通运输参与者素质不断提高的过程。其中，交通运输职业教育功不可没。

事实上，伴随着中国交通运输事业的发展，全国交通职业教育体系也在不断发展完善。为深入实施“人才强交”战略，交通运输部专门调整成立交通运输职业教育教学指导委员会，加强与全国各省、直辖市、自治区以及地县交通职业院校的联系与沟通，着力在交通职教理论与实践方面加强研究、咨询、指导和服务；各地交通院校也积极参与行指委的各项活动，积极开展交通运输职业教育教学改革，在课题研究、技能竞赛、教学资源库建设及教材开发等各个方面取得了卓越成效。与此同时，各地交通职业院校也涌现了一批大胆创新、敢于改革、勇于实践的职业教育领军人物，上海交通职业技术学院院长、上海市交通学校校长鲍贤俊就是其中的一个代表。

鲍贤俊院长从事交通职业教育工作三十年，对改革开放以后我国交通运输业发展进程非常了解，是交通运输技能人才培养方面的专家。作为交通运输部续聘的交通运输管理类专业教学指导委员会主任委员，鲍贤俊院长一直致力于推动交通职业教育理论研究和实践探索，在交通职业教育专业建设、课程改革、师资队伍、人才培养、实训中心建设、中外职业教育比较研究等方面颇有建树；又因为他担任院校长十余年，有着丰富的教育教学一线管理经验，对于交通职业教育的改革发展颇有心得。多年实践出真知，他的交通职业教育理论研究与探索源于实践，因此显得特别真实和可贵，所取得的研究和实践成果亦颇为丰硕。

现在，鲍贤俊院长不吝珠玉，将其在交通职业教育领域多年所获得的研究成果、改革探索、心得体会、经验总结等文稿结集出版，既是对他本人三十年交通职业教育工作的一种总结，也是交通职业教育理论与实践研究的一种成果。尤其鲍贤俊院长坚持走改革创新道路，近年来多涉及对现代职教体系构建方面的研究，在中高职教育衔接、校企合作集团化办学、专业国际化教学标准开发等新领域尝试探索和实践，富有前瞻性，积累了宝贵的经验，并收录在这本文集里，其中的一些与交通运输行业指导委员会的近期工作方向不谋而合，相信对广大交通职业院校开展内涵建设和教育教学理论研究及应用亦会有所助益。

站在交通运输部科技司的角度，我们希望通过这本文集，在加快发展现代职业教育，形成有中国特色现代交通运输职业教育体系方面，充分发挥交通职业院校的积极作用，全面推进中高职教育衔接，深化专业课程体系改革，推动学历证书和职业资格衔接、职业技能大赛与产业发展同步，加快推进职教集团化办学，为培养更多更好的交通运输技能人才做出新的贡献。

交通运输部科技司司长 赵冲久

二〇一三年九月

序　二

职业教育是促进就业和改善民生的重要保障，也是提高从业人员职业技能、建设现代服务业和先进制造业的重要基础。近年来，上海坚持大力发展职业教育，将职业教育的目标任务写入《上海市中长期教育改革和发展规划纲要（2010—2020年）》，旨在推进上海职业教育的改革发展，为上海经济转型和社会进步输送知识型、发展型技能人才。

三年来，上海的职业教育着力改革创新人才培养模式，推出一系列举措：调整优化专业结构和课程设置，开展51个专业国际教学标准开发；试点中高职教育贯通培养，打通技能型人才深造发展渠道，至今试点四年，从最初的七所中高职院校，发展到现在的三十多所院校；开展“双证融通”试点工作，着力推进学历证书与职业资格证书并重的双证培养模式；以推进职业教育集团化办学为基础，深入推进现代职教体系构建；实施职业培训模块可叠加的“学分银行”制度，为学生的多元发展提供保障等。许多工作富有开创性，没有经验可汲取，需要大量高素质的职业教育工作者去开拓、创新、实践、总结，这就要求我们加快培养一大批优秀的职业教育工作者。

上海市名校长名师培养工程（以下简称“双名”工程）正是基于建设人力资源强国的高要求，实现“教育家办学”的理想，办人民满意教育的需要，基于上海增强城市创新力赋予教育的责任,基于上海优秀教育精神和文化的传承发展,这一面向广大优秀教育工作者的重要的培养工程,也将职业教育界的优秀校长、优秀教师纳入其中。

搭建这样一个优质学习平台,旨在培养具有优良师德修养、先进教育理念、厚实专业素养,在教育教学、学校管理中勇于改革创新,破解难题,有较深刻学术思想、独到教育教学策略和风格、明显办学特色的校长和教师。为此,我们邀请了一批办学卓有成效、有知名度和影响力的优秀老校长和一批有丰富教学经验、有崇高师德和学术素养的优秀教师担任主持人和导师,努力造就数十名在全国有较高知名度和影响力,有较强教学能力、管理能力和研究能力,能参与国际教育交流的教育教学专家,打造新的领军团队,加快优秀新生代的成长步伐。"双名"工程从2004年下半年开始策划筹备,至2006年初第一期"双名"工程正式启动至今已完成两期培训,并于2012年3月起开展第三期培训。

鲍贤俊院长是"双名"工程第一期职教名校长学员、第二期张云生职教名校长基地副主持人、第三期"双名"工程职校校长二组主持人。在担任第二期副主持人期间,他作为22名重点培养学员之一还参加了上海在北京人大附中设立的"卓越校长"培训,全国著名的人大附中校长刘彭芝担任导师。可以说,鲍贤俊校长历经"双名"工程三期培训全过程,加之丰富的职业教育工作经验和校长经历,以及孜孜不倦的学习,鲍贤俊院长始终走在上海职业教育改革创新的前列,已然成为上海职教界的名校长和领军人物之一。

当前职业教育正处在大好的发展机遇期,职业教育应以现代职教体系构建为主题,应正确解决职业教育与就业市场的关系,职业教育与其他教育的关系,职业教育内部各层次之间的关系。职业教育的发展要突显就业优势,要有健全的职业资格证书体系,有行业准入和岗位准入机制,有职业资格证书与工资收入挂钩的机制,同时不仅要重视对学生岗位技能的培养,更要重视对学生文化素养、综合能力的培养。对于广大职业教育的校长,尤其是“双名”工程名校长学员而言,要努力提高理论水平和业务能力,努力向前辈校长学习,共同探索职业教育科学发展道路;要密切关注行业发展,对行业发展有敏锐嗅觉,在行业里有发言权,保证学校的培养目标、规格和标准与行业企业的需求保持一致;要密切关注学生的发展,将职业院校学生发展作为一个课题,积极探索研究职校学生发展评判标准;要重视师资队伍建设,重视对专业主任、骨干教师的培养,这是学校育人的基本力量。

《成就每一个学生的梦想——鲍贤俊交通职业教育理论与实践文集》(以下简称“《文集》”),是鲍贤俊院长多年从事职业教育工作,勤学不辍,特别是多年担任校长的经历的一种总结,也是“双名”工程的重要成果之一。其中有鲍贤俊院长在办学过程中的体会感悟,更多的是他在大胆创新、敢于改革、勇于实践的过程中所获得的经验和智慧。通过这本《文集》,我们可以窥见上海职教界近二十年的发展进程,看到鲍贤俊院长职教理论体系、思想体系、办学风格的轨迹已初步形成。《文集》共收录文章55篇,凡25万余言,涉及交通职业教育建设发展的方方面面,富有交通特色,对广大职业教育工作者而言,值得研读、参考和借鉴。

上海市教育委员会副主任 印杰

二〇一三年九月

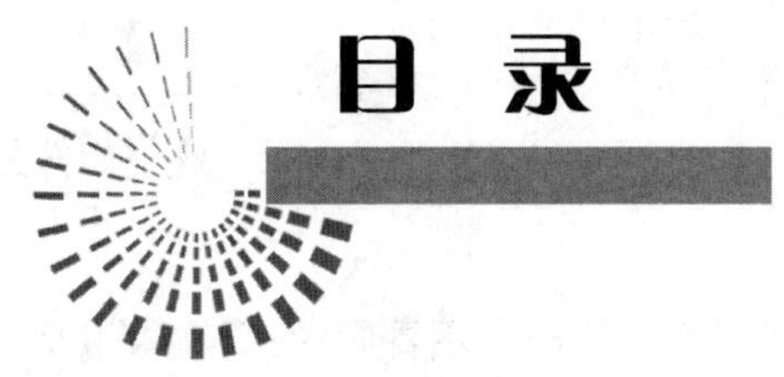

目录

专业建设与课程改革篇

教育管理与基础能力建设篇

人才培养与德育工作篇

校企合作与集团化办学篇

中外职业教育比较与职教发展篇

跋

专业建设与课程改革篇

➜ 我校对“汽车运用工程”专业的建设与构想

➜ 专业建设是职业院校发展的立校之本

➜ 协调各专业之间的平衡有序发展

➜ 发挥职教集团优势　服务上海现代物流产业

➜ 职业院校专业设置与经济社会发展适应性研究

➜ 上海市交通学校课程改革方案开发计划（2005—2008）

➜ 适应以就业为中心的课程体系创新

➜ 德育为先　技能为道

➜ 课程改革永远在路上

我校对"汽车运用工程"专业的建设与构想

自1991年交通部教育司对我校汽车运用工程专业(以下简称汽运专业)进行教育质量评估试点工作以来,我校在主管单位的关心支持下,一直注重加强对该专业的建设,该专业已成为我校的主干特色专业。现将有关专业建设情况和下一步工作构想作如下阐述:

一、注重建设,谋求发展

1.建设一支有水平、有责任心、有上进心的"三有"师资队伍

(1)注重教师的业务进修和继续教育。我们组织全校教师参加教育学、心理学培训,并取得了上海市教委核发的合格证书。根据上海市教委的要求,我们又拟订了"240工程"的实施计划,即每位教师必须在三年内进修完成240课时的学习工作量,否则将影响职称评审。1996年1月,我们用40课时组织了9位教师参加汽车电子喷射等汽车新技术培训。6月,又用40课时开办了以汽车维修检测技术为主题的培训,我校共有11位汽车专业教师和实验室指导教师参加并取得市教委颁发的单课合格证。

(2)注重提高教师的实践动手能力。学校还有计划地选送专科毕业生到高校深造,现有3名中专生和1名大专生取得了本科学历。我们在要求学历达标的同时,更注重对专业教师实践动手能力的培养。我们要求在学生做汽车实验时,每一位教师必须同时跟班到实验室,进行带教。学生下车间、工厂实习期间,专业教师亦深入基层,解决汽车维修方面的难题。在上海市首批批准的从事汽车维修工职业鉴定工作并具有劳动部核发的考评员证书的40位考官中,我校就占了6名。我校秦如刚老师还参加了《汽车维修工职业技能鉴定规范》的编写,此书已由上海市科技出版社正式出版。

(3)注重对青年教师的培养。学校组织资深教师做好传、帮、带工作,通过听课、试讲、带课三步曲,使青年教师快步提高教学水平。1996年5月,在市教委组织的中专、职校汽车维修专业学生技术大比武中,我校青年教师左适够被特聘为评委。

(4)注重对实验和实习指导老师的培养。我们积极创造条件让实验、实习教师进修业务,进行等级培训。学校近几年培养了3名技师,其中1名被上海交运(集团)公司评为优秀技师。我们还要求实习工厂的5位指导教师进行高级工培训,其中3位汽修工指导教师已完成高级工培训考核任务。我校有4位在实验室和实习工厂工作的指导教师获得了劳动部颁发的职业资格鉴定考评员证书。

2. 建设一个设施先进的实验实习基地

(1)多方筹措资金,加强硬件建设。"八五"期间,学校通过上海市教委和主管局拨款,外方赠送,以及自筹经费等途径,投入到该专业实验、实习基地建设的资金高达230万元,年平均达到46万元,有力地促进了硬件建设。

(2)建立校外实习基地,扩大实习规模,提高实习质量。随着汽运专业在校生人数的逐年增加和汽车新技术的不断发展,我们深感学校场地设备不够,为此,在学校就近地段又租用了1000m^2作为实习工厂。为了弥补我校在车型上的不全,我们坚持走厂校挂钩的路子,建立校外实习基地,聘请工厂领导担任我校的高级顾问,请他们定期来校讲课,传授汽车新技术,同时我校将教学动态及时寄给工厂,互相沟通信息。如幼狮高级轿车维修(集团)公司就是我校的校外实习基地之一,该公司是美国通用汽车特约维修中心。

3. 建设一套能反映现代科学技术的专业教材

课程改革是教育改革的核心,而教材改革又是课程改革的核心,因此,我校积极鼓励教师参加各类教材的编写。几年来,我校先后有7人参加了交通部汽运专业学科委员会布置的公开出版和内部发行的交通系统统编教材的编写。最近,我校专业课教师已编写了由上海交通大学出版社出版的一套共7本有关现代汽车的结构与维修方面的教学参考书。另外,我校部分教师还承担了由交通部汽运职教研究会牵头、上海科技出版社出版的汽车维修类等级工技术培训教材的编写任务。通过教材的编写,促使我们的专业教师不断地更新知识,将最新的知识传授给学生。

4. 建设一个有特色,能提供最新信息的"汽车专业资料室"

为提高教育质量,学校专门建立了"汽车专业资料室",并投入10万元资金购置专业图书。目前该资料室已拥有10286册专业图书,达到在校生人均62册。同时订阅了《中国汽车报》等专业报刊15种。

二、深化教学改革,提高教学质量

(1)坚持有效的传统教学管理,严格执行部颁《交通普通中等专业学校教学管理规范》。

(2)大胆进行课程改革试点,不断探索汽车专业教学改革的新路子。

学校对9011班进行了改革试点,将专业课程建立成机械设计、汽车发动机、汽车底盘、汽车电气四个教学模块,并按照循序渐进、螺旋上升规律,分阶段、由浅入深、由感性到理性、"面"和"块"结合来实施,即建立"一条主线、三个方面、四个教学模块"的课程结构体系。试点后,受到了教师和学生的欢迎。

(3)强化电化教学手段。

课堂教学采用多种电化教学手段,如投影、录像、幻灯等。通过电化教学,不仅能增加单位时间内授课信息量,从而避免因增加了新技术的内容而过多地增加授课学时的矛盾,而且能直观、形象、生动地表现授课内容,增强了授课效果。

(4)积极参加全市教学法改革评比。

我校专业科老师汤定国、孟宪海分别于1994年10月和1996年6月获得了上海市教委授予的上海市教学法改革评选三等奖和二等奖。我校1994年、1996年被市教委评为教学法改革评比先进集体。

(5)深入调查研究,满足企业对人才的需求。

自1991年评估以来,我们在主管局所属的17个较大的运输公司单位中进行了三次较为深入的调查研究,每次获取各类数据几百个,为开设新的专业、增加或删减课程设置、满足企业对人才的需求提供了依据。

建校以来,我们已为社会培养汽车专业人才1300余人,其中"八五"期间招生411人,已毕业201人。通过努力,汽车专业近两年专业课考试成绩合格率为97%,毕业设计答辩成绩合格率为100%,技能考核获得驾驶证或汽车修理工等级证的占100%。多年来,汽车专业的学生普遍受到用人单位的欢迎。

三、积极开拓,构想未来

1. 拓宽专业,适应市场需求

近几年,上海街头行驶着越来越多的各种进口高级汽车。这些高级车的进入,给维修行业提出了新的要求。传统的凭经验判断故障和使用简单的机械工具来排除故障的维修方法在这些高级车面前显得束手无策,取而代之的应是那些有文化、熟悉新型汽车结构、懂电子技术、能熟练使用各类国产、进口检测、诊断仪器来诊断汽车故障并加以排除的高技术型人才。为此,我们准备重新调整专业,开设高级轿车维修专业,以适应市场需要。

2. 实行模块式教学,提高动手能力

为了加速培养既了解新型汽车结构,懂得电子技术,又会使用各种现代检测、诊断仪器的新一代汽车修理工和年轻的修理技师,我们设想将现行教学大纲中实践性教学环节的学时数再增加15%,使学生通过大量实验、实习,掌握新技术,增强动手能力。考虑到

目前国内进口的高级汽车主要有美国、欧洲、亚洲这三大车系，它们在技术装备上有很多不同之处，要求我们的学生掌握所有这些车的维修技术是不现实的，我们设想在中专四年级时，进行模块式实践教学，将学生按各自特长择优分为几大组，在普训的基础上，再对每组学生有针对性地加强对某一车系的维修技术训练，使学生在毕业时对某一车系的车辆有较好的检测、维修能力，可定向分配到相应的维修单位。

3. 紧跟世界潮流，建立高新技术实验、实习基地

我们虽已有了检测线、美国大熊牌发动机综合检测仪、故障解码器等先进检测诊断仪器以及丰田公司电子喷射发动机试验台等先进汽车实验设备，但品种数量都不够，特别是缺乏代表美国、欧洲先进技术的实验设备。为此，学校将用市教委和市财政最近批拨的120万元专项资金，建立“高级轿车维修、检测实验、实习基地”，学校还准备每年投入15万元作为配套资金。我们规划用五年时间分两个阶段建立美国、欧洲、日本三大车系的教研实验室，每个室配备一定数量精于某一车系维修技术的教师、实验员。同时配备足够数量的专用检测、诊断仪器设备和实验、实习用汽车各总成。学生在学习专业课程时，定向分到各个室，得到某一车系专职老师、实验员的精心指导，充分进行实践技能训练。

4. 加强科研，以理论指导实践

加强对汽车专业教学科研的投入，提出课题，进行探讨研究。我们打算结合交通系统中等专业学校“九五”教育科学研究规划，侧重研究重点专业点建设的标准，应采取的主要措施和途径，重点专业点的动态管理等，以促进汽车专业重点专业点的改革、发展和稳定。

（本文发表于《交通职业与成人教育》1997年第2期）

专业建设是职业院校发展的立校之本

21世纪是科学技术高度发展的信息时代，人们知识结构的更新速度将是空前的。职业院校如何在新世纪尤其是我国在入世后实施全面改革开放的政策下，把握市场经济发展脉搏，适应市场经济的变化发展，进一步深化教育教学改革，培养适应社会广泛需求的技能型优质人才。为此，实现自我发展、自我提升的问题已成为当前职业院校面临的重大课题。当前职业院校如何在激烈竞争的教育市场中快速发展壮大，经过我校近几年的探索和实践，加强专业建设应该成为职业院校提高核心竞争力的必要的和决定性的因素。

一、市场经济体制孕育了职业教育发展的契机

（一）职业教育发展的外部环境已经形成

20世纪90年代是我国在市场经济体制下全面实施改革开放政策后经济增长速度最快的时期，也是新中国成立以来我国产业结构调整最大的一个时期。进入21世纪以来，随着中国加入WTO并逐渐融入世界经济，全球经济一体化趋势日益明显，产业结构将继续调整，新兴产业迅猛发展，与WTO规则相适应的人才的需求量相对增大。上海作为日趋国际化的大都市，也是中国对外开放的一个重要窗口，在21世纪又将需要怎样的人才？据上海市人事部门调查，信息产业类、金融保险类、汽车制造类、商贸流通类以及港口航运、新材料产业等十三个大类人才将是未来上海紧缺人才。纯操作性技术人员的需求量将明显减少，复合型、学习型和能掌握最新技术的人才将受到青睐，尤其对制造业高度发达的上海来说，相关的高级技工人才奇缺。

21世纪是科学技术飞速发展的时代，邓小平同志的“科学技术是第一生产力”的科学论断准确预言了科学技术将在未来社会生产力的发展中起决定性作用。过去作为垄

断性行业的上海交通运输业在计划经济到市场经济的变革中经历了资产重组的痛苦的调整期，其内部运行机制已在调整中逐步进入正轨。然而中国的入世又将为交通运输业带来第二次革命，使之面临巨大的机遇和挑战，提升内在的科技含量成为交通运输业抵御未来竞争风险的重要手段，作为培养交通职业技术人才的交通类职业院校，自然应肩负起培养人才的责任。党的十六大报告指出："教育是发展科学技术和培养人才的基础，在现代化建设中具有先导性全局性的作用，必须摆在优先发展的战略地位。"科技进步需要培养大批人才，而实现这个任务必须要有高质量的教育，因此，教育事业是各种事业的基础。我们应该清醒认识到，在中国特色社会主义市场经济体制下，职业院校同样面临着机遇与挑战，市场经济体制既为职业院校多方向、多层次、多渠道发展提供了更为广阔的空间，又使我们面临市场的激烈竞争。适合职业教育发展的外部环境已经形成，关键要看我们如何根据实际情况，办出自身特色，为行业的发展作出自己应有的贡献。

（二）职业教育发展的内部条件已趋成熟

众所周知，我国的职业教育起步较晚，缺乏一定的办学经验，从20世纪90年代至今的十多年里，职业教育经历了由高潮走向低谷的周期性循环。这是由于一方面行业的兴衰执掌了职业教育生存或发展的"生杀大权"，另一方面社会经济发展对人才素质的要求空前提高，加之客观上生源数的相对减少和社会、家长对高学历盲目追求的普遍心理，使得各级各类职业教育均面临严峻考验。英国学者巴巴德波勒斯(George S. Papadopoulous)在回顾发达国家教育改革经验时指出："调整教育目标以适应数量上的新压力及新的社会需要，主要的途径是进行教育结构的改革。"据此，职业教育也必须随行业产业结构的调整对现行的教育结构、专业结构作相应的调整，通过加强专业建设，使培养目标始终随着社会经济和行业需求的变化而变化。

20世纪90年代中期，我国职业教育在国家实施产业结构调整的同时，通过借鉴发达国家职业教育的办学经验，结合中国实际，对职业教育也作了一系列的改革。国家根据当时生源锐减、职业学校相对过剩且专业设置较为混乱的局面，对职业院校的设置作出较大调整，并根据经济发展的需要，作出了大力发展高等职业技术教育的决定。一些学校在调整中关停并转，更多身处同行业、专业设置相似、实力相当的学校实施了强强联手，做大做强。这种合并有利于教育资源的集中和共享，有利于职业院校形成强势并进行集中而有效的教育教学改革。因此，职业教育发展的内部条件已趋成熟。

为顺应中国入世后交通运输业发展对实用型人才和高素质劳动者的需求，全国的许多交通职业院校已经升为高职。我校在1993年探索高职办学实践，试办上海交通高等职业技术学校，2001年4月24日由上海市政府批准，由交运职大与海港职大共同组建上海交通职业技术学院。学校经过多年艰苦不懈的努力，实现了独立设置普通高职院的重大目标，也是学校发展历史上重要的里程碑，它为学校今后的发展奠定了重要的基石。具有43年办学历史的上海市重点中职学校——上海市交通学校在2001年被上海市教委列入上海100所重点建设中职学校。学校在办学中积累了一定的经验，取得了较为显著的成绩。总结这几年我校的发展历程，归结起来就是职业院校的立校之本在于始终牢牢抓住专业建设这一主脉，找准行业特点，以准确的定位把握自身的办学方向，把特色和创新作为专业建设的牢固"两翼"，推动学校各方面发展，提升学校的核心竞争力。

二、专业建设是职业院校发展的内在需要

(一)专业建设的前提是教育观念的创新

职业院校要在社会经济发展的激烈竞争中占据一席之地，必须以转变观念为先导，立足发展，坚持正确的办学思想，确立创新在专业建设中的重要地位。

在1998年至今的5年里，学校制定了《前二年、后三年(1999—2003)发展规划》(简称《五年规划》)，确立了改革发展的指导思想是"前二年着重抓创新、打基础，后三年着重创特色、争一流"，办学目标是"把学校办成上海市及交通职教类具有特色的一流学校"，办学思路是"立足集团，背靠行业，依托社区，面向社会"，专业建设思路是"以市场为导向，以能力为本位，以质量为核心"，学生德育思路是"德育为先，能力为本，行为规范，心理健康"。每年的工作均紧紧围绕这一指导思想和三条发展思路展开，力求通过多年的努力向最终目标迈进。我们针对专业建设和办学内容的变化，于2001年适时提出了六个转变：做到办学方向由服务上海向服务全国转变；培养目标由终极教育向终身教育转变；发展策略由中职教育为主向高职教育为主转变，以高职教育联动中职教育的发展；办学内容由专业设置过窄向文理兼容型方向转变；发展形势由形成数量规模向注重质量和效益转变；服务策略由校企合作、校校联手向更紧密型方向转变。我们根据上海市教委关于建设100所标准化中专校的要求，制定了《新三年(2001.9—2004.9)发展规划》，明确了新时期学校的办学思路不变，形成"高职为龙头，中职为依托，高职与中职衔接，职前与职后并举"的新格局。我们"紧紧围绕提高教育培训质量这一中心，调整学历教育和职后培训课程体系及其内涵；坚持在办学方向上以交通行业为特色，在教学模式上以能力为本的特色"。五年来，学校每年的办学目标以继承—创新—发展总体目标为指导，一脉相承，使工作保持了相应的连贯性。教育观念的不断创新，保证了专业建设，促进了各项建设的提升。

(二)专业建设的基础是抓好人才、器材、教材建设

专业建设在具体实施过程中仰赖于人才、器材、教材三方面要素的有机结合，重视这三方面的建设就是抓好了专业建设的基础工作。

面对21世纪教育的挑战，我们唯有拥有最好的教师，才能办出最好的学校。因为提高教育质量，培养符合社会需求的人才，是一项复杂艰巨的任务，在很大程度上取决于教师的思想觉悟、业务水平和敬业精神。只有教师教得好，学生才能学得好，教师是学校教育活动中的主要角色，是校长办好学校的关键。为此，学校一方面加紧引进高学历、高职称教师，另一方面加强教师继续教育培训，促进教师学历层次的提升和知识的更新。近

几年，学校共引进教师40余人，其中具有硕士学历和高级职称的占1/2，教职工每年参加继续教育培训和学历进修占员工总数的2/3。实践证明，专业建设要调动各方面的积极性，最重要的是教师的积极性，必须紧紧地依靠教师，认真地听取他们的意见，充分发挥他们在专业建设中的主导作用。广大教师的教育教学活动既是专业建设的具体实践，又是专业建设不断深化与综合发展中最值得信赖的基础。

为适应专业建设对学校硬件设施提出的更高要求，我们加强对硬件设施和教学实验实习设备的建设、改造和更新，加大对现代化教学装备的投入。职业院校的培养目标和定位是培养应用型和技能型的人才，如汽车专业，实验实训的课时占到总课时的近50%，如果没有设备精良的校内外实训基地，以及相配套的优良的教学环境，我们的专业建设就将成为一纸空文。近年来，学校通过财政拨款和自筹资金想方设法先后斥资近千万元进行了硬件设施改造，完成了70多个改造项目，建成了运动场，绿化了校园，改建装修教学大楼及学生宿舍楼，安装了校园闭路电视系统和校园网；建成了电子阅览室，配备了汽车及经管类专业多媒体实验室、视听兼备的传播系统、多媒体课件制作系统等。学校还重视职业教育与实践的紧密结合，积极寻求校企合作途径，先后与上海大众等20余家单位建立了合作关系，使之成为学校汽车专业和物流专业等校外实训基地。

在教材建设方面，我们鼓励教师参与统编教材的编写，强调教材编写的系列化，重视教材在内容上更贴近时代。同时，更注意随着新技术、新工艺、新材料、新方法的使用，及时将有关新知识编写成"袖珍"讲义，在第一时间传输给每个学生。几年来，学校参与编写了与专业建设同步要求的中职、高职教材近50本。教材建设和开发也切实锻炼了教师队伍，促进了师资队伍整体素质的提高。

（三）专业建设的核心是搞好课程改革

课程改革在专业建设中处于核心地位，只有搞好课程改革才能促进学生德智体美劳全面发展。

在学生综合素质教育方面，我们按照"德育为先，能力为本，心理健康，行为规范"的教学改革思路，针对学生实际，着重在德育、美育、劳育和学生实践技能方面加强学生的综合素质教育。我们在课程标准中特别强调能力培养的要求，制定了学生素质"111"工程，即规定了一个合格的毕业生必须获得一张德育合格证书、一张毕业证书和一套与本专业相关的技术等级证书。学校每年举行艺术节、运动会和技能节，开展广泛的第二课堂教学，丰富学生课余生活，扩大学生知识面，提高学生道德素养和审美能力，强健学生体魄。在一年一度的"技能节"中，通过精心组织的专业实践操作技能竞赛，展示了学生特别是毕业班学生综合运用专业知识的能力，检验了学生实际动手能力，受到了用人单位的高度关注，"技能节"成为学生就业推荐的又一个窗口。

学校深化教学改革，加紧对老专业的改造，对专业的课程体系进行了较为彻底的改革，不断强化了专业特色。学校的课程改革强调"宽专业、多方向、厚基础、活模块"原则，在工科类汽车专业实行以能力为本的"CBE + MES"模块式教学，在管理类文科专业实行"宽口径入学，2—2 分段，专业分流"模式，对现有 7 个专业的 60 余个课程标准（教学大纲）作了全面修订、调整；强化了实践内容，删除了过时的知识，保证了专业知识的先进性、针对性和适用性。

我们在不断开发新专业时特别注意课程标准与企业用人单位的需求相吻合，并充分考虑课程文理兼容的特性，为此，我们新开设的"汽车商务"等专业深受社会欢迎。

（四）专业建设的重点是创特色

只有创出特色，我们的专业建设才能始终保持旺盛的生命力。专业建设的特色关键是要看是否具有不可替代的独特的办学定位。对于职业院校来说，主要是看培养的学生是否具有良好的职业素养，是否具有精湛的职业技术应用能力，是否具有潜在的综合素质能力。只有这样，专业在社会上才有知名度。上海的产业结构调整和行业发展，使综合交通和汽车工业成为上海经济发展的一个重要支撑点，世界汽车工业的重心正在东移，上海随着中国入世成为世界汽车工业的又一个发展中心，值得庆幸的是，我们恰恰作为培养交通人才的摇篮，跻身行业良好的发展前景中。经过我们多年的努力，中职的"汽车运用与维修"专业 2002 年 10 月被教育部批准为国家示范专业点，高职的"汽车运用技术"专业成为教育部示范性教学改革试点专业，学校汽车专业的建设成果得到了专家和同行的一致肯定和好评。物流专业早在 1997 年就已开设，在上海市属首创，2002 年又被上海市教委认定为重点专业。高职的"国际贸易（国际货运代理专门化）"专业今年上海市教委列为市级教学改革试点专业。

我们围绕"交通"二字大力开拓新的办学渠道，积极争取新的办学、培训资质，努力形成职前学历教育与职后培训市场并举的新局面。学校"职前与职后并举"的策略，一方面，实现了资源共享；另一方面，大力发展职后培训所带来的社会效益和经济效益也成为支撑职前学历教育的重要手段。目前，我们每年在职后教育上培养的交通类各级人才近万人，使学校的知名度大大提升。

（五）专业建设的根本是教育教学质量

"质量是学校的生命线"，抓好管理质量和教学质量是学校专业建设的根本。专业建设的目的是要创名牌，而质量是创名牌的第一关。早在 21 世纪到来之前，国际著名的质量管理权威约瑟夫·朱兰就说："即将到来的是质量世纪。"名牌战略是一种质量战略。名牌竞争是质量之间的最高级竞争。专业建设创名牌之举，应是在质量管理基础上，高层次地研究教育教学质量的形成和实现其相关因素的科学管理途径，强调持久的质量改进，无止境的质量追求理念。这是一种突破性的"质量革命"。学校引入先进的现代化管理模式，推动学校教育教学管理的规范化。于 1999 年引进 ISO 9002 质量贯标认证体系，对学校职业教育教学服务管理流程实施控制，有效促进了学校的各方面建设。2000 年 11 月 19 日，学校通过了上海市质量审核中心的评审，获得了质量认证证书。学校的行政管理、教学管理、学生管理及教学督导、实验实习、教师培训、后勤服务、硬件建设等均严格按照标准质量手册和作业技术文件的规定执行，切实提升了管理水平。为保证教学质量，还不断优化督导员队伍和教研组长队伍，加强教学督导，完善教学监督体制，加强听评课制度建设，保证教学质量的稳步提高，并通过参加校内外教师教学法评比促进了教师整体教学水平的提高。

（六）专业建设的关键是符合经济建设和企业用人的需要

如果企业成功的关键是产品，那么学校成功的关键就是学生。在进行专业建设的同时必须考虑用人单位的需求，考虑我们的“产品”——学生是否能适应经济建设发展的需要。学校的办学越能贴近企业需求，那么竞争对手与我们的距离就越远，学校就始终能保持良性循环的发展态势。

由于着重加强了专业建设内涵的提升，我校的招生与就业形势十分喜人。职前学历教育的生源呈现稳中有升的态势，职后培训一体化进程不断加快，交通类培训门类齐全，招生规模大幅提升。已逐步形成初、中、高衔接，覆盖面和辐射面较宽的培训体系。

学生就业形势良好，出现了供不应求的现象，汽车、国贸、物流等特色专业的学生基本被用人单位录用。对市场的准确把握和培养特色人才的办学思想使学校在学生就业推荐方面处于主动地位。几年来，学生就业率始终保持在90%以上。

三、专业建设是提高核心竞争力的决定性因素

综观几年来我校艰苦奋斗的发展历程，我们的体会是：学校建设服从于专业建设，专业建设服从于经济建设。专业建设是提高学校核心竞争力的决定性因素，是职业院校发展的立校之本。

首先，职业院校只有站在服从市场变化、服务市场的高度，把专业建设放在职业院校发展的主体地位，用发展的眼光看到社会经济的前进方向，用先进的办学思想指导学校各方面建设，用快速反应的办学机制对学校教育的各方面进行及时的调整和补充，因地制宜、因时制宜地根据自身的实际情况，着眼大局利益，搞好特色专业建设。

其次，职业院校必须不断创新，要以积极开拓的态度、坚韧不拔的毅力、不断进取的精神努力发掘市场新的热点，开拓新的办学渠道，创设新的专业，以特色为重点，以质量为指针，以产学研的有机结合进行改革和建设，建立特色意识、质量意识、品牌意识，才能在激烈的社会竞争中保持旺盛的生命力。

再次，必须找准个性，要在专业建设的普遍性中重点寻找专业建设的特色和专业发展的切入点，利用特色这一“助力器”，为学校的发展增添无穷的动力。

最后，必须创品牌，这是学校生存的重要依据，也是学校发展的最终目标。要坚决树立品牌意识，创立精品专业，使职业院校在发展中始终处于主动地位。

（本文发表于《中国职业技术教育》2003年2月，《上海交通职业技术学院学报》2003年第1期，并获交通职教研究会“优秀论文”二等奖）

协调各专业之间的平衡有序发展

按照集团公司和教育中心党委关于深入学习实践科学发展观活动的要求，以及根据教育中心党委课题调研组安排，为认真做好由本人负责的关于"如何协调各专业之间的平衡有序发展"的课题调研，自2009年3月起，采用个别访谈、座谈讨论、问卷调查和资料查阅等形式，就教育中心"如何协调各专业之间的平衡有序发展"课题进行了专项调研。

2009年4月1日至20日，在广泛听取广大师生员工意见的基础上，于4月8日召开了各处(室)、系(部)负责人的课题研究座谈会，并于4月10日至20日完成了43份有代表性的"课题专项调研征求意见表"的资料整理与汇总。在较充分了解情况、掌握一手资料的基础上，形成了以科学发展观为主导，以各专业平衡有序发展为研究内容的本课题调研报告。

一、对各专业之间平衡有序发展的界定

(1)对"平衡有序发展"的核心解说：专业建设是学校与社会联系的纽带，它既是一项基础性工作，也是适应市场的关键环节；既是教学内涵建设的核心，也是办学水平的集中体现。本调研报告界定的"各专业之间平衡有序发展"，指的是在科学发展观指导下，在学校已确立发展定位和专业优化目标，精心打造品牌专业，坚持走"非均衡发展"之路，在坚持"有所为"和"有所不为"的同时，兼顾社会需求、行业需要、国家政策、同类供给和自身条件等各种因素，各专业按轻重缓急，即不是同步一起发展，而是有先有后的可持续发展。

(2)对"平衡有序发展"界定的观察点：本调研报告界定的"各专业之间平衡有序发

展”的观察点，或者讲是一些可监测的指标，集中体现在三个点上。一是从专业结构要素看，学校各专业之间平衡有序发展的情况，它包括学校专业设置的内涵规范性、专业口径、专业质量；二是从专业结构关系看学校各专业之间平衡有序发展的情况，它包括学校专业设置数量、专业布局、培养规模和各专业之间的衔接；三是从专业结构调整机制看学校各专业之间平衡有序发展的情况，它包括学校专业设置的社会需求、同类供给和自身条件。

二、对学校中高职专业设置的现状分析

1. 高职在校生情况

上海交通职业技术学院是经市政府批准、教育部备案，由上海交运、港口、民航、铁路（现改为公用事业）四所行业院校合并而成的高职院校。现有全日制在校生 4249 人，非全日制在校生 414 人。

（1）四大专业板块与在校生所占份额（见表 1）。

上海交通职业技术学院四大专业板块与在校生情况　　表 1

序号	专业板块	在校生人数（人）	学生所占份额（%）
1	汽车运用	665	15.65
2	交通物流	1379	32.45
3	航空运输	1790	42.13
4	轨道交通	378	8.9
5	其他	37	0.87
合计		4249	—

（2）北校区专业设置与在校生所占份额（见表 2）。

上海交通职业技术学院北校区专业设置与在校生情况　　表 2

序号	专业设置	在校生人数（人）	学生所占份额（%）
1	汽车运用技术	269	21.75
2	汽车技术服务与营销	168	13.58
3	汽车保险与公估	228	18.43
4	报关与国际货运	283	22.88
5	口岸物流网络管理	252	20.37
6	城市交通运输	37	2.99
合计		1237	—

2. 中专在校生情况

上海市交通学校是国家级重点中专，学校本部附设“西南”、“五三”、“青浦”和“天马”四个分部。现有全日制在校生 2091 人。其中，本部 993 人，分部 1098 人。

(1) 学校本部与分部在校生所占份额(见表 3)。

上海市交通学校本部与分部在校生情况 表 3

序号	校区		在校生人数(人)	学生所占份额(%)
1	本部		993	47.49
2	分部	西南	353	16.88
3		五三	344	16.45
4		青浦	255	12.20
5		天马	146	6.98
6		小计	1098	52.52
合计			2091	—

(2) 本部与分部各专业在校生所占份额(见表 4)。

上海市交通学校本部与分部各专业在校生情况 表 4

序号	专业设置	在校生人数(人)					学生所占份额(%)				
		本部	分部				本部	分部			
			西南	五三	青浦	天马		西南	五三	青浦	天马
1	汽车运用与维修	667	316	—	227	—	31.89	15.65	—	11.24	—
2	国际商务	143	37	79	—	—	6.83	1.83	3.78	—	—
3	现代物流	120	—	265	28	146	5.73	—	12.67	1.34	6.98
4	轮机管理	63	—	—	—	—	3.01	—	—	—	—
合计		993	1098				47.49	52.51			

3. 同类学校供给情况

(1) 高职情况分析：据上海市高校毕业生就业指导中心 2007 年就业状况统计，本市 53 所高职院校毕业生就业率为 96.77%。按就业指导中心专业大类划分标准，我院毕业生所占本市同类学校供给的份额见表 5。

上海交通职业技术学院各专业大类毕业生与同类学校供给情况 表 5

序号	专业大类	院校数	交通高职毕业生数(人)	同类学校毕业生数(人)	毕业生所占份额(%)
1	民航运输类	4	359	573	62.6
2	港口运输类	11	324	2890	11.2
3	交通运营管理类	2	40	107	37.4
4	汽车类	4	237	1381	17.2
5	工商管理类(物流管理)	26	177	4076	4.37
6	城市轨道类	2	没有毕业生	—	—

(2) 中职情况分析：据上海市教委科技发展中心 2008 年就业状况统计，本市 120 所中职学校毕业生就业率为 96.15%。我校各专业毕业生所占本市同类学校供给份额见表 6。

上海市交通学校各专业毕业生与同类学校供给情况　　表6

序号	专业大类	学校数（人）	交通学校毕业生数（人）	同类学校毕业生数（人）	毕业生所占份额（%）
1	汽车运用与维修	29	220	2187	10.1
2	国际商务	34	99	5916	1.67
3	现代物流	20	137	2048	6.69
4	轮机管理	2	26	82	31.7

4. 2006—2008年近三年就业情况分析

(1)高职情况分析(见表7)。

上海交通职业技术学院2006—2008年各专业毕业生就业情况　　表7

序号	校区	专　业	2006年		2007年		2008年	
			人数	就业率（%）	人数	就业率（%）	人数	就业率（%）
1	北校区	汽车运用技术	79	97.47	80	93.75	67	100
2		特种车辆运用与维护	35	94.29	38	84.21	31	93.55
3		汽车商务	76	96.05	79	97.47	57	94.74
4		汽车保险与理赔	—	—	40	95.00	67	98.51
5		报关与国际货运	82	97.56	91	97.80	79	97.47
6		口岸物流网络管理	45	100	91	98.90	75	100
7		城市交通运输	39	87.18	40	100	—	—
8		电子商务	33	81.82	—	—	—	—
		小计	389	94.86	459	96.08	376	97.87
9	东校区	集装箱运输管理	153	98.68	174	99.43	85	100
10		港口物流设备与自动控制	64	96.88	59	94.92	97	96.91
11		物流管理	87	93.10	86	100	80	97.50
12		外轮理货与港口业务	—	—	—	—	72	98.61
13		计算机应用技术	41	92.68	—	—	—	—
		小计	345	96.23	319	98.75	334	98.20
14	南校区	航空机务	36	100	88	96.59	127	96.85
15		航空商务	80	95.00	141	97.87	226	99.56
16		安全管理	30	100	44	100	44	100
17		航空乘务	73	95.89	86	98.84	88	96.59
		小计	219	96.80	359	98.05	485	98.35
18	西校区	轨道交通工程	82	91.46	—	—	40	95.00
19		轨道交通车辆	39	94.87	—	—	37	100
20		电力机车驾驶	—	—	—	—	37	100
		小计	121	92.65	—	—	114	98.25
		合计	1074	95.44	1137	97.45	1309	98.17

(2)中职情况分析(见表8)。

上海市交通学校2006—2008年各专业毕业生就业情况 表8

序号	专业	2006年		2007年		2008年	
		人数	就业率（%）	人数	就业率（%）	人数	就业率（%）
1	汽车运用与维修	251	98.40	270	99.60	224	99.60
2	现代物流	272	96.7	252	98.80	138	96.40
3	涉外经营管理	39	97.4	38	97.40	—	—
4	国际货运代理	—	—	39	100	—	—
5	国际商务	—	—	—	—	104	100
6	轮机管理	—	—	—	—	26	100
合计		562	97.50	599	99.20	492	98.80

注：上述就业率含“三校”毕业生的升学率。

5.北校区实训中心建设情况

（1）汽车运用与维修开放实训中心建设。本实训中心为上海市首批职业教育开放实训中心。现拥有较完整的汽车维修体系，并建有汽车运用与维修相关实训室，以及汽车商务、汽车仿真、汽车钣金、汽车涂装等实训室。实训中心功能与规模：①涵盖中国汽车维修行业协会确定的汽车维修四大工种（汽车维修机工、汽车维修电工、汽车钣金工、汽车喷漆工）所有专业实验实训和技能实训；②用于汽车维修四大工种，初、中、高、技师、高级技师职业资格的培训和鉴定；③作为汽车类专业“双师型”教师的培训基地；④为本市拥有汽车维修专业学校的学生提供最先进的实训场所；⑤可同时容纳360余人进行各项目的实训。

（2）现代物流开放实训中心建设。本实训中心也是上海市首批职业教育开放实训中心。现拥有较完整的现代物流实操体系，并建有物流运输、口岸物流、仓储与配送、物流营销四大实训室，并按照工作任务的逻辑关系设计流程，配备实训设备和软件，可进行第三方物流企业运作管理实训、国际货运代理实训、仓储与配送管理实训、供应链一体化实训、RFID系统的实训，以及其不同层面的实验实训、培训、教学、职业技能鉴定与项目研究。

（3）报关与货运代理公共实训中心建设。本实训中心是上海市高校学生公共实训中心。现拥有较完整的报关与货运代理实操体系，具有“报关与报检、货代业务、货代操作、客户和结算”等实训功能，其建设理念为“校企合作、实战为主”，建设环境为“以人为本，安全、环保、方便”，实训特色为“理论与实践结合、模块按岗位拼装、实训与考证衔接、培训为就业服务”，师资配备为“双师素质为主，专兼结合”，工位数量32个。

6.专业教育教学改革情况

（1）高职情况分析：一是学院依托行业优势，建立的综合交通专业体系，首开高职人

才培养工作之先河；二是"四大板块"专业集群日益赢得社会的认可与欢迎；三是毕业生一次就业率保持在95%左右；四是基本形成"双师"结构专业教师队伍，外聘教师比例达23%；五是顶岗实习学生占应届毕业生的比例超过70%；六是学生"双证书"获取率超过80%，部分主干专业学生"双证书"获取率达100%，获取高级工证书比例超过80%。

(2)中职情况分析：一是学校被市教委评为"上海市职业教育课程改革与教材建设特色实验学校"；二是逐步形成"教育、培训、鉴定、技术服务"四位一体的培训体系，现拥有21个职业技能培训鉴定资质；三是"汽车运用与维修"专业不仅是国家技能型紧缺人才培训基地，也是上海通用(SGM)、日本丰田(TOYOTA)、上海大众(SVW)和德国奔驰(Mercedes-Benz)指定的校企合作项目的教学单位；四是"汽车运用与维修"开设了6个和"现代物流"开设了4个专门化方向；五是所有专业均采用大类专业招生、小专门化方向分流的培养模式；六是毕业生成为人才市场"抢手货"，近三年毕业生一次就业率在97.5%以上。

三、专业平衡有序发展存在的主要问题

从本调研报告界定的专业结构要素、专业结构关系和专业结构调整机制三个观察点分析，学校在各专业之间的平衡有序发展方面，还有不少矛盾与问题，需要不断协调与妥善解决。

(1)反映在高职专业的建设上，其主要问题：一是学院形成的以综合交通为核心的四大专业板块，目前的分类标准与《普通高等学校高职高专教学指导性专业目录》难以匹配，如学院"交通物流板块"中的"报关与国际货代"专业，"专业目录"将其划入"交通运输大类"的"运输类"专业，"物流管理"专业，"专业目录"却将其划入"财经大类"的"工商管理类"专业等，这些划分标准的差异或统一性问题，无疑给同类供给比照与大类专业标准界定，带来运作与规范性的矛盾；二是学院在专业结构关系上呈专业板块比例失衡的现象，如航空运输板块的"航空商务"，其单一专业的招生数量和规模偏大，轨道交通板块整体偏小，在校生规模仅占四大板块的8.9%，规模偏小；三是作为学院本部(北校区)，其专业布点与数量优势不明显，尤其是公路运输类可积极拓展新兴专业；四是课程和教材建设力度不大，有些专业如"报关与国际货运"、"口岸物流网络管理"专业开设课程相近，实训项目类似，获取的"双证"要求相同，特色不明显；五是高端人才与高技能人才偏缺，专业带头人的作用发挥不明显。

(2)反映在中职专业的建设上，其主要问题：一是作为上海市重点"现代物流"专业优势没有突显，校本部在校生仅120人，平均每届只有30人；二是外设教学点过多，不利于教学质量的提高；三是水运专业校内缺少实训条件；四是中高职相近的中专"国际货运代理"专业与高职"报关与国际货运"专业，存在着课程设置重叠、教学内容重复、教学安排趋同的现象。

四、影响专业平衡有序发展的原因分析

1. 主观原因

一是在协调各专业之间平衡有序发展的过程中，学校推出的专业布局结构优化调整机制和改革举措力度不强；二是在协调“办学规模、办学质量、办学效益”三者关系时，缺乏统筹教育中心整体又好又快发展的超前谋略；三是在考虑各专业平衡有序发展的问题时，时常被眼前的办学效益、国家级重点中专要求2000人以上的规模所左右；四是对文科或管理类专业设置的内涵规范性，基于工作过程分析的市场调研不够；五是在师资队伍建设方面，还需不断磨炼“内功”，尤其是优秀专业带头人培养“非一日之功”。

2. 客观原因

一是学院专业布局结构优化调整涉及各校区的管理体制和运行机制，如轨道交通板块的专业较弱，涉及西校区办学主体的过渡与变更；二是受教学场地的约束，基础薄弱，现有教育中心的中高等职业教育的办学场所，脱胎于交通技工学校的办学场地，在学校用地与用房面积拓展上，十分有限，与教育中心近几年的快速发展不相匹配；三是大部分文科或管理类专业为新开发的专业，历史较短，办学经验不足；四是水运专业2007年起复办，社会影响力较弱；五是中高职同处一个校区，客观上给平衡有序发展带来一些制约；六是各专业平衡有序发展有一个过渡或较长的周期，目前的资金投入有限，资金流转需继续合理地加以调节。

五、实施平衡有序发展的方法和主要对策

根据教育中心党委关于开展深入学习实践科学发展观活动实施方案的要求，以及本市正在起草的《上海市中长期教育改革和发展规划纲要》“关于职业教育发展战略研究”的原则意见，结合本人调研报告确定的课题方向，特拟定教育中心实施各专业之间平衡有序发展的方法和主要对策如下：

(1)加强对学院专业结构优化调整的统筹与管理。关于实施高职各专业之间平衡有序发展的方法与对策，详见《2008—2020年学院中长期发展定位的规划》，以及学院《关于学校定位设计和专业布局结构优化方案》(本课题调研报告略)。

(2)加强对教育中心办学场所拓展的统筹与管理。拟以土地租赁形式对交运集团所属装卸储运公司蕴川路装卸区进行新校区建设，以扩大教育中心的办学规模，探索教育中心中高职教育办学校区分开、办学资源共享的办学模式。

(3)加强对职业教育的集团化办学的统筹与管理。在不断推进以职业能力为核心的集团化办学过程中，充分利用交通物流职教集团的平台，不断增加“现代物流”专业资金投入，不断扩大作为本市重点专业“现代物流”学校本部的生源规模。

(4)加强对“五年一贯制”办学模式的统筹与管理。利用高职自主招生机会，积极探

索与实施中高职“五年一贯制”(3+2)的办学模式,以及中高职一体化的教学标准,力求避免中高职课程的重复,以满足企业和社会对人才的不同需求。

(5)加强对教育中心职教办学资源的统筹与管理。坚持走教育中心内涵式发展、集约化办学的道路,实施大类专业招生,专门化方向分流,形成以综合交通为核心,以汽车运用和现代物流为主的专业集群,以充分利用各类教学资源。

(6)加强对智能交通管理专业开发的统筹与管理。为不断满足本市综合交通迅猛发展的需要,按照上海市城市交通中长期发展战略,积极拓展以城市综合交通为核心的“智能交通管理”专业,以适应国际大都市综合交通智能化带来的挑战。

(7)加强对建设水运专业实训中心的统筹与管理。为推进交运集团“三大主业”的持续发展,增强为交运集团培养“水上旅游服务”的专门化人才,学校拟建设水运专业实训中心,投资300万元,建设“内河船舶操纵模拟系统”和“内河船舶操作模拟舱”。

(8)加强对师资队伍和专业带头人的统筹与管理。为进一步加强“双师”素质和专兼结合师资队伍建设,尤其是切实加强专业带头人的管理,并注重培养其协调能力,使其真正发挥作用,有职有权,专业发展由专业带头人说了算,包括师资引进、实训中心建设和课程改革等。

(9)加强对交通学校所属分部招生的统筹与管理。为弘扬中专的办学特色与专业品牌,不断加强内涵建设,提升教学质量与办学水平,协调各专业之间的平衡有序发展,2009年中专的西南校区、天马分部停止以上海市交通学校的名义对外招生。

(10)加强对部分专业进行优化整合的统筹与管理。拟从2010年起,停止高职“口岸物流网络管理”专业对外招生,相关教学资源与“报关与国际货运”专业整合,进一步做好“报关与国际货运”这一本市高职特色专业。同时,加强调研,将原设置的“电子商务”专业调整为以电子商务为导向的“城市配送物流”专业。

(2009.4)

发挥职教集团优势　服务上海现代物流产业

——关于学院“物流管理”专业社会服务实践与“内涵”提升实践与思考

上海交通职业技术学院作为上海交通物流职教集团的发起单位，于2007年12月联合本市23家交通物流业相关职业院校、企业和行业协会共同组建上海交通物流职教集团，现已发展到38家。近年来，上海交通职业技术学院以物流专业建设为纽带，规范物流专业教学标准，开展“美华杯”物流教学创新大赛，开发综合技能训练平台，举办企业员工培训，不断提升专业社会服务能力内涵，服务上海区域经济现代物流产业的发展。

一、主要实践

（一）规范全国物流专业教学标准，加强与现代物流业的对接

为适应上海现代物流业的“创新驱动 转型发展”，上海交通职业技术学院注重职教集团专业教学标准统一、课程标准统一、管理标准统一、评价标准统一，全面提升专业课程教学质量，提升社会服务能力。在全国交通职业教育指导委员会的支持下，上海交通职业技术学院承接了全国交通职业教育重点科研项目“交通高职物流管理专业教学标准和课程标准建设的研究”。学院联合全国共7所交通高职院校和上海交运日红国际物流公司进行专项调研，开发了《交通行业物流管理专业人才需求与专业改革的调研报告》、《物流管理专业教学标准》、《物流信息技术应用》、《运输管理实务》、《仓储管理实务》、《物流市场营销技术》、《供应链管理实务》等核心课程标准，以及物流运输管理、城市配送物流管理、口岸物流管理、制造业物流管理等专门化方向工作任务与职业能力分析。

2011 年,《高职高专物流管理专业教学标准与课程标准》由人民交通出版社出版。新的全国物流管理教学标准与课程标准,融入了当前物流行业"转型发展"出现的新业态,实现与现代物流业的对接。

(二)校企共同开发专业教材,增强现代物流业学生综合职业能力

为增强现代物流业学生综合职业能力,使教材更贴近企业实际工作岗位,2011 年 9 月,上海交通职业技术学院和人民交通出版社共同承办并启动全国交通教育高职物流管理专业《物流成本管理》、《仓储管理实务》、《运输管理实务》、《配送中心运营管理实务》、《物料采购与供应管理》、《物流客户服务》等 17 本专业核心教材开发,这些教材由来自全国 15 所交通院校的学校一线教授、物流企业专家校企双方联合主编,导入了企业最新工作案例,教材内容对接工作过程,注重学生专业能力、方法能力和社会能力阶梯式提升。全套教材将于今年 9 月之前出版发行。

(三)统一开发综合技能训练平台,提升服务现代物流业的能力

为提升学院服务现代物流业的能力,上海交通职业技术学院注重推进交通物流职教集团职业技能标准统一,联合职教集团成员单位远恒和美华两家专业公司共同研究开发了以信息技术为依托的"现代物流综合技能训练平台"建设项目。该平台主要功能为集"国际物流综合协作/电子口岸平台实训系统、国际货代实训系统、报关实务管理实训系统、H2000 海关申报实训系统、报检业务实训系统、PTMS 加工贸易企业管理实训系统、运输管理 TMS 实训系统、仓储管理 WMS 实训系统、第三方物流管理实训系统、保税仓储管理实训软件"等学习、培训、考核和鉴定于一体。"现代物流综合技能训练平台"建设项目荣获了上海交运(集团)公司科技创新成果三等奖,获得了北京中国版权保护中心认证的软件著作权。

学院依托"现代物流综合技能训练平台",开展两届"美华杯"物流教学创新大赛。物流教学创新大赛旨在提升职教集团内部院校教师的物流专业技能、教学方法转型,上海第二工业大学、上海海事大学、上海东海职业技术学院、上海邦德职业技术学院共 38 位老师参加了说课竞赛,经专家评审,集团获奖的 16 名参赛教师分别获得"美华杯"物流教学创新大赛的一、二、三等奖,物流教学设计大赛有效提升了职业院校专业教师的专业素养与教学素养。

(四)创新物流专业社会服务能力方法,找准服务现代物流业的着力点

1. 以企业培训为切入点,为物流企业解决生产急需的劳动力服务

学院充分发挥交通物流实训综合基地的资源优势,2011 年投入建设资金 200 多万元,每年累计接受成员院校教师实践锻炼 83 人次、为企业培训职工 21752 人次;学院与上海东方远航物流有限公司、上海锦海捷亚国际货运有限公司、上海世图物流有限公司企业联合开展技术研发、服务项目数 7 项。

2. 以“双师”培训为切入点，开展物流师资培训

物流管理专业在坚持普通学历教育为主要办学方向的基础上，充分利用物流职教集团这个平台，构建了开放式、立体式、多元化的培训体系，把教育教学活动更好地向社会延伸。学院借助物流职教集团这个平台，先后举办了“全国交通物流双师素质骨干教师培训班”，全国交通物流系统及集团范围内的职业院校的共63名骨干教师参加了培训；“上海交通物流职教集团培训班”，集团成员（院）校物流专业负责人、专业（学科）带头人和骨干教师共54人参加了培训；“上海国际航运中心建设与物流发展骨干教师培训班”，集团成员单位共28名物流专业骨干教师参加了培训；该专业还利用暑假面向职教集团内院校和全国兄弟院校开展“双师素质”教师培训，培训重点是教师的专业技能和职业能力，组织了两次产教结合的综合技能训练平台师资培训和双师资专业团队能力提升培训，来自全国10多个省市自治区交通类职业院校和集团14所成员院校共125名教师参加培训。

3. 以订单培养为切入点，为企业输送优秀人才

上海交通职业技术学院以职教集团为平台，一直推行“订单式”校企合作高技能人才培养模式，与上海交运日红国际物流有限公司、东方国际物流有限公司、上海邦达隆飞物流有限公司等30多家单位“订单培养”631人；学院与订单企业联合培养协议，按照企业对人才知识、能力、素质的要求制订培养方案，共同开发课程体系，融入企业课程，企业还设立如“交运日红”、“永达”等企业奖学金，奖励订单班级品学兼优的学生。这种培养模式，不仅提高了物流人才培养的针对性，也为企业解决了用人的有效性。

二、社会服务能力“内涵”提升路径思考

1. 创建“上海交通职业技术学院企业服务中心”，实现企业“增值”服务

目前物流管理专业依托职教集团平台为物流产业服务，只限于职工培训层面，下一步学院设想依托交通物流职教集团，创建“上海交通职业技术学院企业服务中心”，该服务中心具有开展培训服务、技能鉴定、参与研发等职能，以学院物流员智能化考试中心建设为契机，开展物流师等多个工种的中高级技能鉴定；同时，以软课题研究为切入点，发挥学院师资人才优势，与职教集团内企业开展产学研合作，为物流企业创造新的经济增长点，实现“增值”服务，实现校企“共赢”目标。

2. 提升校外产学研基地“内涵”建设，探索“校企合作发展共同体”人才培养模式

上海交通职业技术学院于2010年进行“交运日红”与“邦达隆飞”产学研基地建设，校企双方共商教学过程、共育职业技能、共建“校企互通 动态组合”的师资团队、设立“企业奖学金”，该校企合作人才培养模式成效显著，但在产学研基地建设过程中，学院感到企业总处于被动、学校主体较主动状态，学院拟探索“校企合作发展共同体”模式，持续推进“交运日红”与“邦达隆飞”产学研基地“内涵”建设，探索“校企合作发展共同体”人才

培养模式，让企业与学校成为合作主体、校企双方在经济效益与社会效益两个方面构成利益共同体，校企双方互派管理层，共建产学研基地"学习中心"，发挥校企双方资源优势，强强联合，让产业、企业、学院、学生、家长都成为受益方。

三、总结

随着上海国际经济、金融、贸易、航运四个中心的建设推进及服务经济时代的产业体系的调整，上海现代物流业的转型发展必将急需大批具有熟练的操作技能的中级物流管理人才。立足区域经济，为物流行业培养专门人才、服务现代物流业发展是上海交通职业技术学院的一项重要社会职能，上海交通职业技术学院将着重服务上海区域经济现代物流产业的有效载体，学院将投入建设经费，持续依托上海交通物流职教集团，办出专业特色，不断提升社会服务能力。

（本文发表于《上海交通职业技术学院学报》2012 年第 1 期）

职业院校专业设置与经济社会发展适应性研究

职业教育是一种类型教育，肩负着为我国经济社会发展培养一大类技能型人才、高端技能型人才、应用型人才的重任。依据今年《政府工作报告》对我国经济社会发展现状所作的系统分析，并在我国经济总体处于工业化中期这一坐标系下，职业院校遵循这一时期经济发展的基本规律，不断地调整优化职业教育的专业设置，这既是职业院校体现自身功能和特色，实现人才培养目标的基础性工作，也是职业院校主动服务经济社会发展，提升服务国家发展战略的历史使命。

一、职业院校专业设置与经济社会发展的关系

(1)经济社会发展制约着职业院校专业设置。经济发展是教育存在和发展的物质基础和条件，经济发展的水平制约着教育发展的规模和速度，制约着教育结构和教育体制。换句话说，教育发展的驱动力或原动力不是在教育内部，而是来自教育外部，来自于经济社会发展的需求。教育作为社会延续和发展的工具，必然要适应社会发展的需要，特别是要适应经济发展的需要。作为与经济密切相关的职业教育，尤其与产业结构紧密联系的专业设置显得更加突出。

(2)职业院校专业设置影响着经济社会发展。教育对经济增长的作用主要是通过人力资本的投入提高劳动生产率、促进科技进步而推动经济的发展。而职业教育恰恰在经济发展、科技发展中有其他类型教育所不具备的功能，即可把具有普通文化素质的劳动者培养成为掌握某一行业技能的专门人才，使职业教育成为与经济发展联系最密切、作用最直接的教育类型。一言蔽之，具有与经济社会发展相适应的职业教育，具有与产业结构转型升级相对接的职业院校专业设置，可更直接地向经济社会提供能掌握和运用先

进生产技术的技能型和应用型人才，进而丰富社会的物质基础，推动经济社会的可持续发展。

二、职业院校专业设置如何适应经济社会发展的需求

在国家经济发展方式转型的时候，当职业教育在探究自身历史定位的时候，职业院校专业设置如何确立在经济发展方式转型这一坐标系下的参照点，它既是职业教育实现可持续发展的关键，也是职业院校未来生存与发展的基础。那么，职业院校如何通过专业设置优化组合确保办学主体生存有一个大的空间？如何通过专业设置改革创新确保办学主体发展有一个强的趋势呢？笔者遵照温家宝总理在今年《政府工作报告》中明确的"以加快转变经济发展方式为主线"的思路，提出职业院校专业设置要着力聚焦服务我国经济社会发展的八个需求。

(1)职业院校专业设置要着力聚焦服务经济方式转变的需求。加快转变经济发展方式，是我国应对外部需求持续走低、传统竞争优势逐步减弱形势下的一种必然选择。转变发展方式，关键是人才。我国《教育规划纲要》提出：到2020年，新增劳动力中受过高中阶段及以上教育的比例要从2009年的67%提高到90%。《人才规划纲要》提出：以高层次人才、高技能人才为重点统筹推进各类人才队伍建设，培养和造就规模宏大、结构优化、布局合理、素质优良的人才队伍。《高技能人才中长期规划》提出：2015年，全国技能型劳动者总量要达到1.25亿人，其中高级工以上的高技能人才达到3400万人。要完成这些与经济方式转变相适应的人才培育任务，职业教育责任重大，职业院校也必须切实转变观念、深化改革创新，以专业设置推进专业建设，力求使职业教育的人才培养适应经济发展方式转变的要求。

(2)职业院校专业设置要着力聚焦服务产业结构调整的需求。经济发展转型、推动产业结构调整，这是我国转变经济发展方式的战略选择。2011年6月，国家颁布《产业结构调整指导目录》(以下简称《目录》)，明确了今后一个时期大的方向和基本要求。《目录》所列1399条，其中：鼓励类为750条、限制类为223条、淘汰类为426条。这一《目录》的实施，为职业院校提供了一个改革创新的信号，其专业设置的调整优化，能否跟上产业政策和产业发展的变化趋势，对职业院校的专业建设而言，则是一个考验。职业院校只有积极发展面向鼓励类产业的专业，控制面向限制类产业的专业，逐步取消面向淘汰类产业的专业，并把绿色经济、循环经济、低碳技术等现代产业理念和技术贯穿职业教育的各个方面，才能不断适应我国经济发展转型、产业结构调整的需要。

(3)职业院校专业设置要着力聚焦服务产业优化升级的需求。据权威机构分析，目前我国三次产业都还存在着素质不高、发展粗放的问题。一产方面，农业现代化滞后，基础设施薄弱，产业化水平低、比较效益低等问题突出；二产方面，自主创新能力不强，资源能源消耗高，高端制造业发展滞后，缺少具有核心技术竞争力的大企业和知名品牌；三产

方面，生产性服务业规模偏小，新兴服务业引领作用不强，科技服务业支撑能力较弱。自2011年以来，我国先后发布《工业转型升级规划》和《全国现代农业发展规划》，并即将发布《现代服务业发展规划》。根据国家产业优化升级的目标、任务和阶段性要求，职业院校只有不断调整优化专业结构，才能有针对性地系统培养技能型人才、高端技能型人才和应用型人才，才能有效支撑国家产业优化升级的战略需要。

(4)职业院校专业设置要着力聚焦服务发展实体经济的需求。前几年国际金融危机警示我们，实体经济是实现经济稳定发展的根基。中央在规划"十二五"工作时明确提出，要牢牢把握发展实体经济这一坚实基础，把发展实体经济贯穿于"转方式、调结构、促升级"工作的始终，努力提高我国产业的素质特别是高端制造业水平。根据中央的部署，职业院校只有针对我国实体经济发展的需求，突出服务实体经济，面向高科技产业和新兴产业，面向绿色发展和创新发展的时代潮流，加强专业建设，加快人才培养模式的改革创新，才能为我国实体经济的综合实力和国际竞争力的提升，提供有效的人才保障。

(5)职业院校专业设置要着力聚焦服务区域经济发展的需求。区域之间因自然条件、经济基础、产业结构、技术结构以及区域在全国分工中条件的差异而形成各自的经济特征。2010年，我国发布了《全国主体功能区规划》，明确和细化了区域发展的总体战略，并要求各地区根据资源禀赋和比较优势，发展各具特色的区域经济。大家知道，职业教育有一个重要定位就是服务区域发展。因此，位于不同省(市)或区域的职业院校，只有认真研究所在区域经济发展的需求，不断调整优化专业设置与课程体系，突出区域经济的战略目标、发展重点和阶段任务，才能为区域经济发展提供人才技能型和应用型人才培育的有力支撑。

(6)职业院校专业设置要着力聚焦服务保障改善民生的需求。保障和改善民生是加快转变经济发展方式的根本出发点和落脚点。《国家"十二五"规划纲要》提出，要坚持民生优先，建立健全基本公共服务体系，推进基本公共服务均等化，使发展成果惠及全体人民。职业教育是国家公共教育、公共就业服务体系的重要组成部分。为此，职业院校专业设置只有高度聚焦服务保障改善民生的真实需求，才能使我们所从事的职业教育切实成为城乡劳动者实现体面劳动、过上有尊严生活的强大助推器，尤其能为我国困难群体、弱势群体、特殊群体子女拥有平等的教育机会、就业机会、实现有效就业创造条件。

(7)职业院校专业设置要着力聚焦服务解决就业矛盾的需求。就业是民生之本。随着经济发展方式转变和产业结构调整，社会对技能型人才、高端技能型人才的需求不断增加。当前，我国劳动力供给总量仍然较大，就业总量压力不小，但同时又呈现似乎为所有人了解的：一面是"招工难"，另一面是"就业难"两者并存的结构性矛盾。从人力资源和社会保障部公布的数据看，技能型岗位尤其是一些高端技能型岗位求人倍率很高，突显了高技能型人才供给的不足。要改变这一现状，职业院校只有进一步密切与产业的对接，瞄准市场需求，调整优化专业结构、改革教学内容，加快培养产业急需的高端技能型和应用型人才，才能为逐步解决就业总量压力与就业结构性矛盾做出应有的贡献。

(8)职业院校专业设置要着力聚焦服务构建教育结构的需求。《教育规划纲要》提出，教育要为建设人力资源强国服务。建设社会主义现代化强国，需要多种多样的人才。当前我国总体上处于工业化中期，工业化发展的规律决定了我国现阶段人力资源结构和需求，最大量需要的还是职业技术人才，特别是技能型人才、高端技能型人才。因此，在我国教育部着力推进教育结构的战略性调整，并把发展职业教育作为构建合理教育结构的重大战略和重大举措的进程中，职业院校只有不断调整优化专业结构，加强专业内涵建设，促进与各类教育的有效衔接与相互融合，才能使人才培养类型结构、层次结构更加合理，进而造就好我国现阶段的人力资源结构，为转方式、调结构、惠民生的国家战略作出贡献。

三、职业院校专业设置适应经济社会发展的对策建言

按照《教育规划纲要》提出的"到2020年，形成适应经济发展方式转变和产业结构调整要求、体现终身教育理念、中等和高等职业教育协调发展的现代职业教育体系"和"把职业教育纳入经济社会发展和产业发展规划，促使职业教育规模、专业设置与经济社会发展需求相适应"的要求，针对我国职业教育改革发展中存在的重点、热点和难点问题，就职业院校专业设置适应经济社会发展需求，提出以下对策建言，以不断推进我国职业教育的改革创新。

(1)进一步强化国家对职业院校专业目录的规范管理。为推动职业教育改革创新，指导职业院校科学合理地设置专业，教育部于2000年和2004年先后颁布《中等职业学校专业目录》、《普通高等学校高职高专教育指导性专业目录(试行)》和《普通高等学校高职高专教育指导性专业目录管理办法(试行)》，并于2010年又制定颁发了《中等职业学校专业目录(2010年修改)》，但近年来，随着经济发展方式转变和产业结构调整的需要，进一步强化国家对职业院校专业设置的规范管理，已成为不断推进我国职业教育发展与改革创新的一个重点，为此，政府切实履行发展职业教育的职责，不断完善职业院校的专业目录，进一步完善职业院校专业目录的规范管理，已成为职业院校专业设置适应经济社会发展的当务之急。

(2)进一步强化地方政府对职业院校专业设置的管理。为切实有效地避免职业院校盲目开设新专业，不断增强职业院校专业设置与经济社会发展的适应性，地方政府应定期把握当地职业院校新开设的专业情况，并组织教育家及行业、企业家对职业院校新专业进行审核，或专门成立一个地方规划小组，定期对职业院校新设专业进行调查，确定其合理性、科学性，以此来避免职业院校盲目开设新专业。强化行业的主导作用，形成行业、企业与院校"三位一体"的专业设置的管理体制。

(3)注重地域性与开放性的互相结合，不断提升职业院校的规模效益。职业院校的

专业设置要充分考虑开放性，并有效地与其自身的地域性相互结合。开放性是适应我国经济发展方式转变的重要特性，在经济方式转变和产业结构调整的条件下，职业院校就是为其培养所需要的中高端技能型人才，这样才能适应经济社会发展的需要，同时对于有优势资源和品牌优势的职业院校来说，可以达到其规模效益最大化，避免资源浪费。

(4)职业院校专业建设要持续进行，以适应经济社会不断发展的要求。教育教学改革是专业建设与改革的主要落脚点，体现在专业设置上，重点发展先进制造业和现代服务业专业，大力减少社会需求较少的专业点重复；体现在专业口径上，根据社会需求决定专业宽窄，以增强学生的社会适应性，满足各种需要；体现在专业承载量上，理工科专业拟控制在120人左右一届的规模(特殊专业除外)，保证必需的教学空间和教育效益；体现在专业建设上，重点改革人才培养模式，注重专业间协同效应，提升专业人才培养质量。只有不断地加强教育教学改革，不断地提高教学质量，职业院校的专业建设与改革才能紧紧地贴近经济社会不断发展的要求，才能使职业教育更好地为社会服务。

结论：在经济社会发展处于不同的历史阶段，职业院校专业设置只有着力聚焦服务本历史阶段经济社会发展的重点，此阶段职业院校专业设置与经济社会发展的适应性才是我们力求所瞄准的发展方向。

(本文发表于《交通职业教育》2013年第1期)

上海市交通学校课程改革方案开发计划（2005—2008）

为贯彻《国务院关于大力发展职业教育的决定》，根据《教育部2003—2007年教育振兴行动计划》《上海市政府关于大力推进本市职业教育改革与发展的决定》以及上海市教委《上海市中等职业技术教育课程改革深化课程教材改革行动计划（2004—2007）》的精神，进一步改革课程设置，调整教学内容，提升教学质量，促进校本教材建设，建立我校职业教育课程与教材体系，加快学校转变办学模式，加速培养一大批适应上海城市综合交通新一轮发展需要的知识型技能人才。按照学校2006年行政工作计划提出的“立足交通办教育，融入市场求发展”的指导思想和“巩固、深化、提高、发展”的办学方针，在更新教育观念和学习现代教育思想的基础上，以科学的发展观统领学校全局，为推动办学机制的创新和人才培养模式的转变，在总结“汽车运用与维修”专业课程改革试点的基础上，现提出《上海市交通学校课程改革方案开发计划》如下：

深化课程与教材改革（以下简称“课改”）要在邓小平理论和“三个代表”重要思想指引下，坚持科学发展观，以服务为宗旨，以就业为导向，以能力为本位，面向市场，面向社会，为学生职业生涯发展奠定基础，为造就城市综合交通需要的知识型技能人才服务。要逐步建设反映上海特点、时代特征，具有交通职教特色，品种多样，系列配套，并与基础教育、高职教育课程教材改革相衔接的课程和教材体系。要抓紧完善课程标准，充分发挥社会、行业、企业的积极性，推动学校不断完善与行业、企业共同实施课改与教材建设的工作机制，支持教材不断创新，鼓励校本教材，率先建立适应社会主义市场经济发展需要的职业教育课程教材建设新机制。

一、加强领导，完善组织，明确职责，确保课改深入展开

(1)学校建立课改领导小组，全面负责课程教材改革领导工作，研究确定行动计划，确保经费投入，解决课程教材改革中出现的重大问题。校课改领导小组组长：鲍贤俊；副组长：朱鸿德、张佳敏；组员：陈志红、鲍民驹、汤定国、楼伯良、殷序康、王志忠、诸建平、王淑云、曹永铭；教育研究室为日常办事机构，下设联络员(另定)，负责日常工作和落实各项任务。

(2)各专业类成立以专业带头人负责的课改课题(项目)组。

(3)成立各个专业的课改专家顾问、咨询委员会，为课改决策提供咨询服务。

二、课改的基本思路

1. 课改的目标

培养对象的针对性，培养过程的适应性。针对性，即针对社会经济发展和产业、行业、企业对人才知识结构、能力、素质等方面的需求，进一步优化专业结构，调整培养目标和人才培养规格；适应性，即适应上海综合交通加快发展的态势，把学校建成上海特点突出、交通特色鲜明的学校的要求，重组课程结构与教学内容体系，把各个专业办成具有核心竞争力的特色专业。

2. 课改的指导思想

以转变观念、统一认识为前提，以办学模式和人才培养模式改革为切入点，以服务交通、提高质量为特色，以专业技术应用能力为主线，培养职业岗位(群)或技术领域、生产第一线需要的技术应用型人才为根本任务，更好地为经济建设和社会发展培养高质量的人才。

3. 课改的总体思路

课改的基本思路是：构建“办学有特点、专业有特色、学生有特长”，符合职业教育教学规律的教学体系；形成建立在职业能力标准基础上的“需求为重、实践为主、能力为本”的新的课程体系，优化课程教学，实现学历证书与职业资格证书的“双证”融通。做到教育实施高标准、教学质量高水平、学校形象高品位。

通过课改，把技能培养和实践环节作为统一的有机体来考虑，调整课程体系和教学内容，调整理论课和实践课的学时比例，增加实践课的学时，加强实验教学、实训教学，特别加强实习教学，实现最后一年到企业实习(“3+1”模式)；使专业实践教学期限从原来的20周增加到40周。

(1)课改要着重注意六个方面的结合。

课改是一项复杂的系统工程，必须做好以下六个方面的结合：

①课改与开放实训中心建设及运用相结合；围绕实验、实训、实习设备开发课程，加

快学生职业能力的形成；

②课改与双证书达标率、就业率相结合；着重考虑对学生就业有实际帮助的培训证书和职业资格证书；

③课改与学分制、弹性学制、推行推广选修课相结合；

④课改与学生的考核、评价体系改革相结合；以获得用人单位认可程度作为评价学生的尺度；

⑤课改与教材特别是校本教材开发相结合；

⑥课改与培训课改师资队伍建设相结合。

(2)优化德育课程和文化基础课程。按照和执行上海市教委制定的语文等六门学科课程标准，积极实施分层教学，加强德育和文化基础教育，为提高学生全面素质和综合职业能力提供切实保证。

要加强德育工作的针对性和实效性，参与开发职业生涯规划、法律与生活两门德育课程，制定课程标准。针对学生的实际文化程度和专业学习的实际需要，调整文化基础课程教学目标，执行语文、数学、英语、信息技术基础四门文化基础学科的课程标准，以及艺术欣赏、体育与保健两门学科的课程标准。参与编写符合学生特点的形式新颖的教材。要按照有利于学生发展的原则，优化课程内容——贴近社会、贴近生活、贴近学生；强化服务功能——服务于专业学习、服务于劳动就业；满足发展需要——为升学和终身学习打好基础，使学生想学、能学、乐学、会学。

(3)贯彻“因材施教”原则，探索实施分层教学，努力办出职业教育特色。要按照学生的成才愿望，在满足专业教学基本要求的前提下，根据专业教学和学生的不同情况，积极探索实施分层教学，确定相应的教学内容，实施相应的教学要求(即实施适应劳动就业、面向全体学生的基本要求和适应升学需要、针对学有余力学生的较高要求)。要制定与分层教学相对应的课程评价标准和考试办法，采取灵活多样的教学方法和手段，激励不同文化基础的学生都能按照个人的发展需要，掌握劳动就业或继续学习所必备的文化基础知识。

(4)以就业为导向，进一步优化专业教学。要依托行业和企业，主动适应上海的产业结构调整、综合交通发展、就业市场变化对各个专业的教学新要求，发挥重点专业的教育资源优势，强化学生职业能力培养，全面规范专业教学。

(5)按照新的课程教学标准，建立新的课程体系和与之配套的教材体系。根据学生获取职业资格证书和劳动就业的需要，改革专业和课程结构，优化专业教学方案(教学计划)，创新技能训练项目，推进课程综合化、模块化改革。组织开发、编写体现上海综合交通特点的，能反映新知识、新技术、新工艺、新方法要求的专业必修课程、教材和多媒体课件等配套教学资料。要按照知识型技能人才的培养目标，简化专业课程的理论内容，强化专业课程的实践操作，并积极开发编写实训教材和案例教材，进一步深化课程教学改革，提高专业教学质量，加快实现学历证书和职业资格证书的“双证”融通。

(6)要利用现代教育技术，开发网络课程，实现优质教学资源共享，完善学分制管理，深化教学改革。挖掘优质教学资源，共同参与网络课程建设，促进校园网的广泛应用，加快由传统教学模式向现代教学模式转变的步伐。

(7)在进一步推行学分制试点的基础上，通过开通网络，增加选修课，开展课程选修，为学生个性发展，增强就业、创业能力创造条件。

(8)实施综合评价，促进学生个性发展，学习、借鉴国内外的课程评价理论，以就业为导向制定学生综合评价标准，从多角度综合评价学生的认知、能力、态度、心智和人格发展，帮助学生认识自我，增强自信，促进学生职业生涯发展。改进教师教学评价标准，完善教师任职情况考核指标体系，采取多种评价手段和方法，引导教师树立正确的课程理念，提升专业水平和实践能力，进行研究性教学，确保课改的顺利实施。

(9)充分发挥汽车专业课改的示范带头作用，使汽车专业带动其他专业的课程教材改革。通过“汽车运用与维修”专业的试点，形成范式，总结经验，面上推广。在课改中建设好两个开放实习中心，开发好精品课程。积极支持改革课程教学面向社会、面向市场，在依托行业和企业开展课改，制定课程教学标准。进行课程综合化和模块化探索；紧跟企业科技进步最新趋向，扩大选课范围和内容，弥补专业教材相对滞后和实训教材不足的状况，构建课程开发和教材建设机制。

三、课改的步骤

各个专业课改方案在2006年9月招生的学生中实施。其他各个年级要对现在执行的教学计划提出调整方案并组织实施。

1. 课改试点和酝酿策划阶段：2005年3月—2006年3月

(1)在学校、系部、教研室三个层面广泛组织教师学习现代职业教育理论，充分发动全体教师参加课改。在邓小平理论和“三个代表”重要思想指引下，坚持科学发展观，进一步明确职业技术教育必须以服务为宗旨，以就业为导向，以能力为本位，面向市场，面向社会，为学生职业生涯发展奠定基础，为造就各行各业需要的知识型技能人才服务。

(2)“汽车运用与维修”专业课改试点。

(3)策划编制《上海市交通学校课程改革方案开发计划》。

(4)组建机构：2006年3月成立课改工作小组；建立若干以专业带头人负责的课改课题(项目)组；并着手成立课改专家顾问、咨询委员会，为课改决策提供咨询服务。

2. 课改全面启动阶段：2006年3月—2006年9月

(1)编写和评审《专业课改方案设计任务书》：2006年3月20日—2006年4月10日。

(2)社会调研和编制专业课改方案及调整现行教学计划阶段：2006年4月16日—

2006年7月25日。

(3)评审、验证和确认专业课改革方案阶段:2006年7月25日—2006年8月30日。

3.专业课改方案实施和试验阶段:2006年9月—2008年7月

(1)2006年4月—2006年8月,编写和评审即将实施的各专业文化基础课程标准。

(2)2006年9月—2007年8月,编写和评审即将实施的各专业课程标准。

(3)2006年9月—2007年8月,编写和开发2007年9月—2008年7月即将实施的各专业相关课程的校本教材和网络课程。

(4)2007年9月—2008年6月,编写和开发2008年9月—2009年7月即将实施的各专业相关课程的校本教材和网络课程。

各个专业课改方案实施试验中,要及时发现问题,不断提出完善意见。学校课改领导小组定期听取汇报,并及时部署各阶段工作要求。

4.课改方案的验收、总结阶段:2008年9月—2008年12月

对课改进行认真、全面地验收、总结。做到出经验、出思路、出成果、出人才。

四、课改试点工作的保障政策和措施

为鼓励教科研骨干、教师积极投入到课改工作中来,保证课改工作的实效,学校对课改工作每年拨专项资金10万元左右,奖励参加课程教学改革的有关人员。为配合和确保课程教学改革方案实施,学校安排课程教学改革教师的进修与培训。

(2006.3)

适应以就业为中心的课程体系创新

——对我校新一轮课改工作的几点思考

《上海市中等职业教育深化课程教材改革行动计划(2004—2007)》明确指出:上海要率先建立适应社会主义市场经济发展需要的职业教育课程教材建设新机制,逐步建设反映上海特点、时代特征,具有职业教育特色,品种多样、系列配套、层次衔接,能应对劳动就业市场和满足学生发展多元需要的,并与基础教育、高等职业教育课程教材改革相衔接的中等职业教育课程和教材体系。我校据此制定了《课程改革方案开发计划(2005—2008)》,旨在进一步改革课程体系,促进校本教材建设,提升教学质量,加速培养适应上海城市综合交通新一轮发展需要的知识型技能人才。新一轮课改计划是在国务院和上海市人民政府颁布的《关于大力发展职业教育的决定》的大背景下,在上海市首批开发的十二个专业教学标准(我校作为"汽车运用与维修"专业组长单位)审定通过的前提下,贯彻落实学校《"十一五"发展规划》的重要举措,是学校改革创新、实现可持续发展的关键步骤,因此,实施新一轮课程与教材改革势在必行。

一、进一步加深认识新一轮课改工作的重要性

(一)新一轮课改是社会经济发展的需要

首先,新技术、新岗位不断出现。随着我国改革开放的日益深入和经济社会的日渐发展,老工业、新兴产业都有新技术、新岗位出现。如现代物流业发展至今,已涉及交通运输、港口贸易、国际货贷、仓储管理、货物配送等诸多领域。同样,汽车行业近十年来,由于市场上轿车需求量的不断攀升,汽车售后服务业蓬勃兴起,诸如汽车商务、汽车美容、车身内部装

饰、汽车保险与理赔等新的工种、岗位出现，对相应的技能人才提出了新的职业能力要求。

其次，原有岗位不断复合。新技术、新岗位充分体现了现代产业结构的复合性特点。如汽车发动机、汽车底盘上的电工工作应由汽车机工完成，可见，机电复合了。车身电工中的工作，如安全气囊、自动门窗、天窗、防盗装置、卫星导航、音响等工作则由汽车电工去完成。

第三，岗位的工作要求不断提升。综上所述，岗位复合性的增强对技能型人才的培养提出了新的更高的要求。这是因为某一产业或领域的不断发展，使得岗位的技术含金量不断提高，过去单纯的岗位、工种已不能适应和满足产业发展的要求。如汽车制造业的不断推陈出新，使得新车型新技术层出不穷，汽车的运用与维修要保持与之同步，就必须不断学习并掌握新技术、新工艺、新方法，这就要求我们培养的人才必须具备终身学习的能力。

（二）新一轮课改是学校教育改革的需要

首先，生源素质的变化，需要贯彻“因材施教”。中职校招生的主要对象为应届初中毕业生。然而，随着近几年生源人数的逐年减少，中职校的招生难度增大。生源素质的变化要求我们积极贯彻“因材施教”的原则，探索实施分层教学，并制定与之相对应的课程评价标准和考试办法，采取灵活多样的教学方法和手段，激励不同文化基础的学生都能按照个人发展需要掌握所学，满足学生成才愿望。

其次，以就业为中心培养人才，不断提高职业能力。按照“以服务为宗旨，以就业为导向”的职业教育办学方针，新一轮课改的根本目标是以就业为中心培养人才，满足学生的就业与终身学习的需要。即依托行业和企业，主动适应上海产业结构调整、就业市场变化对专业教学的新要求，强化学生职业道德教育和职业能力的培养，加强专业实践环节教学，提高学生综合素质。

第三，推进学历证书、职业资格证书并重的“双证书”制度。提高学生职业能力的具体举措是要在新一轮课改中全面推进“双证书”制度。文化基础课的教学既要淡化应试教育，又要不断强化学生的文化基础应用能力。在专业教学上，实践教学所占的学时数要大大增加甚至超过理论教学的时间，专业理论知识点要进一步细分、化开，完全融入实践教学，形成以实践带动理论教学的新模式。专业课程的学期、学年考试与职业资格证书的考核逐步接轨。这样才能真正促进学生职业能力、综合素质的全面提高。

第四，推进学分制试点，为非全日制学历生培训服务。应届生源数量的逐年减少是一个现实问题，就学校自身来说不能等待，要积极开拓，寻找新的发展点。一方面，在全日制学历教育全面实施学年学分制的基础上，开展弹性学分制试点，让家庭困难或有就业愿望的学生可以先就业、后学习，或边学习、边工作，学生只需在规定年限内修完规定学分即可毕业，获得毕业证书。另一方面，这样的模式为学校服务于社会再就业人员、企业员工继续教育培训、农村劳动力转移培训、外来务工人员非全日制学历培训创造了广阔空间。

第五，以校本教材为平台，创建专业特色。职业院校只有建立不可替代的特色，才能生存发展。什么是不可替代？比如现代物流专业，我校1997年在上海市首创，人无我有，那是我们的特色。随着物流业的发展壮大，许多学校也开设了此专业。人有我有，无特色可言，人有我优，才是我们的特色。"优"就是"不可替代"，怎样做到？校本教材建设是抓手，也是突破口。校本教材搞得好，可以充分突显独、特、优，这才是真正的专业特色，才是真正的不可替代。

（三）新一轮课改是提高学校核心竞争力的需要

首先，专业建设是立校之本。我校的汽车运用与维修专业之所以能长盛不衰，是因为我们始终不满足于现状，始终保持超前的意识。要更好地体现"人无我有，人有我优，人优我精，人精我活"的理念，就要在专业的开发、发展、研究上多动脑筋，多有举措，多出成效，不断巩固强势专业的领先地位，不断挖掘现有专业的发展潜力，根据社会需要不断开发出新的专业。如此学校的办学才能始终立于不败之地。

其次，专业建设的核心是课程改革与教材建设。这是专业建设的内在的具体的体现。课程的设置、教材的开发都要做到独、特、优、活。课程改革主要有两方面内容：一是专业精品课程建设，二是专业专门化核心课程的开发。教材建设必须做到两点：一要积极参与统编教材的编写，二要积极开发校本教材。精品课程与统编教材可以以点带面，在共性上反映专业建设的水平；专门化核心课程与校本教材则在个性上进一步突显专业特色。

第三，课程是产品，产品就要满足顾客需要。社会经济的发展要求我们面向市场，面向社会，不断满足需求。要培养出社会需要的高素质、技能型人才，就必须积极投身新一轮的课程改革。我校实施ISO质量管理已近七年，是一个日渐成熟的体系。质量管理的一个重要环节是产品的设计与开发。学校的产品是课程，社会、广大用人单位、家长、学生都是学校的顾客。我们的"产品"只有使得"顾客"满意，学校的核心竞争力才能真正得以提升。

二、以就业为中心，构建任务引领型课程体系

（一）构建"一个平台、二次选择、多种方向"的课改模式

教学模式的改革决定了课程改革的模式是"树状"的模式——基础扎实，多元发展，前景广阔。学生身处其中，有更大更多的选择余地和更广阔的发展空间。

"一个平台"就是"树干"部分，包含两方面内容。一是文化基础平台，为学生今后的立足与发展、具备综合思维能力、终身学习能力打下良好基础。二是核心课程平台，即公共专业课，帮助学生架构一个专业学习的公共平台，奠定一个专业发展的基石。

"二次选择"是指"树杈"部分。学生在文化基础与公共专业的平台之上，进行第一次选择。学校根据学生的意向，综合学生基础阶段的学习情况，确定学生专业专门化的学习方向。第二次选择是在中专学习的最后一年，学生可自行选择就业拓展模块或升学拓展模块。

"多种方向"就是"树枝"部分。即在专业设置上，设立若干小专门化方向。如汽车

运用与维修专业目前已成熟的专门化方向有高级轿车维修、汽车商务、汽车涂装、汽车钣金、汽车美容与装潢等。高级轿车维修专门化又设立了"丰田班"、"通用班"等企业冠名的班级。现代物流专门化方向有物流运输管理、仓储与配送、物流营销、企业物流、物流信息处理等。

(二)课程体系创新应遵循五条原则

一是采用任务引领型的科学方法,分清就业岗位群、岗位能力要求,根据工作项目和工作任务,按照工作的相关性规划设计相应的专业课程门类,制定课程标准,帮助学生在学习期间逐步获得单项职业能力。

二是采用大类专业、小专门化方向的培养模式,设计由专业核心课程和专业方向课程组成的新的课程结构模式。大类专业实施核心课程(即公共专业课)教学,小专门化方向实施专门化课程教学。

三是设定专门化方向时对应相应的职业资格鉴定要求,以利于"双证书"的实现。它包括专门化方向的名称、专业教学标准的开发、专业课程的要求等方面,都要与职业资格证书的要求相接轨。

四是采用学年学分制进程,开展模块式教学。在模块式教学中设立必修课和选修课。必修课保证人才培养的基本规格,包括文化基础课、公共专业课及专业实践课程。选修课重在专业性、拓展性和发展性的选择。

五是体现先进性和创新精神。要加快现代职教体系的构建,促进现代教学模式的转变,整合出一套新的课程方案,强调为学生提供各种发展机会,培养学生终身学习的能力。

(三)工作流程:专业调研→目标确定→任务分析→课程确定→课程分析→确定进度→制定标准

专业调研是确定专业专门化方向和工作任务前的一项必备工作。调研的内容有:该专业对应的职业岗位有哪些,目前与该专业相对应的具有较高社会认可度的职业资格证书有哪些,该专业的培养目标的定位及企业需求的指向。

对市场需求有了明确的认识、准确的判断、评估及预测之后,在课程的设计与开发过程中可进一步明确专门化方向,并确定课程标准、培养目标。专门化方向的确定必须是市场急需的或紧缺的岗位及岗位群。

任务分析要对岗位及岗位群中需要完成的任务进行分解,即根据工作项目,分析工作任务,明确任务所需要的知识、技能,掌握工作的具体内容,进一步确立职业能力标准。

课程确定是新一轮课改的一项重要环节,包括对传统课程体系的重组和构建新的课程体系,形成新的课程结构模式。新模式包含三块内容:公共基础课、公共专业课和专门化方向课程,使职业能力的培养目标更为清晰。

课程分析是课改的重中之重,它是对课程具体内容、知识点的进一步分析与明确。如课程内容中的操作性知识,要细化到操作步骤、工艺、工具设备名称等;而理论知识则用于解释“为什么要这样操作”的问题。

制定教学进度表解决课时分配、课程安排、何时该上哪一块课程的问题。中专新一轮课改采取“3+1”模式，前三年为学校教学，最后一年企业实习。前三年中，第一年为公共基础课，第二年为公共专业课，第三年为专门化方向课程。

制定课程标准帮助提出教学建议和教材编写建议，解决怎么教与怎么学的具体问题。课程标准包括课程大纲、教学内容、教学目标，教师根据课程标准制订教学计划，确定教学方法。

（四）工作要求：做到六个结合

一是新一轮课改要与开放实训中心建设相结合。要按照实训中心建设要求，围绕实验、实训、实践开发课程，加快学生职业能力的培养和形成。

二是新一轮课改要与“双证书”达标率相结合。每个专业都要有完善的双证考核制度，逐步实现与日常教学考核接轨，学生“双证书”获得率达到制定目标。

三是新一轮课改要与学分制、选修制、弹性制学习方式相结合。即形成学年学分制与弹性学分制相结合，必修课与选修课相结合，限定选修课与拓展性、发展性选修课相结合，第一课堂与第二课堂相结合的内容广泛、门类齐全的教学体系，提高学生的学习兴趣和学习自主性。

四是新一轮课改要与师资队伍建设结合起来。制定新一轮师资队伍培养规划，鼓励教师继续参加各种学历培训和继续教育培训，加强对教师一专多能的培养，努力提高双师素质教师比例。

五是新一轮课改要与考核评价方法结合起来。以就业为导向，形成校企双方共同组成的专业评价考核工作小组，以获得用人单位认可程度作为对毕业学生综合评价的尺度。

六是新一轮课改要与校本教材建设结合起来。将校本教材的开发作为科研任务立项，学校拨专项资金投入研发。每年力争开发一定数量的校本教材和网络课程，五年形成规模和体系。

三、课改工作推进的几个核心问题

（一）认识是前提，关键是观念

学校的一切改革活动都必须建立在以观念为先导的基础上，充分认识到改革对学校发展的重要性与必要性。没有观念的创新，就不能实施新的改革，也就不能实现创新，更不能使学校的办学水平得到新的提升。因此，一要树立经营学校的理念。主动面向市场，根据市场变化及时调整学校的“产品”——课程，并推向市场；切实融入市场，在市场中充分发挥自身优势服务社会；积极开拓市场，努力打造不可替代的交通品牌特色。二要树立以人为本的理念。积极贯彻落实科学发展观，形成“尊师爱生”的浓厚氛围。牢固树立主人翁意识，塑造强师、强生的典范。三要树立终身教育的理念。广大师生都要主动适应和服务于学习型社会的需要，提高终身学习的能力。学校要进一步实施开放式教育，面向社会、集团、社区，坚持职前与职后并举的办学方针，在开放的市场中充分发挥职业教育的特色和功能，努力提升教育服务水平。

（二）调研是关键，力争做到"七个一"

调研的主力队伍是广大教师。教师通过调研，对市场有更清晰的了解，对社会、企业的需求有更明确的认识，为积极参与课程改革与校本教材的编撰奠定良好的基础。为此，教师每两年要有两个月下企业进行一次集中调研，及时了解企业的现状、需求、未来发展的方向，甚至直接参与企业的运营管理。在调研中至少召开一次座谈会，充分听取用人单位对人才培养的意见和建议。要结识一批企业家，推动校企共同合作，开展新一轮课程改革与教材建设。搞一次问卷调查，了解企业对学生的满意度，对毕业生在企业的实习、就业情况作充分的考察。综合调研情况写一份调研报告，同时提出一份可行性、操作性强的课改建议。最后根据企业的实际情况和学生的综合情况，向企业推荐一批适用的实习学生，为学生找到适合的企业。

（三）教师是保证，实现"五个一"目标

课程改革是职业教育的一次革命，教师是这场革命的"生力军"。课改涉及课程与教材的改革，它推动广大教师对过去的教育教学的理念、模式、教案、手段、方法进行反思和质疑，改变传统的应试教育的观念，利用新的科技手段和力量，推行新的教育教学方法。这无疑是对教师的一次新的考验，对教师驾驭教学的综合能力提出了新的更高的要求。教师通过教育教学，与学校共同努力，实现"五个一"的目标。即弘扬一个理念——现代职教理念，就是大职教观的理念。抓住一个核心——课改教材建设，加快课程体系创新。锻炼一支队伍——校本教材和网络课程开发队伍，提高教师团队的合作意识、创新意识。创建一个平台——交流合作平台，促进学校与企业、学校与社会的更紧密合作和更有效互动。建立一个品牌——上海职教品牌，进一步加强专业建设，力争创出学校独有的不可替代的专业品牌，努力成为上海职业教育的引领者。

（四）机制是支撑，人、财、物到位

国务院和上海市政府都作出了大力发展职业教育的决定，这意味着中国的职业教育迎来了黄金发展期。它孕育着一股新的力量，为我们演绎一段新的课程革命奠定了良好的基础。同时，这又是一个矛盾的突显期。发展和矛盾的焦点最终都指向了职业教育改革的核心领域——课程。一个良好的机制是课程体系创新的坚实保证，要在人力、物力、财力上保证课改的顺利实施，就必须在用人机制、管理机制、运行机制上实施配套的改革，最终保证我们培养的学生能让企业欢迎、让家长满意、让社会接受。

（本文获中国职业技术教育学会、教育部职业技术教育中心研究所2006年第八届"天煌杯"全国职教优秀论文二等奖）

德育为先　技能为道

——对创建课改特色实验学校的几点思考

创建课改特色实验学校是上海市教委贯彻党的教育方针，落实国务院《关于大力发展职业教育的决定》精神的一项重大举措。我校在创建过程中，对什么是“课改特色”以及如何创建“课改特色”有了更深入的认识。

“特色”是没有既定模式可效仿的，“课改特色”是学生特长的集中表现，是一种有选择的追求卓越。它具有创新性、前瞻性和可塑性的特点。创特色的关键要素是不可替代；核心目标是打造优质品牌，并在上海市中职新一轮课程与教材改革中充分发挥示范、引领和辐射作用。这种作用通过以下“六个紧密结合”所取得的显著成效来具体体现。

一、学校在本次课改中发挥的作用

1. 推动课改与专业标准的编制紧密结合

根据上海市教委下达的新一轮课程教材改革计划，学校制定了《课程改革方案开发计划（2005—2008）》。一方面，学校牵头组织开发完成《上海市中职汽车运用与维修专业教学标准》和《上海市中职现代物流专业教学标准》，参加新课标开发的专业教师占总数的39%。另一方面，对未列入上海市教委专业教学标准开发项目的专业，按照新一轮课改“任务引领型”的理念、程序和方法自行开发专业教学标准组织教学，使学校开设的所有专业均符合新一轮课改的标准。目前，学校对现有的128门课程的教学计划、大纲已作了全面的修订完善；“汽车运用与维修”专业成为上海市唯一按汽车维修行业所有关键岗位设置并开设专门化的专业。

2. 推动课改与开放实训中心建设紧密结合

2007 年,学校申报的上海市汽车运用与维修开放实训中心、上海市现代物流开放实训中心建设完成,并通过了专家评审。两个开放实训中心总计投入约 920 万元。目前,学校建有近 20 个专业实训室。实训场所总建筑面积从 2004 年的 6000 平方米达到目前的 10000 平方米,共计 600 个工位。新型开放实训中心将专业进一步细分专门化实训室,学校所有专业的专门化均建有相应的实训室。如现代物流开放实训中心下设了物流运输实训室、口岸物流实训室、仓储与配送实训室、物流营销实训室,与"现代物流"专业新一轮专业教学标准所列的专门化方向完全匹配,这为培养"一专多能"的技能型人才搭建了良好的平台。

3. 推动课改与人才培养模式改革紧密结合

新一轮课改推动了校企合作、工学交替、半工半读的新型人才培养模式形成体系。校企合作通过"定单式"与"订单式"相结合来培养人才。"定单式"根据企业要求"量身定做"人才,"订单式"按工作岗位标准培养人才,两者分别制定不同的教学计划大纲。所有专业在教学上均采用大类专业、小专门化方向的一体化、模块式的教育培养模式,专门化方向名称、专业教学标准的开发均与职业资格证书的要求相接轨。2004 年至今,学校先后开设了 6 个新专业;根据航运人才紧缺的现状,恢复开设船舶驾驶、轮机两个专业。2007 年 5 月,学校被市政府、市教委、市劳动和社会保障局联合授予"校企合作试点单位",全市仅五所中职校获得此项资质。2007 年,我校的毕业生就业率达到 99.2%,双证获得率达到 98% 以上。

4. 推动课改与教学教法改革紧密结合

新一轮课改推崇"做学一体"的教学模式,主张探究理论与实践一体化教学的新方法。学校利用上海市第四届、第五届教学法评比的有利契机,努力推进教学法的改革与创新,促进教育教学质量的稳步提高。紧紧围绕新一轮课改"任务引领型"的目标,以学分制为核心,推进"3 + 1"教学机制。实施文化基础课分层教学,按文化基础的差异制订教学计划,强化学生动手能力的培养。努力推动教学制度转型,实施弹性学分制教学。建立学习过程评价等多元评价方式,将学生的学习态度、学习兴趣、学习过程、动手能力等纳入日常考核评价体系,采取开卷、闭卷、社会调查报告、教师测评等形式对学生的学习过程进行综合评价。如以汽车专业"发动机维修"课程考试为试点,尝试打破常规的 100 分制,设计创新模块试题,培养学生的创新精神和实践能力;并将行业、企业对毕业生的评价意见纳入学生实习考核评价体系等。

5. 推动课改与校本教材开发紧密结合

配合新一轮专业标准的开发,我校承接了上海市中职"汽车运用与维修"专业"任务引领型"课程教材的编写任务,现已进入 6 个专门化、5 门核心课程、24 门专门化课程的开发与同步实施阶段。其中由我校主编的《汽车结构与拆装》、《汽车电工电子常识》2 门核心课程的教材已于 2007 年 8 月由高等教育出版社出版。同时,学校抓紧做好校本教材的配套开发工作,根据自身实际,将企业提供的先进的专业装备资料加以整合,使教学内容与企业的生产实际保持同步。2004 年至今，共完成 20 本统编教材、60 本校本教材的开发，其中实训指导书 47 本、理实一体化模块教材 13 本。所有专任教师均参与了各类教材的编审。

6. 推动课改与师资队伍建设紧密结合

新一轮课改推动了“双师”素质教师和“双师”结构教师团队的成长。学校坚持“人才强校”战略，优化“双师”激励机制，“双师”素质教师进课堂能教学、下企业能做事，形成了以专业学科带头人领衔的教学水平高、实践能力强的“双师”结构师资队伍。学校制定《师资队伍“十一五”发展规划》、《开放实训中心师资队伍建设三年规划》、《新教师带教制度试行办法》、《引进外省市高级人才安家补贴暂行办法》、《专业带头人选拔及管理办法》、《上海市交通学校教师任职考核办法（试行）》等一系列制度，努力创造孕育“双师”队伍成长的良好环境。学校为教职员工制定个人“十一五”攀高计划，要求专业教师每 4 年下企业挂职锻炼一个学期。每年制定《教职员工培训计划》，鼓励教职员工参加学历职称进修和继续教育岗位培训，按工资额度的 2.5% 提取教育经费，每年有近 2/3 的教职员工参加各级各类培训。通过引进企业成熟型人才、高技能人才低职高聘、聘请企业高级人员兼职授课等途径，吸引人才，优化师资队伍的素质、结构。2004 年，学校的“双师”素质教师比例为 54%，2007 年达到 64.2%；2007 年兼职教师比例达到 20%。

二、创建工作所取得的成效

1. 提升了校企合作的紧密度

学校与一汽丰田开展 T-TEP 教育长达 11 年，2004 年 9 月与上海通用汽车合作在全国首创 ASEP 教育，与美国 PPG 公司合作建立 400 平方米的汽车涂装实训中心；还与云峰集团、蓝霸汽配、TNT 上海分公司等企业建立了校企合作关系。这些企业每年提供先进的实习实训设备和培训教材，积极推动了学校的专业内涵建设和课程改革。同时，学校坚持为企业员工继续教育和岗位培训服务，年培训量保持在 1 万人次左右。2004 年 10 月，日本丰田汽车有限公司授予学校全国“T-TEP”样板学校荣誉，2007 年 3 月又授予学校“全国 T-TEP 学校特殊贡献奖”。2004 年 11 月，上海市劳动与社会保障局、上海市职业技能鉴定中心将价值 250 万元的汽车运用与维修实训设备划归学校。

2. 提升了教学科研水平

学校制定实施《教育科研课题管理办法（试行）》，进一步规范了课题申报制度、教材选题制度等，逐步构建起产学结合的应用型教科研体系。“十五”期间，完成教育部、上海市科研课题共 9 项，其中国家十五德育重点课题“劳动值勤、自我服务”《中职一年级劳动教育德育体系整体建构》获课题研究优秀成果二等奖，并被评为“国家课题先进实验学校”。31 篇论文在中国职教学会、交通职业教育研究会等权威机构的论文评选中获奖。2 位教师参加上海市中职第四届教师教学法改革复评，分获二、三等奖，学校获优秀组织奖。2006 年 11 月参加上海市中职校第一届校本教材展示交流评比，获优秀组织奖。此外，学校每年出版2期《交通教育》校刊和1本论文精选集，教师拥有教科研成果的占82%。

3. 提升了学校的育人水平

在2005年和2007年上海市第一届、第二届“星光计划”学生技能大赛汽车运用与维修、现代物流专场比赛中，学校包揽了团体、个人全能和几乎所有单项的第一名，共计获得40余个奖项。2007年6月，学校与上海市东辉职校共同组队，代表上海市参加在重庆举行的全国中职技能大赛汽车运用与维修专场比赛，我校的4位选手在全国34个省市队、64个代表队、194名选手中脱颖而出，一举夺得团体比赛一等奖，并在个人比赛仅设的5个一等奖中摘得二金，取得了优异的成绩和全面的胜利。学校的社会认可度、知名度大幅提升，在上海乃至全国的职业院校中起到了引领和示范的作用。此外，学校还在上海市中学生时政大赛、普通话比赛、各类知识竞赛和征文比赛中获奖，进一步提高了学生的综合素质，学生“双证书”、“多证书”获得率达到98.33%。

4. 提升了学校的社会声誉

学校连续八年被评为上海市文明单位，近年来先后被评为上海市职教先进单位、上海市职工素质工程教育培训基地十佳示范单位、2004至2005年度上海市学校及周边治安综合治理先进集体、上海市教育系统社会治安综合治理先进集体、上海市安全文明校园、上海市职成教信息工作先进单位、职业技能鉴定站所评比第一名。2004年4月，上海市百校建设总结大会在我校举行。在2006年3月召开的上海职教工作会议上，学校代表上海市中等职业学校作主题为“引名企进校园，融专业入社会”的交流发言。2007年5月，学校被市政府、市教委、市劳动和社会保障局联合授予“校企合作试点单位”，全市仅五所中职校获得此项资质。

三、课改特色

(1) 建立以重点专业为龙头，相关专业或专门化方向为支撑的专业群，辐射服务面向的行业、企业，增强学生的就业能力。

按照“任务引领型”新课程标准，学校在“汽车运用与维修”专业开设了6个专门化方向，在“现代物流”专业开设了4个专门化方向。目前，学校的就业推荐网络有500多家企业，毕业生就业率近三年保持在98%以上。

(2) 形成学校与企业办学一体化、理论与实践教学一体化、校内与校外评价一体化的培养模式。

所有专业均设立了由行业、企业、学校三方的资深专家共同组成的专业教学顾问团，教学顾问团推动企业全程参与学校的课程改革，包括制定课程标准、专业教学计划、大纲的实施标准、教材的选用等。学生经应知应会考试，由校企双方组成的专家委员会考核通过，获得企业的相关岗位资格证书后方能上岗。

(3) 开放实训中心充分发挥“四位一体”的功能。

“四位一体”即教育、培训、鉴定、技术服务。开放实训中心向上海市所有职业院校和社区开放,一次可供668人同时参加实训。开放实训中心能满足社会和行业企业职工岗位培训的需要,三年共培训近3万人次。学校是国家技能型紧缺人才汽车运用与维修专业培训基地,具有汽车维修工、物流上岗证等21个职业技能培训鉴定资质。学校还积极为社会、行业企业提供技术服务,如派遣教师帮助企业解决汽车维修技术难题,承接企业委托的汽车性能测试,为企业提供经营管理、操作规程等方面的技术咨询等。

(4)组建职教集团,为探索新型人才培养模式搭建了优质平台。

2007年12月24日,由我校作为发起单位的上海交通物流职业教育集团经上海市教委批准正式挂牌成立。上海交通物流职教集团以专业为纽带,以实现资源共享为目的,在协议的基础上建立起学校与学校、学校与企业、学校与行业协会之间的紧密合作,开拓了职业教育的新领域,为学校打破围墙,建立校企紧密合作的办学机制创造了良好机遇,为校企结合、工学交替、半工半读、创新技能型人才培养搭建了优质平台。

四、进一步推进课改的想法

(一)重点:六个继续推进

1. 继续推进德育为先的育人理念

积极贯彻“德育为先、能力为本、行为规范、心理健康”的教育方针,牢固树立“人人都会发展、人人都能成功”的育人理念。教育教学坚持以人为本,从人的发展的多样性的角度出发,以“一日生活皆课程”为核心,将全员育人、全方位育人、全过程育人的各个环节全面纳入ISO质量监控体系,促进学生德智体美劳的全面发展,使学生学会做人、学会学习、学会共处、学会发展,努力培育诚信敬业、善于沟通、谦虚好学、学有所长的合格的毕业生。学生毕业后能找到合适的岗位,用人单位能找到合适的学生,学生的职业生涯得以终身发展。通过人的发展,推动学校在和谐校园建设中努力谋求可持续发展。

2. 继续推进上海交通物流职教集团建设

2007年12月,由我校作为发起单位之一的上海交通物流职业教育集团经上海市教委批准正式挂牌成立。在职教集团初创阶段,学校将承担起引领打造交通物流品牌、创立职教集团特色优势的艰巨任务。在办学定位上,加强调研,按照企业需求制定人才培养标准;在管理模式上,进一步深化校企合作,努力实现资源共享;引入企业人才评价体系,努力构建创新技能型人才培养的优质平台。

3. 继续推进校本课程及校本教材的开发。

校本课程及校本教材是体现职业院校特色的重要环节之一。我们将积极参与国家级、交通运输部和上海市规划教材编审,完成“汽车运用与维修”专业新课程标准6个专门化、5门核心课程、24门专门化课程教材的编写,启动“现代物流”专业新课程标准教材的编写工作。同时将积极开展校本课程和校本教材的开发,尤其是专业实训指导书的开发,努力打造不可替代的特色和品牌。

4. 继续推进开放实训中心建设

我校的开放实训中心将向上海市所有的职业院校和社区开放,并充分发挥教育、培训、鉴定、技术服务"四位一体"的功能。学校还将建设生产性实习基地,让学生得到"真刀实枪"的锻炼。学校作为国家技能型紧缺人才汽车运用与维修专业培训基地,将利用现有条件,积极为社会、行业企业提供技术服务。如派遣教师帮助企业解决汽车维修技术难题,承接企业委托的汽车性能测试,为企业提供经营管理、操作规程等方面的技术咨询等。

5. 继续推进网络课程、任意选修课建设

按照市教委要求,鼓励广大学生参加网络课程等的学习,认真做好校内课程与网络课程的衔接与互补的研究,提出切实可行的方案。积极贯彻"德育为先",从人的发展多样性的角度关注学生综合素质的培养,牢固树立"人人都会发展、人人都能成功"的育人理念。通过形式多样、内容丰富的活动,使学生学会学习、学会动手、学会共处、学会发展,学生毕业后能找到合适的岗位,用人单位能找到合适的学生,学生职业生涯得以终身发展。

6. 继续推进教学团队建设

以"双师"队伍建设为抓手,提升教师的专业能力、教学能力、服务能力、创新能力等职业能力。要进一步淡化理论教师与实训指导教师之间的界限,从按教师特长安排课程转向按课程来聘请教师,从满足教师的需要转向满足课程的需要。加强"双师"结构团队建设,"双师"素质教师比例达到70%以上。加大校企之间的人才流动,建设一支数量、素质稳定的能工巧匠兼职教师队伍。"双师"团队中兼职教师比例达到30%以上。

(二)难点:四个转型和三种关系

1. 如何适应四个转型

一是教学场所由课堂向实训场所转型,在有机衔接上,还存在不同专业之间、同专业不同专门化之间的不平衡。二是教学制度的转型上,目前即使已全面实施了"3 + 1"模式,即三年校内学习,一年到企业实习,但仍然缺乏有力的配套机制,推动企业深度参与学校的人才培养。三是课程模式转向"任务引领型",以学生"能不能、会不会"为检验标准,从一张考卷定终身转向理论与实践的考核以及校内与校外综合评价。这些都有待进一步深入研究。四是师资队伍的转型,随着校企合作的深度推进,校企之间的人才流动将加大;学校的专任教师到企业挂职锻炼,有利于学校"双师"素质教师比例的提高,而在聘请企业兼职教师的同时,如何促进企业兼职教师适应学校教育,成为真正合格的教师,还有待在制度化、规范化等方面做出更大的努力。

2. 如何正确处理好三种关系

一是学生职业生涯发展和企业用人单位需求之间的关系。学校教育不仅仅是专业教育,更重要的是学生的综合素质教育,而用人单位往往只关注学生技能方面的素质,如何在这两者之间寻找到平衡点,在学生有限的学习生涯里为他们创造更多能成才、能发展的条件和机遇，是十分值得探讨的问题。二是课程教材改革与整体育人之间的关系。对人的教育是一项系统工程，职业院校学生的学习生涯要经历从校内到校外的过程，需要学校和企业共同关注，通过课程改革来育人，只能是单方面努力，关键是营造良好的整体育人环境，否则就可能牺牲了教改成果。三是教育成本的增加与质量提高之间的关系。新一轮课程与教材改革使得专业教学要求和教学难度相应提高，“任务引领型”目标推动学校实施小班化教学，这样在人员安排、实训装备配置需要大量的投入，虽然教学质量提高了，但教育成本也相应的不断提高。这也是亟待解决的问题。

(2007.5)

课程改革永远在路上

2010年7月和9月，全国和上海教育工作会议相继召开，其中教育教学的改革创新成为会议关注的焦点。对于职业教育而言，教育教学的改革创新是提高教育教学质量的前提，其中尤以课程改革为核心。课程是独立的活的体系，它包罗万象，涵盖教育的全部内容，是一切教育的核心，没有好的课程就不可能培养出优质的学生，因此课程改革永远在路上、永无止境。课程改革对职业教育、职业院校的发展至关重要，我们培养的是未来的职业人，职业人的发展取决于他个人的道德素养、知识构成和专业素质，而这些都应该在学校里打好根基。在此，结合我校课程改革方面的实践，谈谈我对课程改革的几点想法。

一、我校课程改革及教材建设概况

(一)课程改革以任务引领为核心

我校目前开设有"汽车运用与维修"等4个专业、12个专门化，其中国家级重点专业1个，上海市重点专业1个。2005年，学校结合上海市中职新一轮课程与教材改革，以"基础扎实、多元发展"为目标，构建"一个平台、二次选择、多种方向"的"树状"课程结构模式。"一个平台"即课程平台，它是"树根"部分，包含文化基础、专业基础和专业核心课程三个层面。"二次选择"即"树杈"部分，学生可根据自身兴趣和学习情况选择学习什么专门化方向，选择就业或升学。"多种方向"即"树枝"部分，即各专业采用大类专业、小专门化方向的培养模式，如"汽车运用与维修"专业设有6个专门化，"现代物流"专业设有4个专门化。

课程改革建立在课程平台上，涉及教育教学的各个方面，是一个复杂的体系。学校实施课程改革分为文化课和专业课两块进行，采取学年学分制、文化课分层教学、专业课模块式教学模式。文化课重在培养学生的人文素养，提高综合素质和语言应用能力。专业课以任务引领为核心，按照工作相关性、工作任务及岗位能力要求规划设计专业课程门类，按照职业能力和职业资格鉴定要求制定课程标准，为学生职业生涯的发展奠定良好的基础。模块式教学要求课程设置分必修课和选修课两大类，必修课重在培养共性，保证人才培养的基本规格；选修课重在发展个性，培养学生的专业能力、拓展能力和发展能力。各专业设置课程门类，按照"专业调研→目标确定→任务分析→课程确定→课程分析→制定进度→制定标准"的流程进行。其中课程分析是课程改革的重要环节，它是对课程内容的进一步分析与明确，解决怎样做和为什么这样做的问题。

（二）教材建设以校本教材为重点

教材改革需与课程改革同步，以适应课程改革的需要。尤其各专业领域新技术、新工艺不断涌现，专业教学要保持先进性必须加强新课程的开发，这就需要抓紧研发与之相适应的配套教材，校本教材是最具时效性的一类教材。如"汽车运用与维修"专业，学校根据模块式教学的实际需要，在与丰田、通用等汽车企业的合作中，利用企业提供培训的原始资料，整合编写出更适用的校本教材，进一步强化实践技能训练，教学针对性更强，更贴近生产实际，使学生能较快较扎实地掌握专业技能，缩短了上岗适应期。

近五年来，学校不断加强教材建设，制定了《校本教材开发管理办法》，积极参与教育部、交通运输部、上海市系列统编教材的编写任务和中职新一轮课程改革与教材建设，并以校本教材为重点，将之作为科研任务立项，核拨专项资金投入研发，逐步形成了教材方面的特色、规模与体系。2004 年至 2008 年，学校共参与开发编写国家级规划教材 19 本，上海市统编教材 35 本，校本教材 30 本，共计 84 本。其中 2007 年承接了上海市中职"汽车运用与维修"专业"任务引领型"新课程标准 5 门核心课程、21 门专门化课程教材的编写任务，于 2008 年全面完成并投入使用。

学校着力加强课程标准化建设，除全面修订现有的课程大纲、教学内容、教学目标外，还积极承担国家级和上海市级专业教学标准的开发。如承担上海市中职"汽车运用与维修"、"现代物流"专业"任务引领型"新课程标准的开发任务。牵头开发《汽车电控发动机诊断与维修》等课程标准，承接交通职业教育教学指导委员会专项课题《物流管理专业教学标准和课程标准》的开发任务等。

二、课程改革与特色发展的关系

"特色"是没有既定模式可效仿的，"课改特色"是学生特长的集中表现，是一种有选择的追求卓越。它具有创新性、前瞻性和可塑性的特点。创特色的关键要素是不可替代，核心目标是打造优质品牌。深化课改特色的目标就是要形成五大特色：

（一）形成办学理念特色

牢固树立以人为本、开放办学、面向人人的大职教观。牢固树立以学生为本、以学生成才为起点和落脚点的科学的人才观和质量观。坚持"立足交通办教育，融入市场求发展"的理念，积极开拓市场，打造不可替代的"交通"品牌特色。坚持经营学校、终身教育的理念，以服务为宗旨，打破围墙，主动面向市场，实施开放式教育。坚持职前教育与职后培训均衡发展的理念，建立内容广泛、高中低层次都有、继续教育与岗位培训相结合的充满活力的教育培训体系。坚持"重德、崇实、求精、创新"的治校理念，努力形成团队合力，把学校办成"培养交通人才的摇篮，学习汽车技术的基地"。

（二）形成人才培养模式特色

建立理论与实践一体化教学机制，全面实施校企合作、工学结合、半工半读的人才培养模式和学分制、选修制、弹性制相结合的多元评价方式。根据上海综合交通的发展方向，拓展大类专业下的专门化方向的"订单式"培养。建立校企合作的工作机制，进一步完善学生下企业实习制度、专业教师到企业调研制度、企业兼职实习指导教师管理聘任制度等。推动企业深度参与学校的人才培养，深化与一汽丰田、上海通用在丰田技术教育（T-TEP）、通用技术教育（ASEP）项目上的合作，与上海大众汽车有限公司合作开展"大众汽车技术培训计划（SCEP）"要逐步形成体系。继续实施"双证书"制度，将职业资格证书考核与专业教学计划大纲体系并轨实施。全面实施分层教学。建立教学与就业指导有机联系的校企合作运行网络，进一步加强企业员工继续教育培训，促进毕业生就业。

（三）形成集团化办学特色

以上海交通物流职教集团的建设与发展为契机，承担起引领打造交通物流品牌、创立职教集团特色优势的艰巨任务，打造功能性、枢纽型、网络化综合交通物流专业品牌。在办学定位上，按照专业化、品牌化、连锁化、市场化、国际化的标准，积极推进职教集团内部院校间人才培养的连锁化模式；创造品牌连锁效应，扩大交通物流职教集团在上海市的影响力；努力创造合作共赢的良好局面。在人才培养模式上，通过校际联合，建立统一的人才培养标准，拓展学校为企业为社会服务的功能。在管理模式上，引入企业人才评价体系，积极探索中高职衔接的一体化管理模式，重点做好校际间同层次学分互认、不同层次专业延伸的工作，并在交通物流专业建设、核心课程建设、实践性环节教学方面实现一体化管理。

（四）形成专业建设特色

建立以课程为核心的专业教学体系，建设"汽车运用与维修"、"现代物流"专业为引领的，具有职教特色和区域经济特点的品牌专业群。全面实施"任务引领型"新课程体系，即以学生"能不能、会不会"为检验标准，以职业生涯为目标确定课程改革方向，以职业能力为基础确定课程内容。按照企业岗位群要求设置专业及专业群，按照公共基础模块、专业基础模块和专业拓展模块，以工作任务为引领设置课程。从一张考卷定终身转向理论与实践的考核以及校内与校外综合评价。随着教学场所由课堂向实训中心转型，积极开发与专业实训紧密联系的校本教材，努力形成教材建设的特色。加强聘任企业兼职教师制度化、规范化建设，加强学校“双师”队伍建设，努力建设一支由学校“双师”素质教师和来自企业的合格的兼职教师共同组成的成熟的专业教师团队。

（五）形成校园文化特色

以学生为本，加强育人环境建设，坚持德育为先的育人理念。广泛开展以共产主义理想信念教育为主题的职业道德教育，使学生牢固树立创业意识、诚信意识、忠诚意识和吃苦耐劳的意识，牢固树立“人人都会发展、人人都能成功”的理念。坚持能力为本，关注人的发展的多样性。根据现代企业对员工的素质要求，通过课堂教学、实训实习、社会活动、志愿者服务、劳育课等丰富多样的教育形式，以及艺术节、技能节、读书节、运动会、社团文化节等活动，重点培养学生的学习能力、职业能力、适应能力、合作能力、就业创业能力，使学生树立终身学习的理念，解决学生一技之长与综合素质提高之间的关系，促进学生德智体美劳全面和谐发展，增强学生成功就业、成功发展的信心，建设安定团结、积极进取的和谐校园。

三、加强课程分析和课程改革需做到六个关注

（一）关注特殊性

职业教育本身具有特殊性，尤其学校实施的校企合作、订单式培养模式，特殊性更加显著，这就决定了课程分析的特殊性。课程分析与课程教学紧密联系，并为课程教学服务，因此要把握三个关键点。一是两个课堂，一个在校内，一个在校外。这是专业教学、工学结合的要求。工学结合，就是要把“工”看做是“学”的一部分，因此这两个课堂不能只侧重校内的课堂，而需要投入相同的关注度。二是双重教育，即校内老师的教育和校外实习企业师傅的带教，尤其需要关注企业师傅的带教情况。企业里的带教师傅文化层次、技能水平存在一定的差异，不同师傅对带教的理解不一样，给予我们课程的教育也可能不一样。三是双向结合。一方面是企业有用人规格的标准，另一方面是学校专业教学的标准，如何将学校的课程标准与企业的项目特色课程有机结合，更需要关注。

（二）关注针对性

这里要把握两个关键点。一是教材。教材的针对性对课程建设至关重要，教材是学生学习的基础，是课程评审和课程教学的重要依据。因此对教材的选用和管理应该加以高度重视。二是如何以学生为本位，根据学生的情况因材施教。如文化课实施A、B、C三个层次的分层教学，不同的层次有不同的教学目标定位，恰恰体现了课程教学的针对性。这种针对性还体现在可根据学生学习进度的不同，实施不同的教学管理模式。针对学生学习动力不足的现状，要创新考核评价方法，同时在教学内容、教学手段、教学方法等各个方面着手实施改革创新，积极想办法调动学生的学习积极性，把他们的兴趣拉回到学习上来。

（三）关注有效性

加强课程分析首先要了解学生、接近学生、走进学生。“接近”和“走进”的不同之处

在于,“接近”是近距离,是走到学生前面,“走进”是要打开学生的心灵,进入他们的精神世界。我们了解学生、接近学生、走进学生的目的是什么?就是要达到课程教学的有效性。否则,教师上课上得很辛苦,学生听课的效果也不好。这种效果既反映在专业考证方面,又反映在学生对课程知识点的掌握上。而我们教学的根本目的,是要让学生牢固掌握知识,体现课程教学的有效性。这种有效性最终反映在对教学质量的检验上,尤其在“双证书”考核方面,“双证书”获得率最能体现教学质量,最能体现教学的有效性。

(四)关注差异性

课程分析与课程教学的差异性具体有两方面。一是中职和高职课程教学的差异。对专业建设和课程建设而言,中职教育就是要教会学生怎么做,高职教育除了“怎么做”以外,还要教会学生为什么这么做以及怎样做得更好,因此我们在课程教学上不能仅仅满足于一种方法,要让学生掌握多种方法,只有这样才能从中找到最好的一种方法。因此,在中高职课程难易度的把握和定位方面,要能体现出差异性。二是课程与课程之间的差异。专业课程在设置问题和能力培养方面主要侧重于动手能力的培养,而德育课则重点在于怎么让学生的思维动起来,怎么培养学生的沟通能力。因此,不同的课程对提高学生不同的能力是有差异的。

(五)关注实用性

实用性主要体现在三方面。一是理论教学与实践教学的比例方面,要找到一个最佳的点。在这个比例中,要尽可能加强实践教学,努力提高学生的操作实践能力。二是在考核方法上,要加大应用性分析题的容量,增加案例分析的考核内容,减少记忆性的考核内容,培养学生综合分析问题、解决问题的应用能力。三是在实用性上要关注细节。细节决定成败,要尽量细化教学过程,努力将课程教学的过程控制在可控的范围内,这样就能更好地达到教学的预期目标。

(六)关注创新性

一切改革创新的过程都是痛苦的,而创新的成果却常常令我们的智慧和能力产生一个质的飞跃。学校组织开发的一些新的教学内容就是一种改革创新。对一些老的教学标准我们要进行修订,一些好的评价方法仍需要进一步完善。这实际上是对广大教师创新能力的培养。要培养对社会有用的创新人才,老师首先要有创新精神,以及敢于创新的勇气和作为。这种创新精神的内核是与时俱进。开展课程分析正是促进课程内容与时俱进的有效手段,因此它就是一种创新。课程的教学要求、教学内容、教学方法都需要不断地创新,只有不断地把基础打稳夯实,不断地在创新中前进,“办好一所学校,教好每一个学生”的目标才能真正得以实现!

(本文获中国职业技术教育分会中专教育委员会2010学术年会专题论坛论文评审一等奖,获上海中专教育研究会2011年第十六届论文评审二等奖)

教育管理与基础能力建设篇

- 运用ISO 9000提升办校水平
- 把质量体系认证融入学校管理
- 转变教育观念　规范服务管理　提高办学质量
- 工科类高职院校“双师”结构师资队伍的建设与探索
- 对规划和建设公共实训中心的认识与举措
- 上海职业教育开放性实训中心建设的实践意义浅析
- 汽车创新实验实训中心建设思考和初步实践

运用 ISO 9000 提升办校水平

1995 年我从机关调任到学校，担任教学副校长；我从 1997 年起任常务副校长，主持学校工作；从 1999 年起任校长。学校从 1999 年起贯彻和实施 ISO 9000 族标准，2000 年 11 月通过 ISO 9002:1994 认证；2002 年被评为上海市职业教育先进单位；2003 年通过上海市教委“中职百校建设”评估；2004 年 1 月通过 ISO 9001:2000 认证；最近被教育部认定为“国家级重点中等职业学校”。

八年多的学校工作，我体会颇多；其中运用 ISO 9000 族思想，致力于建立一个优秀的一体化的管理体系，形成一种能不断改进的学习型群体，办成一所有特色的学校，为学生提供良好教育服务的实践，对实施“科教兴市”战略和塑造新时期上海质量形象，我觉得很有意义。

一、确立以学生为中心的办学理念，实施学生满意战略

上海市交通学校创建于 1960 年，原址在上海市长宁区新华路 730 号。1997 年因机构改革，教育资源调整，以学校为主体组建了上海交运(集团)公司教育中心，学校整体搬迁到本市宝山区的呼兰路 883 号(现址)。为解决当时面临的一些发展总的难题，提升学校办学水平，1999 年的年初我提议：学校应贯彻和实施 GB/T 19000 族标准，运用了 ISO 9000 族的思想，建立符合国际标准的学校教育质量管理体系。这项提议经学校领导班子研究，并提交教职能工代表大会讨论后通过，列入当年工作计划；此举也得到了上级有关领导的重视和关心。我们在制订办学方针和战略上，在分析、策划、实施、评价和发展等全过程中，充分体现以学生为中心的办学理念。

2000 年 2 月 1 日，我正式签发了学校历史上第一个办学质量方针——“严格管理、严

谨治学、能力为本、培育新人。”质量方针成为我们全体教职员工从事工作的质量宗旨和质量方向，表示我们要通过“贯标”抓管理、通过“服务”育新人的决心和信心。“严格管理、严谨治学”，体现我们对工作的高标准和严要求，“能力为本、培育新人”，体现我们对学生的因材施教和因势利导。为适应发展需要，2003 年学校质量管理体系进行转版升级，同年 6 月 23 日我正式签发了新的质量方针——“以规范化服务学生，以特色化打造品牌，以优质化取信社会。”新的质量方针突出学校教育为学生服务、专业(课程)教学讲究质量、诚实守信和质量第一的要求，我们全体教职员工的一切工作以学生为中心，本着对学生负责、对家长负责、对教职员工负责、对党的教育事业负责的态度，认真实践“三个代表”重要思想。

为使全体员工充分认识质量方针和目标，确立以学生为中心的办学理念，充分关注学生要求。1999 年学校将有关人员组成质量员队伍，对质量员和部门负责人举办多次学习班；还挑选 7 名管理工作骨干安排参加内审员培训，获得内审员资格；还通过校刊、校报、宣传橱窗、形象手册等载体，宣传学校质量方针和目标以及 ISO 9000 族的思想，丰富了学校精神文明建设的内涵。每次要修订学校质量体系文件，都组织讨论、审稿、学习和交流活动。2003 年针对编写新版《质量手册》，组织安排了三次稿件研究、两次专题汇报和一次审议稿传阅。期间中还专门组织部门负责人学习 2000 版 ISO 9000 族标准和交流编写管理文件经验，配合学校质量管理体系的转版升级。

为使学校教育教学过程满足学生需要，我们把“创特色、争一流”作为奋斗目标，提高教学质量，提升办学资质。我从 1999 年起认真学习 ISO 9000 族标准，仔细考察学校原有管理体系(包括行政管理、教学管理、人力资源管理、财务管理、组织形象管理等)，与领导班子成员一起分析并充分了解学生当前和潜在的需要和期望；确定实现满足学生需要的学校教育教学过程，提高学校教育教学服务的效率，努力使全过程管理处于受控状态。学校每年组织教学质量检查、学生座谈会、家长会、用人单位洽谈会、内部质量体系审核和管理评审等活动，如实评价学校教育教学效果，寻求为学生提供更好的教育服务过程。学校成立重点专业专家指导委员会，聘请企业老总担任顾问。与日本丰田汽车有限公司联合办学，开展丰田职业技术教育(TEP)，合作良好。通过校企间合作，互惠互利，学校既为学生实训实习提供了场所，又为企业定点培养和输送了所需人才。学校与上海工程技术大学联办汽车专业中高职连续教育，2003 年首次有 35 人通过考试顺利进入上海工程技术大学继续学习。学校坚持“111”工程，贯彻“德育为先，能力为本，心理健康，行为规范”的学生综合素质教育思路，使学生“德、智、体、美、劳”全面发展。在每年组织的艺术节、技能节和运动会上，学生踊跃参加。在每年评选的上海市先进集体、全国三好学生、上海市三好学生、上海市优秀团干部、市级优秀毕业生等活动中，均有我校的学生。2003 年有 80 人参加业余党校的学习，在学生中发展党员 7 人，向党组织提交入党申请书的学生人数逐年增加。学校积极尝试学分制办学模式，拟订《学年学分制教学改革方案》

和有关学籍管理规定，于 2002 年 9 月在 2002 级新生中试行。学校毕业学生的就业率继续保持在 90% 以上，其中汽车专业的毕业生就业率达到 98%。2003 年 10 月学校与丰田公司还成功合作举办了一场专场人才招聘会。

二、瞄准职教办学先进水平，制订并带领教职员工认真实现质量目标

1999 年我们将 ISO 9000 引入学校管理时，社会上和教育界确有不同看法，我们的一些教职工的心中也有疑惑。例如：ISO 9000 认证是针对企业的，学校能否适用？学校搞 ISO 9002 认证究竟是“接轨”，还是“炒作”？学校搞 ISO 9002 认证能持久和见效吗？五年多来，我们把制订并实现质量目标看作是关系全体教职工的大事来抓，质量目标的制订充分依据学生、市场当前和未来的需求，瞄准职教领域办学先进水平。2000 年时，我们提出的质量目标是：办成交通部和上海市交通职业技术教育的具有特色的一流学校，要实现：①教学设施装备达到布局合理、功能齐全、环境优美；②建立一支学高为师、德高为范、爱岗敬业的教师队伍，使专任教师大学本科学历达到 98%，并具有计算机操作和外语应用能力；③培养高素质的企业管理和生产第一线的应用型的管理人员及智能型的技术工人，使毕业生就业率达到 90% 以上。2003 年时，我们提出的质量目标是：专业优势突显，行业特色明显，交通企业欢迎，社会信誉度高。要实现：①教学设施装备布局合理、功能齐全、环境优美；②建立一支学高为师、德高为范、爱岗敬业的教师队伍，使中青年教师中达到硕士研究生学历的比例为 30%，使专业教师的“双师素质”比例达到 55%。每年平均递增各为 5%；③培养高素质的企业管理和生产第一线的应用型的管理人员和智能型的技术人才，使进校学生合格毕业率保持在 90% 以上，毕业生的就业率达到 90% 以上；④顾客投诉 100% 的处置，顾客满意率在 80% 以上。

每年年初我们在布置年度工作计划时，将质量目标分解到各部门，明确各部门的年度工作目标和任务，并以《工作任务书》的形式通知到各分管领导和各部门。每年年中时由分管领导组织检查工作目标和任务的落实情况。每年年末时我们把各项工作目标和任务的完成情况检查与各部门负责人的业绩考核结合起来。几年来，不仅较好实现了质量目标，提升了学校水平，还锻炼了一批中层干部，培育了一种积极向上的学校文化。学校从 2001 年起被评为上海市“文明单位”，最近被教育部认定为“国家级重点中等职业学校”。

三、力求建立优秀高效管理体系，在学校文化建设上有所创新

我主张建立和健全校长指挥系统，强化各级领导的作用，充分肯定每一位教职员工的贡献，建立良好的人际关系，共同分享资源、成果和创造的价值。学校“以规范化服务学生，以特色化打造品牌，以优质化取信社会”为质量方针，将 ISO 9000 的理念和方法运用于教育教学管理中，坚持中层干部每月例会制度，采用定期学习与平时宣传相结合的

方法，使各部门负责人始终明确其职责和权限，树立忧患意识和大局意识。我重视质量管理小组的活动，学校组织各种类型的质量管理小组，课题涉及中专学分制改革、德育教材推广、汽车多媒体课件制作等。我参加汽车专业科 QC 小组活动——“国家规划教材《汽车发动机构造与维修》配套多媒体课件制作”，2003 年经教育部评审验收，该课件达到优秀水平。

我主张把质量管理和质量认证作为学校文化的一个组成部分，在学习当前国内外质量管理的先进理念和方法的同时，在应用中要有自己的创新。2002 年 9 月学校开展以“服务学生、持续改进、塑造品牌”为主题的质量月活动，各部门把主要工作予以公示，不仅方便教职员工掌握情况，也让学生对我们的工作看得清清楚楚，提高管理的透明度和工作的效率。2003 年 9 月的质量月活动，学校围绕“加强质量管理，倡导诚信意识，坚持以质取胜，提升竞争能力”的主题，结合“两项评估”和“转版认证”工作，卓有成效。我们建立起覆盖全部教学场所和管理部门的校园网（共 173 个信息终端），为学校网站注册了域名，实现在互联网上直接登录，并与集团公司的公众信息网和上海市教委的职成教育在线等建立链接，为集团公司加快信息化建设和实施“10 + 1”亮点工程作出贡献。我们通过校园网、学校报（刊）、黑板报等媒体宣传 ISO 9000 内容，帮助广大师生提高认识，牢固树立质量诚信理念，塑造学校品牌形象，提升办学水平和经济效益。

我主张关心爱护教职工利益，支持教职工努力工作和不断学习。学校坚持以人为本，倡导“敬业为乐、成才为志”的精神。以“人人都能成功，人人都能发展”为激励语，设立“五四”优秀青年、学习创新、优秀教师、优秀园丁等奖项，举办教学成果展示，组织课题研究和论文交流。学校还专门为教职员工举办多媒体课件制作、办公自动化、计算机网络应用等学习班，不少教职员工已能够将学到的知识和技能应用到教学或管理的工作中去。学校组织以“从我做起练好内功，教书育人争做模范”为主题的竞赛活动，每年有 90% 左右的教师参加优秀教育法评比活动，还专门编辑录像进行宣传推广。2003 年学校有 20 多名专业教师参加了上海市首次汽车运用注册工程师的资格考试，为学校“双师型”教师队伍建设迈出可喜一步。2000 年我参加培训并经过考核，成为“国家注册质量管理体系审核员”；2001 年我参加考试，获得“国家注册质量工程师”资格。

四、努力办成有特色的学校，为学生提供更好的教育服务

近五年来学校办学状况和市场信誉良好，在职教领域和社会上已具一定知名度，学生、家长和用人单位等对我们的满意程度明显提高。

1. 专业品牌战略有效果

学校“汽车运用与维修”专业在保持交通部重点专业点的基础上，于 2002 年又成为教育部批准的首批国家示范专业点之一。“现代物流”专业通过上海市教委评估，被认定为上海市重点专业。在上海市中等职业教育已开设的 16 个大类专业中，学校成为汽车

专业和物流专业的双重组长单位。学校还是上海市中职交通类师资培训基地、汽车类国家职业技能鉴定所、上海市通用英语和计算机考点和交通法规上海市首批电脑无纸化考试单位。学校取得上海市唯一举办驾驶员从业资格全部培训项目资质,其中汽车驾驶和汽车维修专业被评为“上海市社会培训机构特色专业”。取得现代物流、物业管理、现代轿车维修上岗证培训资质等。

2. 教学科研有成果

我校在2002年完成上海市教委“10181”工程中“汽车维修”专业18门课程的教材编写;2003年完成教育部中职《汽车发动机构造与维修》课程多媒体课件制作任务。我校还完成上海市教委《经济转型期间职业道德教育的特点及应对措施》课题调研报告,并获三等奖。3篇论文荣获“中国交通教育研究会教育科学优秀论文”一、二等奖,2篇荣获“中国交通教育研究会第十次优秀论文评选”二、三等奖。在上海市教委组织的第三届教学法评比活动中,我校获优秀组织奖,有3名教师获个人三等奖。在沈阳国际技能节竞赛上,我校一名实习指导教师获汽车驾驶维修第三名和“全国技术能手”称号。在上海市中职系统“为了每一个学生”师德论坛演讲比赛中,我校有2名教师荣获三等奖、2名荣获二等奖,学校荣获优秀组织奖。2004年我校已承接教育部和交通部的新一轮职教教材开发任务。

3. 学生综合素质有提高

学生通用英语、计算机及各专业技能按要求达标考核。成功承办了上海市第八届“未来建设者”——“交运杯”汽车技术技能比武大赛,荣获“优秀赛场”称号,并获团体和个人全能两项第一。在“职成教在线杯”计算机类技术技能比武大赛办公自动化软件操作项目竞赛中获团体优胜奖。1名学生参加上海市中职校“成才与就业”演讲比赛获银奖。学校2位毕业生参加2002~2003上海大众汽车特约维修站全国技术大比武,以骄人成绩荣获总决赛团体第一名。

4.“两个文明”建设有成就

学校2002年10月被评为上海市职业教育先进单位,同年12月被评为上海市信息工作先进单位,2003年5月被上海市总工会授予上海市职工素质工程教育培训基地十佳示范单位之一。学校还连续四年荣获上海市“文明单位”称号,驾驶培训工作连续四年被交通部评为“文明驾驶学校”。

五、严格质量责任制,建立自觉抓质量的长效机制

我们在实践中学习和运用质量管理原则,以“第三方认证”为动力,将质量体系认证融入日常工作中。学校重视发挥广大教职员工的作用,强调全员参与,强调学校的成功离不开广大教职员工的积极参与,目的是要形成一种能自觉学习和不断改进的学习型群体,使质量管理成为长效机制,使学校和个人均有可持续发展的机会。2000年学校在原

发展规划基础上修订了《新三年(2001.9～2004.9)发展规划》,围绕学校发展和专业建设是否具有不可替代的独特的办学定位,是否具有独特的服务领域和服务对象,是否具有超越别人的优质管理和发展潜力为衡量标准,提出"六个转变"和"六个提升",充分体现为经济建设、促进再就业、农村建设和西部开发服务的"四个服务"办学指导思想。

学校建立了以岗位责任制为基础的,由质量手册、程序文件、工作指导书和记录表单等组成的质量管理的文件体系,每年有计划地组织教学质量检查、内部质量体系审核、管理评审等活动,发现问题,我与有关部门负责人、内审员等一起分析原因和寻找对策,在规定的时间内实施纠正措施。学校每年还要接受"第三方认证"的监督审查,几年来虽然每次来进行监督审查的人不同,但是对我们的质量管理体系的符合性和有效性都给予了肯定评价,使我校的质量管理体系认证保持始终有效。学校坚持民主管理,实施校务公开,执行创建活动督导制度、中层干部聘任等重大活动、重要工作公示制度等。我们落实上海市教委部署,对毕业生就业(升学)情况的跟踪调查时,采用了公示制,主动获取信息,畅通反馈渠道,了解学生、家长和用人单位的意见和建议。学校以"中职百校建设"为契机,加强硬件设施建设和现代化教学装备建设,为今后的发展创造条件。2002 年 8 月 12 日我参加了上海质量管理科学研究院举办的"ISO 9000 走进学校"专题研讨会,我的论文《把质量体系认证融入学校管理》刊登在《上海质量》2002 年第 8 期(总第 156 期)。

(2004.4)

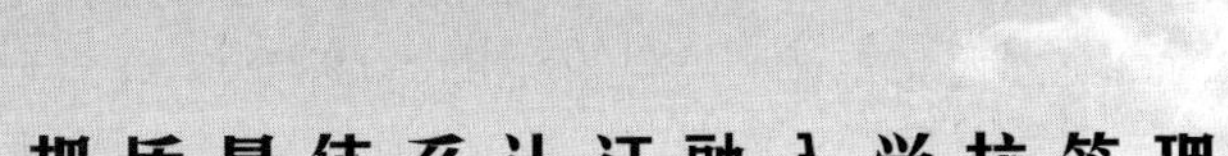

把质量体系认证融入学校管理

教育是人类进步的基础，人才是经济发展的第一生产力，科教兴国已成为世界性的共识。人类社会迈入了二十一世纪现代化时代，也是一个法制时代。依法治教是发展教育、强化学校管理的根本保障，是科教兴国和建设中国特色社会主义的必备条件，是推动人类社会进步的重要动力。目前，我国现行的“教育法”、“教师法”、“职业教育法”等法律法规，无疑是学校规范化管理的标准，必须严格遵守。然而，从学校的操作层面上来讲，要提高学校的教育教学质量，应该有一个人人必须严格执行的、更易于操作的标准，来贯穿整个学校教育教学服务的全过程。

一、明确学校产品的内涵，把质量体系认证融入学校管理

学校的产品是专业，接受专业教育的全过程是教育服务，学校与学生的关系就应该是提供服务与接受服务的供求关系。学校向学生提供的是知识、信息、方法、环境、设施、设备以及全体教职工的服务，学生从学校得到这些教育服务的产品，并为此交纳了学杂费，形成了组织(学校)与顾客(学生)之间的消费关系。因此，学生是学校的服务对象而非管理对象，学校的管理对象应该是为学生提供知识、信息、方法、环境、设施、设备和管理服务的所有教职工。为了提高服务质量，需要全体教职工以主动的姿态，树立“一切为了学生，为了学生的一切，为了一切学生”和“人人都会成功，人人都能发展”的教育新理念，向学生提供最佳的教学计划、最强的师资力量以及最理想的成才环境，来实现我们的质量目标和质量承诺。

在行业、产业结构调整，经济模式转轨的时期，教育走集约化道路，形成拳头优势，这无疑是行业办校、教育改革的一条成功之道。但就学校管理问题和教学质量问题，有必要寻找一种适用学校的都能制定标准的蓝本，来规范我们的行为，来保证教学工作的质量，保证学生的毕业和就业。而2000版ISO 9000标准已经为世界各国的产品质量、服务质量提供了足够的信

任,因此在学校实行2000版ISO 9000标准,把质量体系认证融入学校管理,应该是可行的。

二、把质量体系认证融入学校管理的重要性

将ISO 9000引入学校管理,社会上、教育界有不同看法,我们的一些教职工的心中也有疑惑,通过多年的实践,使我们对质量体系认证与学校管理的关系有了全新的认识:

1. 有利于学校积极参与教育市场的激烈竞争

事实告诉我们:在激烈的市场竞争中要办成和办好一所学校,必须抓住"一个中心",拓展"两个市场",即抓住教学质量这个中心,拓展生源市场和毕业生就业(或升学)市场。"一个中心"和"两个市场"是一根链条上的各个结扣,两者之间紧密相连。其中,拓展市场是导向,抓好教学质量是关键。而通过质量体系认证,学习和运用ISO 9000族,建立一套文件化的质量体系,提供系统的管理方法:对学校管理工作有效地实施内部督查和管理评审,就能够有效地塑造和确立学校在社会上的品牌形象,才能据此拓展"两个市场",保持学校的相对优势。

2. 有利于学校管理者掌握主动权

学校领导在市场经济的环境下,需要集中精力去思考经营学校,发展学校。质量体系认证在方法上实现了由目标管理向以目标管理为基础的过程管理转变,改变过去疲于应付解决部门之间推诿、扯皮的问题。形成以质量为中心的管理体系,保证了教学、管理和服务全过程处于受控状态。学校管理可以有效地实现三大转变,即领导作用转变、管理方法转变和思想意识转变。质量体系认证将质量目标,分解到各项工作和各个部门,从领导到教师到每个员工都能了解自己工作的意义。学校提出的"以规范化服务学生,以特色化打造品牌,以优质化取信社会"质量方针,强调管理者代表和全体员工把注意力集中到教学、管理和服务的各个环节,强调质量改进,针对各种客观因素的变化,及时分析所产生的影响,策划应对方略,以不断提高办学水平。

3. 有利于不断提高广大教职员工的综合素质

近几年教育市场的竞争,说到底其实是人才竞争,任何学校最重要的资源是教职员工。质量体系认证强调并重视对人员的培训、开发和激励。教职员工学习和掌握了科学的管理思想、管理方法以及先进的管理技能,增强了"依法治校,服务之上"的意识,这正是学校面对教育市场激烈竞争并立于不败之地的根本。

4. 有利于实现教育与国际接轨

质量体系认证作为一种教育管理和质量保障模式,在国外相当成熟,已取得成功和得到广泛应用,并已成为学校教育服务质量保证能力的一种展示和体现。人们认识到,这种教育管理和质量保障模式为学校开辟了一条持续改进、持续满足学生家长和社会对教育服务个性化的需求与期望的新途径,提升了学校在教育市场中的竞争能力。随着我国进入WTO,国外教育机构将大举进军中国教育市场,我们面对愈来愈激烈的竞争形势,适时的导入ISO 9000标准,采用统一的质量标准来处理相互交流中的教育服务质量,对

学校的教育服务质量进行有效的评价，实现与国际接轨。

三、把质量体系认证融入学校管理工作的必要性

ISO 9000 标准完全适用于学校的教育质量管理，面向市场的职业技术院校，把 ISO 9000 质量管理模式引入学校教育管理不仅是重要的而且是必要的。

(1)质量体系认证作为一种来自学校外部的、非政府和官方的、完全按照国际互认制度设立的、由国家认可委员会评审认可并经国家质量技术监督局审批的第三方权威机构的评价，是对学校自我评估与教育行政主管部门评估的印证，是对学校发展水平和能力的一种审视、一种监督。ISO 9000 标准突出的是过程管理，即过程受控，过程的结果(产品)就合格；过程失控，过程的结果(产品)就不合格。可以说，它在评价对象、评价目的、评价方法上都不同于以往的自我总结式的评价模式。它与传统自我评估和主管部门评估相比，更具有科学性、公正性和客观性，更容易被社会所接受、被公众所认可。

(2)质量体系认证是一种自愿的质量保证方法，是学校自愿提出方针目标和操作规范前提下开展的，具有：以自愿申请为基础；向公众证明自己的能力和实力；给公众一个质量保证的特点。强调的“写应做、做所写、记所做”，就是“按程序”的要求去做，做“文件”规定的事，并把所做的事“记录”下来。学校搞认证可以为学生提供高质量的教育服务，从某种意义上说，是一种自我加压、内动力。认证工作不写入质量体系文件的事可不受检查，而写入质量体系文件的事则必查。

(3)质量体系认证不仅使我们的日常管理规范化和教育服务水平提高，更可使我们的管理能够步入持续改进、不断提高的良性循环。通过认证，可以有效地解决一些存在于各部门之间的职责不清、权限不明、工作扯皮、效率低下的问题，能够形成“日常管理程序化、工作件件有结果”的自运行机制。

(4)质量体系认证可使广大教职员工的质量意识和品牌意识得到增强。由于强调过程管理，可使我们始终绷紧质量管理这根弦，时时要去对照质量体系文件，努力完善我们的工作，尽力避免出现不合格现象。质量体系认证和教育行政管理部门的办学水平评估及教学质量评估结合，两者相辅相成，使学校管理评估工作更趋于制度化、经常化，更有利于学校工作。

四、把质量体系认证融入学校管理中必须注意的问题

(1)领导带头、身先士卒，致力于建立一个优秀的一体化的管理体系。

学校领导首先要带头学习和运用质量体系认证，认真考察现有管理体系(包括行政管理、教学管理、人力资源管理、财务管理、组织形象管理等)，突出质量管理在全部管理中的地位，提高学校教育教学服务工作的效率，努力使全过程管理处于受控状态。

(2)确立以学生为中心的办学理念，实施顾客满意战略。

学校应运用 ISO 9000 族的思想，贯彻和实施 GB/T 19000 族标准，建立符合国际标准

的学校教育质量管理体系的过程中，在制订办学方针和战略上，在分析、策划、实施、评价和发展等过程中，一定要充分体现以学生为中心的办学理念，实施顾客满意战略。我们的顾客应该是学生、家长、用人单位和社会。质量方针应该成为全体教职员工从事工作的质量宗旨和质量方向，要通过“贯标”抓管理，通过“服务”育新人。质量方针要突出学校教育为学生服务、专业（课程）教学讲究质量、诚实守信和质量第一的要求，全体教职员工要认真实践“三个代表”重要思想，学校的一切工作以学生为中心，要有对学生负责、对家长负责、对党的教育事业负责的工作态度。

（3）瞄准职教办学先进水平，发展创新，致力于办成有特色的一流学校，为学生提供更好的教育服务。

要把制订并实现质量目标作为学校和全体教职工的大事来抓。质量目标的制订要瞄准职教领域办学先进水平，充分依据市场的需求和学生发展的需要。围绕学校发展和专业建设的不可替代的独特的办学定位，以独特的服务领域和独特的服务对象，以超越别人的优质管理和发展潜力为衡量标准，来加强专业建设，实施品牌战略。力争办成交通部和上海市交通职业技术教育的具有特色的一流学校，要实现教学设施装备达到布局合理、功能齐全、环境优美：建立一支学高为师、德高为范、爱岗敬业的教师队伍；培养高素质的企业管理和生产第一线的应用型的管理人员及智能型的技术工人，学生合格毕业率保持在90%以上，对毕业生就业率保持在90%以上。对顾客投诉100%的处置，顾客满意率在80%以上。做到专业优势突显，行业特色明显，交通企业欢迎，社会信誉度高。

（4）力求建立优秀高效的管理体系，在学校文化建设上有所创新。

建立和健全校长指挥系统，强化各级领导的作用，充分肯定每一位教职员工的贡献，建立良好的人际关系，共同分享资源、成果和创造的价值。把质量管理和质量认证作为学校文化的一个组成部分，牢固树立质量诚信理念，塑造学校品牌形象，提升办学水平和经济效益。

（5）严格质量责任制，建立自觉抓质量的长效机制。

要重视发挥广大教职员工的作用，强调全员参与。强调学校的成功离不开广大教职员工的积极参与。形成一种能自觉学习和不断改进的学习型群体，使学校和个人均有可持续发展的机会，使质量管理成为长效机制，使质量管理体系认证始终有效。

（6）结合学校的特色和特点，适时对质量认证体系作出符合要求的调整、修改和转化。

质量认证体系在评价对象、评价目的、评价方法上都不同于以往的自我总结式的评价模式。为使学校教育教学过程满足学生需要，我们必须把“创特色、争一流”作为奋斗目标，需要不断地完善质量体系，不断提高教学质量。质量体系一定要和学校的实际相符合，如果发现缺陷，就必须作出符合要求的调整、修改和转化，使质量认证体系有效运行和持续提高。

（本文最早发表于《上海质量》2002年第8期，总第156期，2004年7月修改完善，2005年5月获交通职业教育研究会第十一届优秀论文评选二等奖）

转变教育观念　规范服务管理　提高办学质量

——上海市交通学校实施ISO质量管理体系认证情况

依法治教是发展教育、强化学校管理的根本保障。我国目前现行的教育法规包括“教育法”、“教师法”、“职业教育法”等，对规范学校管理提供了法律依据和法律保障，必须严格遵守。但是，从学校的操作层面上来讲，能不能有一种标准，来贯穿整个学校的教育管理全过程呢？就像是一种“法规”，人人必须严格履行，使之成为学校管理的一把金钥匙呢？经过较长时间的酝酿策划、编制体系文件、试运转、体系审核等阶段，我校建立起了质量管理体系，并于2000年11月19日取得了上海质量体系审核中心颁发的“ISO 9002认证证书”，这标志着学校在依法治校、贯彻ISO标准的道路上迈出了实质性的一步。

一、为什么要实施ISO质量管理体系

我们怎么会想到ISO 9000族标准的呢？1997年年底，上海交运(集团)公司教育中心成立，下属有上海市交通学校、上海交运(集团)公司职工大学、上海交运(集团)公司党校、上海交通技工学校、上海福赐机动车驾驶员培训技术开发中心五个单位，五块牌子一套班子，同处一个教育基地，实行教育资源共享，优势互补。这无疑是行业办校、教育改革的一条成功之策，但随之带来的就是学校管理问题。因为在教育中心组建之前，五个单位分别有自己的教育行政管理制度和体系，各有长处和不足，而教育中心组建以后，就不能简单地使用某一所学校的管理制度和体系，这就要扬长避短，寻找一种各所学校都能适用的、制定准则的蓝本，来规范我们的行为。此时，ISO 9000族标准进入了我们的视野，经过仔细推敲，反复琢磨，于1999年初在提交教代会审议的行政工作计划中，提出了贯彻和实施ISO 9000的

设想，并考虑到各所学校的实际状况，最终选择由上海市交通学校实施质量管理体系认证。

把 ISO 9000 族标准引入学校管理，当时在社会上和教育界有不同看法。我们的一些教职员工的心中也有疑惑，例如：学校管理有评估体系，而 ISO 质量管理体系究竟能否适用于学校呢？搞 ISO 9002 认证究竟是"接轨"还是"炒作"，能持久见效吗？经过十年的贯标实践，教职员工的理念不断得到更新。ISO 9000 族标准是国际标准化组织（ISO）在 1994 年提出的概念，该标准族可帮助组织实施并有效运行质量管理体系，是质量管理体系通用的要求和指南。对学校而言，它可以使教学活动中的每一个环节都职责分明，确保每个教育环节的质量和效益，从而使学校质量方针和质量目标的实现成为可能。所以，我们认为质量体系认证与学校管理评估相辅相成，质量管理体系完全可以融入学校管理。

二、怎样实施 ISO 质量管理体系

开展贯标活动十年来，我校先后经历了 ISO 9000 族标准 1994 版、2000 版和 2008 版的换版。随着 ISO 国际标准的不断修正和完善，我校的《质量手册》也从 A 版升级到 D 版，贯标水准不断得到了提升。按照《质量手册》的更新情况，我校开展 ISO 贯标活动大致可以分为三个阶段：

第一阶段：建章立制 规范管理（2000.2—2003.7）。

第二阶段：修正体系 优化运行（2003.7—2006.11）。

第三阶段：追求绩效 持续提高（2006.11—2010.1）。

三个阶段有着不同的特征，工作重心也不尽相同，特分述如下：

1. 建章立制　规范管理

建立 ISO 质量管理体系的第一步就是建立质量体系文件。1999 年，我们特意聘请专家指导，发动所有贯标部门建章立制，共同编制完成质量体系文件，其中包括《质量手册》1 件，《程序文件》20 件，《作业文件》116 件。为确保质量体系有效的运行，我们首先从管理职责上层层加以明确。《质量手册》规定，校长对学校质量管理体系的建立、实施和持续改进负领导责任；教务副校长担任管理者代表，负责实施质量管理体系；教育发展处为贯标归口部门，负责质量管理体系运行的日常事务。在《质量手册》中，我们把质量体系的所有指标分配到各个归口部门，做到责任明确、层次清晰、工作有序和管理到位。

贯标的最先感受是日常管理规范化了。学校的日常工作均按照文件要求开展，使学校的各项工作处于一种"法制"状态。"凡事有准则，凡事有负责，凡事有程序，凡事有监督，凡事有记录"。以记录的可追溯性为例，在一次第三方监督审核时，一位"苛刻"的审核员在查看一张成绩单时，调出一名学生的成绩，要抽样验证成绩的真实性。仅仅为了一个数字，我们根据要求提供了该名学生的答题试卷、试题标准答案、出阅卷情况、考试时间、考场地点，以及成绩审核等一系列原始记录。事后，那位审核员坦白说，这一项检查有点"苛刻"，但它的目的不只是验证成绩的真实性和记录的可追述性，同时也验证了过程的可控性和学校的整体管理水平。

以前，我们和大部分中专学校一样，都有一个共同的体会，每次遇到学校办学水平评估，准备评估资料是一件工作量最大而且最头疼的事。可是，2003 年我校在迎接国家级重点中专评估时，建立评估资料却并没有多费力气。评估专家说，你们的评估资料齐备完整，经得起查，反映了你们的管理水平，是学校管理的一大亮点。我们回答，这全得益于学校实施了 ISO 标准化管理。

在贯标的初始阶段，我们也不可避免地暴露出了一些问题，特别是对标准的认识问题。例如：质量体系文件存在认识缺陷；有些体系文件的操作环节过多，使得运转迟滞；有些体系文件规定太死，反而束缚住了手脚；有些体系文件表述不清等。其中，值得一提的是对学校“产品”的认识。基于当时的认识水平，我们认为家长是学校的顾客，学生是学校的产品，而把德育不达标或成绩不合格的学生描述成了不合格品。有一次，在对一名违纪学生进行教育的时候，我们的学管老师要求该学生把书面检讨填写在一份“不合格品”记录表单上，引起该学生极大的反感。他说，我是违反了纪律，应该认识错误、改正错误，但我怎么就变成“不合格品”了呢？结果经再三解释这只是 ISO 的记录方式，他才勉强填写了这份记录表单，闹出了很大的笑话。

2. 修正体系　优化运行

2003 年，ISO 9000 族标准换版为 2000 版，我校以“换版认证”为契机，围绕“以顾客为关注焦点”等八项原则，完善自我改进机制，针对质量体系运行中存在的问题，对质量体系文件进行了较大幅度的修止，编制完成《质量手册（B 版）》，并于 2003 年 7 月正式实施。在 2000 版换版中，我们对质量体系作了以下几个方面的调整：

纠正对标准的认识偏差。质量是对产品而言，不同产品有不同的质量要求，要抓好质量就必须对学校产品进行准确定位。于是我们在《质量手册》中纠正了把学生当“产品”和“不合格品”的错误，对产品再次定位，并明确指出学校的产品是“中等职业技术教育服务”，还包括直接反映“教育服务”的专业和课程；学校的顾客是“学生、家长、用人单位和社会”；学校的不合格品是指“教育服务”的不合格。并由学校督导室负责制定《不合格服务控制程序》，确定不合格服务的种类，对各种不合格服务实施控制和处置。

增设一个条款两个程序。当初在贯彻 1994 版标准时，根据专家建议，我们选择了适用于服务行业的 ISO 9002 标准，该标准与 ISO 9001 标准的区别是省略了质量体系中关于“设计和开发”的条款，即不对产品的设计和开发提出管理和控制要求。这一次我们利用换版的机会，重新定义“产品”内涵，把课程视为“产品”，增设“设计和开发”条款，把设计开发新专业和新课程纳入可控范围，并由学校教务处和专业科（室）负责制定《专业设计开发程序》和《课程设计开发程序》，对专业和课程实施控制。增设一个条款和两个程序，不仅理顺了教育服务与专业课程开发的关系，更是大大促进了我校特色专业和精品课程的开发与建设，并且因此成为本市首批“课程教材改革特色实验学校”。

整合精简质量体系文件。我们针对一些质量体系文件存在环节过多、操作繁杂、相互牵制、职责不清等问题，对质量体系文件进行了重新整合。把《程序文件》精简到10件，《作业文件》精简到71件。从此，质量体系的运行变得顺畅起来。

3. 追求绩效　持续提高

2006年，我们根据学校改革发展的需要，经管理评审会议决定，在贯彻ISO 9001标准的基础上引入ISO 9004标准《质量管理体系　业绩改进指南》，目的是通过自我评价机制，推行岗位绩效管理评价，增强学校竞争力，促进学校教育质量和管理水平的持续提高。2006年8月，学校组织内审员培训班，学习新的质量管理标准，更新知识理念，并组织相关人员再次修订质量手册，于2006年11月起实施《质量手册(C版)》。第一，在质量目标中我们增加了新内容，提出了“岗位绩效领先，专业优势突显，行业特色明显，社会信誉度高”的质量目标，把追求卓越绩效放到了首位。第二，我们以教代会决议通过的年度工作目标作为绩效评价指标，结合“工作任务书”对各部门进行考核，体现了ISO 9004标准的量化考核要求。第三，我们制定了“上海市交通学校岗位津贴记发办法”进行全员考核，激发了全体教职员工的工作积极性。

2000年的上海市交通学校只有一个汽车运用工程专业是交通部的重点专业。目前，我校有汽车运用与维修、船舶驾驶、轮机管理、现代物流、国际商务5个专业，共12个专门化方向。其中："汽车运用与维修”为国家级示范性专业，设高级轿车维修、汽车商务、汽车装潢、汽车钣金、汽车涂装、汽车美容与装潢等专门化方向。“现代物流”为上海市重点专业，设物流运输、仓储与配送、口岸物流、物流营销等专门化方向。“国际商务(国际货运代理专门化)”为本校特色专业。“船舶驾驶”和“轮机管理”为本市内河水运紧缺专业。

近年来，我校不仅成功组建了上海交通物流职教集团，获得了上海市文明单位、上海市职业教育先进单位、上海市安全文明校园等荣誉称号，而且在本市和全国各类职业教育汽车维修、现代物流等技能大赛中，屡获集体与个人大奖。在2009年第三届全国职业院校技能大赛中，我校获汽车二级维护团体赛金牌，并获汽车维修、钣金、涂漆三项个人赛三金三银，其中1位同学获得汽车维修个人赛总冠军。目前，我校强势的汽车专业不仅是国家汽车运用与维修专业技能型紧缺人才培养培训基地，上海市汽车运用与维修专业中职校师资培训基地，还是上海通用汽车有限公司ASEP项目全国首家培训学校、大众汽车有限公司SCEP首家培训学校、丰田汽车有限公司中国T-TEP样板学校。运用持续改进的管理方法，我校的整体绩效和能力获得了明显提高。

今年，为贯彻落实国家认监委《关于做好GB/T 19001标准换版工作有关问题的通知》精神，我校又顺利完成了《质量手册(D版)》的换版，并于今年5月获得ISO 9001:2008《质量体系认证证书》。我校《质量手册》从A版到D版的三次换版，不仅使质量体系持续获得改进，更使学校持续获得了成功。

三、实施ISO质量管理体系的突出成效

在贯标的实践中，我校全体教职员工认真执行质量方针，努力实现质量目标，在办学

质量上的突出成效主要表现在：

1. 推进了办学水平的全面提高

1999 年，在开始实施 ISO 9000 质量管理体系的同时，我校也启动了申报国家级重点中专的各项准备工作。经过四年多时间的努力，我校终于顺利通过评估专家组的审核，于 2004 年 3 月份被教育部正式授予"国家级重点中等职业学校"称号。这是我校历史上的一件大事，是我校建校 44 年来，几代人为之努力的结果。实施 ISO 9000 质量管理体系，规范了学校管理，提高了学校教学质量，扩大了社会影响，提高了学校知名度和竞争力，使我校的办学水平走上了一个新台阶。

2. 推进了培养模式的改革创新

我校以集团化办学专业建设为纽带，全面实施校企合作、工学结合、顶岗实习，学校与企业培养，理论与实践教学，校内与校外评价标准一体化的融合模式，拓展了大类专业下的专门化方向的"订单式"培养。建立了学生下企业实习、专业教师到企业调研、企业特聘兼职教师到学校兼职的工作机制。加强了与一汽丰田（T-TEP）、上海通用（ASEP）、上海大众（SCEP）、梅赛德斯-奔驰（MBCL）、上海世纪秋雨等在教学项目上的合作。学校实施"双证书"制度，并实施职业资格标准与专业教学标准一体化考核，认真做好中高职教育贯通培养的试点工作，推进了职业教育人才培养模式的改革创新。

3. 推进了师资和教学团队建设

学校每年引进一批成熟型人才和以研究生为主体的专任教师，按工资额度的 2.5% 提取教育经费，实施"双师制"骨干教师的培训和培养，组织教师到企业调研与挂职锻炼，"双师制"专业教师达 70%，高级职称教师比例达 30% 以上，特聘企业兼职教师比例达 20%，确保每个重点建设专业（含专业方向）都有副高级以上专业带头人。学校每年选送一批有发展潜质的青年骨干教师赴发达国家进行考察培训，形成了一批与学校创建重点建设专业、精品（特色）专业和精品课程相匹配的专业教学团队。

4. 推进了精品（特色）专业建设

学校努力打造具有引领与示范性的"汽车运用与维修"和"现代物流"精品（特色）专业，创立专业品牌，彰显课改特色。年内在完成"中、高职一体化衔接课程方案设计"等项目基础上，进一步确定与承担新的实验任务。不断开发反映专业"四新"的特色校本教材和实训教材。通过精品（特色）专业和精品课程建设，力求使我校的课程改革形成以职业能力为核心的"需求为重、实践为主、能力为本"的教学培训体系。

5. 推进了校内校外实训基地建设

学校在争取政府投入、行业配套的前提下，学校不断自筹资金用于基础设施建设、实训中心建设和教学装备建设，近两年又加大了对水运专业实训中心"内河船舶操纵模拟系统"和"内河船舶操纵模拟舱"的资金投入。同时，依托集团办学校的优势，加强校外实训基地建设，以及拓展校外生产性实训基地建设的范围，全面落实各专业实践、实训和顶岗实习的教学培训任务。

6. 推进了结构调整优化有效实施

作为行业所办的职业院校，我校在推进专业结构调整优化工作中，依托职教集团的优势，弘扬专业特色，打造专业品牌。我校调整优化的专业结构紧扣集团中长期发展战略，得到了上海交运集团给予的充分肯定和全方位的关心、支持与指导。

四、实施ISO质量管理体系的主要体会

回顾十年来的贯标历程，我校教职员工的质量意识逐年提高，各部门逐步养成了自觉贯标的良好习惯。我们的主要体会是：增强了社会责任意识，提高了市场竞争能力，推动了学校可持续发展。

（1）增强了社会责任意识。实施质量体系认证，挂上认证机构颁发的铭牌，就意味着我们向社会作出了公开的质量承诺。例如，我们在质量目标中承诺："使中青年教师中达到硕士研究生水平的比例为30%，使专业教师的'双师型'比例达到65%"、"使学生合格毕业率保持在90%以上，毕业生的就业率达到95%以上"、"顾客投诉100%的处置，顾客满意率在80%以上"等，要实现这些承诺，必须背负压力和社会责任，拿出勇气、智慧和能力。正是在努力兑现质量承诺的过程中，学校和全体教职员工的教育服务观念和社会责任意识得到了强化。

（2）提高了市场竞争能力。在激烈的市场竞争中要办好一所学校，必须突出"一个中心"，拓展"两个市场"，即突出教学质量这个中心，拓展生源市场和毕业生就业市场。近年来，我校始终保持着强劲的招生势头，在校生保持2100余人规模，毕业生就业率保持在97%以上，2009年还获得了上海市中等职业学校指导与就业服务先进集体的荣誉称号，被社会誉为"培养交通人才的摇篮，学习汽车技术的基地"。随着社会对人才质量要求的提高，人们不再满足于受到教育，更希望受到高质量教育，更向往到经过质量认证的学校接受教育，并且为能进入到这类学校而感到荣幸和自豪。因此，向社会提供完备的质量保证体系的学校，往往更受社会欢迎，生源更充足，更具有竞争力。

（3）推动学校可持续发展。ISO 9000族标准强调"持续改进"，强调质量体系运行的PDCA循环。以我校三个不同阶段的贯标经验和螺旋式上升的质量管理水平，以及十年贯标学校逐步发展壮大的事实，不难说明，ISO 9000族标准促使学校在质量体系运行中不断发现问题，不断得到改进，让学校的工作始终充满活力和朝气，推动学校可持续发展。

综上所述，实施ISO 9000质量管理体系，使我们转变了教育观念，增强了服务意识，规范了教学管理，提高了办学质量。同时，我们也认识到，同样的理论和成功的经验在不同的条件和背景下会产生不同的效果。因此，在引进ISO 9000质量管理理念和方法时切忌生搬硬套，必须与学校的实际状况和发展前景相适应，与学校自身特点相结合，做到为我所用。

（2010.3）

工科类高职院校“双师”结构师资队伍的建设与探索

提升高职院校的人才培养水平，关键在教师。高职院校的性质决定了高职院校教师必须具备“双师”素质。“双师”素质教师构成了师资队伍整体的“双师”结构，也是高职院校适应人才培养模式改革的需要。尤其是工科类高职院校，这种需要更为突出。“双师”队伍建设的核心是教师专业素养和能力的建设，打造一支高素质的“双师”队伍，对高职院校建设与发展具有十分重要的意义。

我院是2001年4月经教育部备案、由上海市人民政府批准建院的全日制普通高等职业院校，是一所独立设置的，集陆、海、空、轨道交通教育为一体的，培养综合交通类专业人才的工科类高等职业技术学院。学院设有汽车工程、港口机械、航空运输等10个专业系部、23个专业。其中“集装箱运输管理”与“汽车运用技术”专业被教育部认定为国家级示范性建设试点专业，“报关与国际货运”专业被上海市教委认定为上海市示范性建设试点专业。同时，学院拥有“上海市集装箱机械操作与维修公共实训基地”、“上海市报关与国际货运代理公共实训基地”、“上海市汽车运用与维修开放实训中心”、“上海市现代物流开放实训中心”、“上海市航空服务开放实训中心”等五个市级开放实训中心。

建院六年来，学院的办学取得了快速而显著的成效，其中很重要的一方面，是得益于学院持续加强师资队伍建设，尤其是“双师”队伍建设。

一、工科类高职院校“双师”结构内涵的认识

（一）“双师”结构是个体与整体同步双向整合的结构模式

“双师”结构建筑在教师个体和教师团队整体两个层面上。教师个体与教师团队整体在

各自的层面上同步整合，即教师个体的“双师”素质整合，教师团队的“双师”结构整合。同时，“双师”素质教师和“双师”队伍均存在从理论到实践、从实践到理论双向转化整合的过程。

教师个体层面的“双师”结构即指“双师”素质，它包含两层含义。第一层含义是指对专业教师的专业知识结构的组成提出要求。专业知识结构包含专业理论知识和实践能力两方面内容。专业教师既要全面扎实地掌握专业理论知识，又要具备解决具体工作中实际问题的能力；在职业资格认定方面，不仅具备教师的任职资格，而且具有工程师、技师等专业技术职称。具备这样素质的专业课教师，通常被称为“双师”素质教师。第二层含义是指，这种对专业教师的能力要求也是双向的。在工科类高职院校，专业课教师由专业理论教师和实习指导教师两部分组成。传统的专业教学重理论、轻实践，专业理论教师在课堂实施教学，实习指导教师在实训场所带领学生实习；理论教学与专业实习实训之间有一定的联系，但却是相对独立的两个系统。随着新一轮课程与教材改革的逐步推进与不断深化，专业教学逐步由课堂为中心向实训场所现场教学转型，对专业教师的专业素质要求亦进一步提高。因此，“双师”素质要求已不仅仅针对专业理论教师，对实习指导教师同样有这方面的要求。

教师团队整体层面的“双师”结构也包含两层含义。第一层含义是指要求教师团队是一支专职教师与兼职教师相结合的“双师”结构队伍。专职教师大多从高校毕业后来到学校任教，从课堂走向课堂，在传授专业知识的时候往往是从理论到理论。可见，专职教师的优点是对本专业的认识和理解有系统性，理论基础扎实；同时，其不足也是显而易见的，即遇到具体实际的问题，能用理论来解释，但动起手来往往缺乏实践经验。建立一支高素质的兼职教师队伍是对教师团队的很好的补充。聘请兼职教师应侧重行业企业的专业人才和能工巧匠。他们有丰富的实践经验，主要担任实践技能课程的教学。第二层含义是指，具有“双师”素质的教师个体，构成了教师团队整体的“双师”结构。“双师”素质既要体现共性，又要展现个性。我们不能要求老师成为全才，同一个专业的教师不应是同一个模式的“双师”，而应根据教学的实际需要有所侧重。即在教学上既有侧重专业理论教学的教师，又有侧重专业技能教学的教师；同时，同一专业的教师团队应由具有不同专门化方向的教师组成，就好比一支交响乐团，老师们各有所长，能充分发挥个体在整体中的作用，推动整体发挥出更大的效用。

（二）“双师”结构模式中教师的专业能力构成

具备专业能力是专业教师的必备素质。知识能力与动手能力相加构成专业能力。专业教师不仅要有扎实的专业理论功底，动手能力的要求则放在了更高更重要的位置上。专业教师要做到“进课堂能教学，下企业能做事”，即对专业理论教师而言，要能说会做；对实习指导教师而言，要能做会说。因此，随着课程模式的转型，专业教师的两大组成部分——专业理论教师与实习指导教师的界限将被淡化。

专业教师的专业能力主要由职业能力、服务能力、创新能力三方面构成。

职业能力有两方面内涵。一是教师自身的教学能力，这是从事教师职业所应具备的基本能力。教师应具备教学的基本技能，掌握先进的教学方法，具有较强的教学组织能力和课堂驾驭能力。二是教师的专业实践动手能力。专业教师把专业能力传授给学生，那么教师个人的专业能力又如何体现呢？“手上有油”是判别能力的关键。“手上有油”能干活，教师走下讲台，能完全胜任企业普通技术工种的工作，成为企业不折不扣的技术骨干。

服务能力是指为企业、为社会服务的能力。教师服务的对象首先是学生，学生是企业未来的员工，这也成为教师为企业服务的内容之一。其次为企业服务还体现在如何为企业员工的继续教育、岗位新技术培训服务。专业教师不仅要具有较强的专业能力，还要有专业的前瞻意识、终身教育的意识，能主动掌握专业领域的新知识、新技术，及时传授给企业的员工，推动企业员工整体素质的提高。专业教师要成为推动经济社会科学技术发展的中坚力量，努力为社会作出自己应有的贡献。

创新能力集中体现在产教结合上。“产”为生产创新。对专业教师而言，一个领域的专业技术是在不断前进和发展的，专业教师在教学过程中会遇到许多新技术、新难题，这就要求专业教师能不断有所突破，积极拓展自己解决问题的能力，培养自己对专业新技术的开发能力。如根据专业的发展开发新实验台架、教具等。“教”为教学创新。诸如模块式教学、订单式培养、多媒体手段的运用、现场教学、校本教材的开发等都是教学创新的具体体现；既能体现教师的专业素养，又进一步体现学校的办学水平。

二、“双师”队伍建设所面临的瓶颈

（一）缺乏适合“双师”队伍发展的导向性政策

如前所述，专业理论教师和实习指导教师是“双师”队伍的基本构成，而实习指导教师的最佳任职条件是有二年以上行业企业工作经历的专业人才，因此，实习指导教师中兼职教师以占较大比例为宜。世界上的一些发达国家的高职教育体系中，兼职教师是师资的主要组成部分。在德国，高职院校中兼职教师通常占到60% ~80%，美国的社区学院兼职教师也占到60%以上，而加拿大则高达90%。这是因为这些国家有相关政策，鼓励行业企业的“名家”、“能手”到学校兼职授课，将企业先进的理念和生产技术及时带到学校，促进校企合作，使学校的专业教学始终与企业的专业领域的发展保持同步，使学生及时了解和掌握本专业的发展现状，缩短学生的上岗适应期，协助解决学生生产实习、毕业设计、就业推荐等一系列问题。而我国目前尚没有这方面的政策导向。同时，学校聘请兼职教师只是学校单方面的行为，也缺乏国家相关政策的扶持。没有国家政策法规方面的合法的机制保障，聘请企业专门人才担任兼职教师有很大的难度。企业人员受企业管理制度、用工制度等方面的制约，不可能利用工作时间到学校兼职授课，因此只能利用自己的业余时间担任教职。在上班之余还要上课，终究精力有限，因此他们对此积极性不高。而对学校来说，如果聘请企业人员担任兼职教师，就要打破正常的教学秩序，按照他们的时间来安排教学计划，就现行的管理运行机制来看，学校将投入更大的财力物力，因此目前缺乏可行性。

(二)高职院校缺乏人才流动职称评聘的自主性机制

当前大多数高职院校的师资队伍存在"三多三少"的问题。所谓"三多三少",是指专业理论教师多,"双师"素质教师少;专职教师多,兼职教师少;从校门到校门的多,有企业工作经历的少。导致这些问题的根本原因是,高职院校缺乏人才流动和职称评聘方面的自主性机制。工科类高职院校的人才培养目标是为社会和行业企业培养适需的高素质技能型人才,因此在师资的需求方面相应的更需要技能型人才,而非学术型人才。然而,目前学校引进人才的主要渠道仍然是以学术型人才为培养目标的普通高等院校的应届毕业生,他们往往专业理论水平较高,而实践动手能力不足,走上教师岗位后,学校仍然要花大力气重新培养他们。同时,专业理论教师高于实习指导教师的观念,使得应届毕业生普遍存在不愿担任实习指导教师的心理,而引进企业专门人才成为专任的实习指导教师,虽然能解燃眉之急,但同样遇到继续教育和岗位培训的问题。这样,从时间上、培训成本上,学校的投入都是非常高的。另一方面,职称评聘也是一大制约。高职院校专业教师的主要任务应该是教学,因此高职院校教师的职称评审应与普通高校有所区别。而目前高职院校教师职称评聘标准仍然沿用普通高校本科的相关标准,它注重教师的学术科研水平,对教师的专业实践能力的考核指标缺失。既然与职称评聘无关,教师自然无暇顾及自身专业实践能力的提高,而是一边承担着繁重的教学任务,一边忙于完成论文著作等评职称的硬指标。这些都是与高职教育的发展不相适应的。

三、"双师"队伍建设的实践与探索

(一)从理念上提升对"双师"队伍建设的认识

要培养高素质技能型人才,提升高职院校的人才培养水平,专业教师实践能力的提高是首要的、关键的因素。高职院校"双师"队伍建设要坚持遵循"以服务为宗旨,以就业为导向"的职业教育的办学方针。以服务为宗旨,就是要坚持为学生服务、为行业企业服务、为社会服务的理念,积极推动教师在学校专业内涵建设和课程改革中发挥主体作用,引导教师为企业和社区服务。以就业为导向,就是坚持以人为本,强化专业教师的职业观、能力观、实践观,使教师进一步解放思想,转变观念,摆脱固有的以理论教学为主的旧式框架,加强自身专业实践能力的培养,推动教师成为"进课堂能教学,下企业能做事"的"双师"素质教师。在学校的层面上,应加强"大职教观"、"双师"理念的宣传教育,使教师牢固树立终身教育的理念,努力创造有利于"双师"队伍成长和发展的外部条件。在专业教学的层面上,应逐步淡化专业理论教师与实习指导教师之间的界限,积极推动师资队伍向理论与实践一体化教学的方向转型。按照开放性和职业性的内在要求,努力建设一支具有高尚职业道德、学历职称高、专业技能精、驾驭课堂能力和课程开发能力强的校企合作型"双师"队伍。

（二）深化教育教学改革，推动师资队伍转型

为了加快“双师”队伍的建设步伐，我院从加强专业内涵建设、深化教育教学改革方面着手，进一步推动师资队伍的转型。首先，实施课程体系的改革创新。即推进“2.5+0.5”培养模式，学生顶岗实习期延长至半年。专业课程门类按工作的相关性规划设计，根据岗位能力要求，制定课程标准。教学上采用大类专业、小专门化方向的一体化、模块式教育培养模式，专门化方向的名称、专业教学标准的开发均与职业资格证书的要求相接轨。其次，推动教学场所的转型。学院结合五个市级开放实训中心的建设，积极推动校企合作、工学交替、半工半读的人才培养模式。以“任务驱动”为主体，按岗位任务设计教学任务，建立实验、实习、实训、实践四位一体的教学模式，教学场所逐步从课堂向实训中心转轨，专业教学逐步朝着理论与实践一体化教学的方向迈进。再次，加强校本教材建设。校本教材是体现高职院校专业特色的重要平台，学院着力推进新课程体系核心课程和专业课程校本教材的开发工作，鼓励教师将他们从企业学来的先进的专业技术汇编成教材，6年共有38本规划教材公开出版发行，完成22册专业校本教材并投入使用，进一步推动了教师专业能力的提升。

（三）优化“双师”激励机制，促进“双师”队伍的成长

学院坚持“人才强校”战略，先后出台了《师资队伍“十一五”发展规划》、《开放实训中心师资队伍建设三年规划》、《新教师带教制度试行办法》、《引进外省市高级人才安家补贴暂行办法》、《专业带头人选拔及管理办法》、《教师系列专业技术高级职务聘任及管理办法》等系列制度，创造孕育“双师”队伍成长的良好环境。学院每年引进一批高学历、高职称、高技能的专门人才。对于普通高校应届毕业生，安排有经验的老教师带教，并为他们成为“双师”素质教师创造良好条件。对于成熟型人才，特别是有三年以上企业一线工作经历的高技能人才，学院在人事制度管理上，优先考虑他们的需要，优先安排他们上课。对于专业系、部中学历职称偏低，但教学水平高、学生十分欢迎、持有“双证”的教师，采取低职高聘的办法，让他们享受高职称待遇。同时，学院还鼓励广大专业教师通过进修取得“双证”，并给予经费报销的待遇。目前，学院有专任教师244人，其中高级职称70人，“双师”素质教师占61.59%；40岁以下中青年教师中62人具有研究生学历或硕士及以上学位，占50.82%。

（四）加强产学研结合，推动“双师”队伍的发展

为进一步提高教师的专业应用与动手能力，学院进一步加强教育研究与实践，加速教科研成果的推广和应用，鼓励教师自行研发适合校本教材教学的专业教具。如学院汽车运用技术专业的发动机台架等教具，都是学院的专业教师自己开发、改装、亲手制作的。自主研发专业教具，一方面是对教师专业能力的检验，另一方面使教学更有针对性，也更能体现学校的专业特色。同时，学院还加强了科研课题管理与申报，根据“教育科研课题管理办法”，2005年至今组织开展了上海高校选拔培养优秀青年教师科研专项课题项目的选拔和基金申请工作，共有21位青年教师立项申报了课题，这些课题均为高职专业技能应用型课题。为进一步加强教师的继续教育、岗位培训，学院一方面鼓励教师参加学历、职称进修，另一方面制定了《专业教师下企业调研规定》和《教师下企业带实习的有关规定》，要求专业教师每两年进企业两个月，或每四年进企业一个学期，实施全脱产、带课题到企业的一线岗位实践，学校在待遇上给予优惠政策；同时，通过教师带学生下企业实习，推动教师实地了解企业的生产技术现状，在教学中能进一步活学活用。

四、完善“双师”队伍建设与发展的展望

加快职业教育集团化建设步伐，是当前完善“双师”队伍建设与发展的最直接最有效的途径。职业教育集团是在政府“大力发展职业教育”的大背景下，为进一步落实“以服务为宗旨，以就业为导向”的职业教育办学方针，由政府推动而产生的一股职业教育的新生力量。它开拓了职业教育的新领域，为学校打破围墙，建立校企紧密合作的办学机制，推进职业院校的专业发展和形成独特的品牌特色创造了良好的机遇。

职业教育集团以专业为纽带，以实现资源共享为目的，以专业化、品牌化、连锁化、市场化、国际化为标准，在协议的基础上建立学校与学校、学校与企业、学校与行业协会之间的非独立法人的职教联合体。职业教育集团在办学的过程中，将取得四个方面的“新突破”。一是在校企结合、工学交替、半工半读、创新技能型人才培养模式等方面有新突破。二是在中高职衔接、普职渗透、职前职后并举、推进现代职业教育体系构建等方面有新突破。三是在集团化办学的管理体制、运作机制建设，发挥优质资源的辐射效应和品牌学校（专业）的带动功能等方面有新突破。四是在面向经济、服务本地区乃至全国，开拓职业教育服务功能等方面有新突破。

职业教育集团的创建，对职业院校师资队伍建设提出了新的更高的要求，同时也为职业院校“双师”队伍和“双师”素质教师的建设与发展创造了极为有利的条件。通过职业教育集团的建设，可以解决“双师”队伍建设中的许多瓶颈。由于有政府相关政策的扶持，职业教育集团的办学在财政拨款、工资报酬、师资培训等方面建立相应的保障机制，职业教育集团内部校企之间的人才流动将进一步加大。学校的专业教师在职业教育集团内部有了更多到企业调研实践的机会，同时，企业人员担任兼职教师实现制度化、合法化、规范化。进一步激励和推动企业的能工巧匠们积极参与职业院校的人才培养有了制度保证，保持一支数量稳定的高素质兼职教师队伍成为现实。

总之，高职院校“双师”队伍的建设与发展，必须依靠政府、学校、企业多方面的支持与合作。加快“双师”结构师资队伍的建设步伐，加大“双师”素质教师的培养力度，必将为高职院校的建设与发展，为高职院校人才培养水平的提升奠定坚实的基础。

（本文在2007年12月中国交通教育研究会职业教育分会“交通职业院校双师型队伍建设”专题论文评选中获一等奖，并发表于《交通职业教育》2008年第2期，《上海交通职业技术学院学报》2008年第2期，2009年获中国职业技术教育学会十一届论文评选优秀奖）

对规划和建设公共实训中心的认识与举措

教育部部长周济同志在全国职教工作会议上指出："加强职业技能培训，提高职业教育质量的关键在于切实加强技能和实践性环节，这就要求我们积极推进产学合作，促进职业教育人才培养模式的改革，大力加强实践性环节的教学。"教育部《2005 年工作要点》把职业教育放在了显著的位置上，强调"以就业为导向，推动职业教育快速健康持续发展，大力推进制造业和现代服务业技能型紧缺人才培养培训计划，全面推进职业教育实训基地建设"。为了进一步落实国务院、上海市政府《关于大力推进职业教育改革与发展的决定》精神，加快培养一大批适应上海城市发展需要的知识型技能人才，全面推进科教兴市战略，上海市教委印发了《上海市中等职业学校公共实训中心建设的实施办法》的通知。

我校的汽车运用与维修专业是教育部认定的首批示范性专业，现代物流专业是上海市重点专业，同时我校还被教育部等六部委命名为"汽车运用与维修技能型紧缺人才培养基地"。为此，学校积极投身到公共实训中心建设的项目申请和竞标中去，学校通过参与申请竞标，进一步提升了对规划和建设公共实训中心的认识，有些应对措施将在建设期内逐项加以研究落实完成，其认识和思考具体来说有如下四个方面。

一、体现三个特色

1. 行业的特色

职业教育是与行业、企业联系最为紧密的一类教育。一方面，职业教育依赖企业的需求而生存发展；另一方面，企业也需要学校源源不断地输送新鲜血液而发展壮大。可见，职业院校与行业、企业之间是相辅相成的关系，职业院校只有紧紧依托行业、背靠企业办学，才能保持鲜活的生命力，否则就将成为无本之木、无源之水，失去了存在的价值和意义。建设公共实训中心就是要充分体现行业不可替代的特色，贴近行业和企业的实际需要，为行业服务。

2. 职业教育的特色

职业教育在培养目标上与基础教育有根本差异。职业教育的内涵是职业道德教育和职业技能培训的有机结合，培养学生具有高尚的道德操守、未来的职业能力和岗位适应能力，其中职业技能培训是职业教育的核心内容，因此职业教育必须具有很强的专业性，必须把就业的需要放在突出的地位，把实践性教学环节放在重要的地位，二者必须有机结合。建设公共实训中心就是要按企业岗位需要，源于企业，服务企业，能教能学。

3. 以人为本的特色

必须牢固树立以人为本的观念，把以人为本当作现代职业教育改革和发展的出发点与归宿。建设公共实训中心同样要以人为本，即以服务学员为第一宗旨，充分考虑学员学习的需要，努力为学员创造良好的实训环境，提供精良的实训设备和优良的师资，开设新技术课程讲座，帮助学员及时了解和掌握行业、企业的发展现状与前景，为学生和社会人员今后职业生涯的发展奠定良好基础。为此，在规划和建设公共实训中心的过程中，就必须充分关注环境设计、合理布局以及绿化环保工作。

二、树立四个意识

1. 开放意识

公共实训中心“公共”的特点决定了其所具有的开放性，而且是面向社会广泛群体的开放。具体表现在服务方式上，它面向学校，为学生学习提供平台；面向社会，为社会个体的职业技能培训提供平台；面向市场，为行业企业的员工继续教育、新技术培训提供平台，以全新模式开展职业教育、职业培训和职业资格鉴定。在建设方式上，按照“政府导向、多元投资、集中财力、择优扶植”的原则，采用多元投资的方式，由上海市教委拨款和主办单位配套提供一部分，学校自筹一部分，企业赞助一部分。公共实训中心的服务对象主要有职前学历教育的学生、在职人员继续教育、职教师资培训、就业与再就业培训以及农村劳动力转移培训等，其中非学历培训人次必须达到或超过学历教育培训人次。

2. 求实意识

公共实训中心“实训”的含义在于集中体现实物、实景、实用、实效。所谓实物，就是操作和训练的仪器设备要与实际岗位所需对接，真刀实枪。所谓实景，就是实训环境要与工作的实际场景相一致，努力创设与生产（业务）一线装备水平相匹配的实训环境，包括软环境布置。所谓实用，就是培训内容符合生产实际，设备配置兼顾专业教学和技能培训、技能鉴定，这是实训的基础。所谓实效，对职前学历教育的学生来说，就是通过所学，被用人单位录用；对社会人员来说，就是通过培训能不断适应工作岗位需要。总之，实训不能与生产实际相脱节，实训的最终结果是取得实效。

3. 高效意识

规划和建设公共实训中心并非一蹴而就，需要有一段建设的过程，因此，必须做到一次规划，分步建设。如我校目前的汽车实训中心是经过了多年的建设和调整，逐步形成现在4000m^{2}的规模，拥有三大车系的完整的轿车维修体系，并创建了汽车涂装等专业实训中心，而要达到公共实训的要求，还必须重新调整。为不影响正常教学，学校应采取边建设、边调整的策略，分步实施改造更新。每个阶段的改造均力求与专业建设密切结合，与相关专业融会贯通，与培养紧缺型人才同步，以发挥实训中心的最大效益。

4. 责任意识

公共实训中心一旦建成投入使用，就不仅仅归属于学校一方，而是成为社会的共同财富，对学校来说，将承担起更大的社会责任。因此，学校在规划和建设公共实训中心的过程中不能没有强烈的责任意识。必须按任务分工，严格把关，分期分批完成建设；必须按时间节点，如期完成建设任务；必须按时代要求高标准建设，将公共实训中心建成布局结构合理，装备水平达到与国际接轨、国内领先的社会化、开放性的实训基地。

三、把握五项原则

1. 符合职业实际的原则

规划和建设公共实训中心在硬件配置上要做到三个紧密结合，即与职业的实际要求紧密结合，与职业的岗位标准紧密结合，与职业的生产过程紧密结合。要把职业道德教育和职业技能教育联系在一起，得到企业的认可。在环境布置上强化质量意识、持续改进意识和顾客满意意识。

2. 符合课程标准的原则

专业实训处于专业学习的实践阶段，是专业理论的进一步延伸，因此，实训中心的建设应紧紧围绕专业培养目标、职业能力和职业资格鉴定来规划和配置实训装备，把理论与实践紧密结合起来，并与职业教育课程改革、教材建设紧密结合，与重点专业建设紧密结合，与实训环节的教学计划、教学内容相匹配，促进职前学历教育与职业资格证书的衔接，推动职前学历教育与职后培训的有效沟通。

3. 有利于学生学习的原则

职前学历教育学生是公共实训中心服务的对象之一，这些学生不同于社会在职人员，他们较为系统的学习了专业理论知识，通过实践能快速掌握所学。公共实训中心的建设要有利于培养学生主动探索的精神，所以我们还规划搞一个图文资料检索室，通过学习资料的检索，培养学生对专业学习的兴趣；同时还要充分挖掘学生的学习潜力，结构布局有利于模块式教学，通过模块式教学，使学生深入理解专业理论，牢固掌握专业的实际操作；我们还规划搞一些小班化、研讨式、开放性的专用教室，加强师生互动，调动学生的学习积极性，进一步培养学生适应岗位的能力。

4. 坚持“先进性、实用性、可操作性”相统一的原则

公共实训中心要成为基本覆盖城乡、布局结构合理、装备水平先进的社会化开放性的职业教育、职业培训、职业技能鉴定基地，必须以实用性为基础，同时具有前瞻性、先进性、可扩展性、环保和安全性。各种设备配置以行业的发展为背景，体现时代特征，在场地布局时适当留有余地，必须随时补充和调整新设施，否则就会滞后。所有设备安置、标志标识，以及管理制度均应以学员的生命安全、健康和环保作为第一位考虑。

5. 综合性原则

在公共实训中心的建设中，应与学校自身的专业建设有机结合起来，综合发挥学校的教育培训功能，如我校规划将现代物流实训中心的仓储配送管理系统与汽车运用与维修实训中心有机联系，将学生日常实习实训使用的零配件、消耗材料放入仓储配送管理系统，二者兼顾，综合发挥资源最大优势，同时还要进一步强化教学、服务、管理功能，努力推进教学信息化管理进程，提高工作效率。

四、注意处理好六种关系

1. 社会效益与经济效益之间的关系

学校属于非营利性事业机构，教育是学校的主体工作。公共实训中心具有广泛的社会功能。学校参与公共实训中心的规划和建设，正是充分利用教育资源的优势服务于社会，因此，在权衡社会效益与经济效益之间的关系时，应把社会效益放在首要位置，同时利用所取得的经济效益，不断加强学校的各项建设，进一步回馈社会、服务社会。

2. 对外开放与企业赞助之间的关系

一旦公共实训中心建设竞标成功，学校运作过程中实训中心这一块将面临全面的对外开放。按“订单式”的联合办学协议，学校现有的实训中心设施与装备有很大一部分来源于企业赞助，对于企业来说，其捐资助学的目的是希望学校为本企业培养专门人才。因此，对外开放与企业赞助成为当前的一对矛盾，还需做好相应工作，唯有企业共同参与到公共实训中心的建设中来，才有可能实现共赢。

3. 学历教育与非学历教育之间的关系

随着学校社会服务功能的不断增强和公共实训中心建设的启动，职业院校应尽快建立起学历教育与非学历教育有机结合、有效沟通的办学体系，这是社会的强烈需要。我们的办学必须坚持“以服务为宗旨，以就业为导向”的原则，在学历教育的层面上不断加强学生职业道德教育，全面提升学生的专业技能水平；在非学历教育的层面上努力为社会在职人员、下岗失业人员、农村劳动力转移提供教育培训的平台，以培养更多适应上海社会经济发展需要的知识型技能人才。

4. 硬件投入与软件建设之间的关系

近几年，在上海市政府的扶植下，在市教委的关心支持下，广大职业院校在教学设施和教学条件等各方面都有了质的飞跃，学校的硬件设施不断完善，实训装备日益朝着先进性、实用性、可操作性方向迈进。然而，相对于硬件水平的快速提升，软件建设仍然是一个薄弱的环节，需与硬件投入同步，师资队伍的双师型队伍建设，有待进一步加快培养，否则，将成为制约公共实训中心发挥最大效益的瓶颈。为此，我们将继续发挥好我校作为上海市交通类职教师资培训基地的作用。

5. 课程标准与职业资格鉴定标准之间的关系

职业技术教育仍然需要改革创新。当前的职前学历教育课程标准、评价体系自成一套，学生通过了学校的考试，到了社会上、企业里仍然需要参加职业资格鉴定。因此，应尽快建立起专业课程标准与社会职业资格鉴定标准之间的衔接关系，加强对课程标准与职业资格鉴定标准的研究与贯通，制定统一的考核与评价体系，以利于对学生和社会人员职业技能真实水平的考核与评价。

6. 课程改革与教材建设之间的关系

职业院校的立校之本是加强专业建设，专业建设的核心内容是课程改革与教材建设。专业要创品牌，除坚持特色外，必须使专业具有先进性。保持专业的先进性就要根据行业的发展和社会需求的变化，不断完善专业课程体系。事实上，专业课程体系的调整和变化可以很快，而教材改革如何跟上课程改革的步伐是一个难点，我们打算在规划和建设公共实训中心的过程中，同步开发和编写与本实训相关的各层次的实训大纲及实训指导教材，以满足不同层次和类别人员培训的需要。

综上所述，从上海城市综合发展的需要出发，规划和建设公共实训中心是贯彻落实科学发展观的重要举措，符合社会各个层面的普遍需要，即符合社会各行业建立良性机制的需要，符合社会个体实现自我发展、体现自我价值的需要，符合增强中等职业教育辐射、集聚和服务社会的功能的需要。它有利于知识型技能人才的培养，有利于行业企业的可持续发展，有利于社会经济发展的均衡协调，有利于和谐社会的建立，对于促进广泛就业与再就业，保持职业教育的发展活力，起着积极的推动作用。

（本文发表于《交通职业教育》2005年第4期，2007年1月《中国职业技术教育》总第257期，《上海交通职业技术学院学报》2005年第1期；分别获得中国职业技术教育学会论文评选一等奖、中国交通教育研究会论文评选一等奖、上海中专教育研究会论文评选一等奖）

上海职业教育开放性实训中心建设的实践意义浅析

日新月异的经济发展强烈呼唤职业教育对应用型技能型人才的培养力度。"以服务为宗旨,以就业为导向,以能力为本位"是当代职业教育的最强音。上海作为中国职业教育的摇篮和中国职业教育的重要基地,正在描绘职业教育与企业、社会协调发展的宏伟蓝图。积极推进以"大平台、大服务、大保障"为目标的上海市职业教育开放性实训中心体系工程正是这张宏伟蓝图上的精彩一笔。2006年10月,首批建设完成并验收、评估合格的开放性实训中心向社会公布,标志着上海职业教育建设进入了新阶段。

一、超前理念引领上海职业教育的发展

"大职教"思想下的重要变革。上海市根据职业教育会议提出的"大职教"思想,推出了《全面实施职业教育行动计划》。其基本目标是"十一五"期间,建设较为完善的职业教育与城市发展相协调的机制。其主要任务是大力构建与学习型社会相适应的终身教育体系,开放性实训中心体系工程是行动计划的重点内容之一。实训中心实行"公共资源统筹、依托职业院校建设、实现全社会共享"的方针,充分体现了职业教育观念上和体制上的改革,是职业教育在经济发展大潮中立于不败之地的必要条件,也是其融入经济建设和社会发展大循环中的重要举措。

"特色品牌"意识下的重要举措。开放性实训中心体系建设本着"理念上超前于企业,标准上接轨于企业,设施上同步于企业,技能上适应企业"的原则,充分借鉴国外职业教育的先进经验和方法,并将其与本专业主要岗位群的要求相结合、与本专业的职业资格认定相结合、与现代企业的发展变化态势相结合,体现了建设起点高、设计理念新、技术含量高、社会辐射面广等特点。把开放性实训中心当作上海市职业教育的特色品牌加

以建设是提高实训中心竞争实力的客观要求，也是经济社会发展对人才的要求，有助于提高开放性实训中心的社会效益和经济效益，有助于职业教育的可持续发展。

“职教为公”理念下的重大建设。2006年，上海市人民政府颁布了《关于大力发展职业教育的决定》，把依托职业院校，构建开放性实训中心体系，建设一批遍及城乡、布局合理、覆盖主要产业、惠及广大市民的职业教育开放性实训中心建设列为战略任务之一，要求为广大市民“人人皆学，时时能学，处处可学”创造良好条件，主动为各类在校学生以及全社会有学习和培训需求的人员提供职业教育、职业培训、职业技能鉴定等方面的服务。

二、功能创新突显为学生、为企业、为社会服务的功能

适应时代，扩大服务范围。从为学生服务的公共实训中心到为社会各界人士服务的开放性实训中心，这种扩大服务范围的行为是职业教育实训环节为适应时代和专业自身建设要求、深化教学改革、加强职业学校基础能力建设的重要举措。开放性实训中心是职业教育改革和发展的重要资源和教学平台。通过这种平台，教师可以从事教学活动、学生可以进行实践活动、学校可以与企业实现“无缝对接”，从而全方位实现职业教育的功能。

开放性操作，多层次服务。开放性实训中心集专业教学、学生实训、社区居民学技、社会培训与鉴定于一体，能够提供多层次服务，具有较强的综合性，是教学新产品展示新技术交流，学院练技、技能竞赛及技能鉴定考证的重要场所。近一年内，上海大众工业学校（机电技术开放性实训中心）主动为江桥等地区培训农民132人次，为企业员工培训鉴定680人次。日前，又成功地主办了嘉定区第一届技能竞赛，迈出了为社会服务的重要一步。

实践导向，享誉行业。以下是笔者观摩过的几个专业开放性实训中心部分情况一览表：

序号	名　　称	所在学校与地区	专业类别及行业影响（部分）
1	汽车运用与维修开放性实训中心	上海市交通学校（宝山）	交通运输类：全国汽车运用与维修紧缺专业人才培训基地；丰田汽车有限公司中国T-TEP样板学校；毕业生就业率保持在98%以上；年均面向社会培训1万多人次；上海市唯一指定的汽车维修技师、高级技师鉴定考核点
2	生物技术开放性实训中心	上海市医药学校（浦东）	医药卫生类：与行业中63家实习和就业单位存在紧密合作关系；每年向医药岗位输送1500名以上学生；成为上海医药集团最大的培训基地和职业资格证书考核基地
3	信息技术（计算机）开放性实训中心	上海市信息技术学校（普陀）	城市建设与管理类：具有标准化、智能化和人文交流等先进设计理念，能够提供电视节目制作、网络组建和管理、动漫造型设计、自主项目开发、团队创业等14个开放性实训项目；与华威等企业合作开发实训教材
4	美容美发与形象设计开放性实训中心	上海市商业学校（闸北）	旅游服务类：教育部、上海市“美容美发与形象设计”专业教学大纲课程标准编写组长单位；与韩国的合作项目曾获韩国教育部表彰
5	数控技术应用开放性实训中心	上海市临港科技学校（南汇）	加工制造类：根据上海市劳动和社会保障局制定的数控机床操作工中高级职业标准制订培训计划，突出技能培训；为上海市构筑先进制造业基地培养紧缺人才

从上表中可以看出，开放性实训中心在本行业和社区中的良好信誉和重要影响。“重实践，重技能”已日益成为上海职业教育开放性实训中心主动适应社会经济发展的重要价值取向和重要实践活动。

三、能力为本，注重课堂求知与专业实训的有机结合

专业建设的支撑点。专业特色是职业学校发展的决定性因素之一。开放性实训中心为学生加强专业学习提供了重要条件，是专业建设的重要支撑，它不仅是课堂的延伸，更是构成专业课程学习的重要环节。另外，开放性实训中心较为完善的实训设备，在技术上保证了学生专业学习和实训的质量。

强化能力培养。“能力本位”是开放性实训中心建设的内在要求。开放性实训中心是学生接受职业教育的新场所，是市民接受职业培训的新课堂。学生在实训工作现场进行尝试性能力或实际能力操作，培训指导教师（考核员）参照标准对其能力进行评定。在这里，学生能够提高将一般知识、技能、态度与具体职位（或工作情境）进行整合的能力，并使这些能力在多次操练中得到强化和巩固，为其职业能力考核和未来的就业打下坚实基础。

加强实践，促进就业。开放性实训中心注重职业能力的演示，学生对自己的学习承担更多责任；学生在这里实践，能够近距离接触专业技术、企业文化及职业环境，努力使自己的理论知识水平与生产中的业务水平相适应，实现理论与实际相结合。开放性实训中心培养出的人才更能适应工作岗位的要求，学生毕业后能立即上岗，上岗即有操作能力，提高了学生的就业率。

四、找准定位，优势互补，资源共享

校企合作，优化资源。社会对技能型人才的需求量日益提高。然而，职业教育的资源，特别是优质资源十分紧缺。集中优势力量推进开放性实训中心体系建设，吸引企业参与实训中心的建设和管理，充分发挥企业的积极性，从某种程度上可以缓解和消化这种矛盾。上海交通学校汽车运用与维修开放性实训中心的建设就是一个很好的例子。在这里，丰田汽车有限公司、上海通用汽车有限责任公司等许多著名企业通过向学校提供教学设备、培训资料等方式，为中心注入了新的生机和活力；学校则通过与用人单位签订“订单”，为企业“量身定做”人才和培训员工；开放性实训中心的许多教师还直接参与企业应用技术的研发，帮助企业解决应用技术上的难题。这种企业与实训中心的互动有力地促进了校企合作和双方的可持续发展。

模块教学，优化实训。模块教学是开放性实训中心的一个教学特色。开放性实训中心在很多课程模块和先进软件的充分支持下得以有效运行，其教学是一种“适需互动”的实践性教学，要求对准市场设模块 。对准岗位设课程、对准技能抓实训。如汽车应用

与维修专业的主要实训模块包括传统汽车维修技术实训、汽车钣金实训、现代汽车维修技术实训、汽车涂装实训、汽车使用性能检测实训等。

师资优势，辐射社会。开放性实训中心的教师大部分具备“双师型”素质。他们既有丰富的理论知识，又有一定的基层锻炼经历和实训、培训指导能力。伴随着场地的开放实现教师资源的开放利用，能够更好地实现开放性实训中心服务社会的功能，使社会各界人士能够在这里得到名师指导。比如上海市徐汇职业高中面向社区培训，为社区居民的教育和学习提供了实训场地和师资，取得了很好的效果，受到了区政府的表扬。

五、面向未来实现适应时代需求为民为公的使命

以点带面，服务区域。第一批开放性实训中心共 34 个 ，第二批共 19 个，分别建在 44 所已经过 “百校重点建设” 工程验收或资质条件合格的学校。这些学校辐射了上海市主要经济区域，并影响着区域经济的发展。开放性实训中心建设门类涵盖了交通运输、加工制造、农林、医疗卫生、旅游服务、城市建设和管理、电子信息、财政金融等行业，在职业教育能力建设上，完成了“以点带面，服务区域”的任务，也将为上海 “优先发展服务业和先进制造业”的规划培养出更多更好的知识型技能人才，为上海市的社会经济发展作出更大贡献。

典型示范，影响社会。为使开放性实训中心建设更加规范，上海市教育委员会专门颁发了《上海市职业教育开放实训中心行为识别手册》，旨在树立强烈的品牌意识。开放性实训中心的建筑面积一般不小于 2000 平方米，工位数不低于 200 个。更为重要的是，承担开放实训中心建设任务的学校大多是职教名校，如上海市交通学校、上海市商业学校。这些学校具有设备、师资、课程、科研和管理等优势，有较好的办学信誉和品牌形象。开放性实训中心在其建设和管理下，突显出五大特点：①突出实训功能；②突出教学规范；③突出设施建设与人文环境的统一；④突出团队品牌形象；⑤突出“三个面向”（面向学生、面向企业、面向社会）的开放性特征。充分体现了职业教育的典型示范作用，有良好的社会影响。

面向社会，职教为公。职业教育通过激发和满足社会对技能型人才的需求为社会经济发展服务。开放性实训中心建在学校、面向社会、面向市场、为民众服务的功能是政府公共服务职能的客观需要。开放性实训中心即将成为 “实现人人须经职业教育或培训，才能更好从事职业工作”的推动器。在加大对技能型人才的培养、国家农村劳动力转移培训、农村实用型人才培训、成人继续教育和就业培训，以及外来务工人员培训等方面，职业教育必将大有作为。

上海职业教育开放性实训中心，以技能性的内容、开放性的形式、品牌性的风格努力实现职业教育职业性、实践性、社会性、大众性、服务性的特点，显现了上海职业教育追求职教面向现代化、面向世界、面向未来的气度、深度和高度。

六、几点思考

上海市职业教育开放性实训中心体系工程的成功实施和初见成效，以及上海市职业教育教学内容和教学组织模式等工程的顺利进行，有很多值得思考和借鉴的地方。

思想是行动的指南——赢在理念，赢在信念。①政府与教育行政主管部门“大职教”、“大服务”的思想，使“政府主导到位，企业参与到位，社会支持到位，学校服务到位”的良好职教局面得以形成。②职业学校前瞻性、时代性、服务性的办学理念指导着学校及开放性实训中心生存与发展的方向。如上海市医药学校提出了“学生是客户，课程是产品，质量是生命，服务是品牌”的办学理念；上海市大江职业技术学校倡导“关起门来办学，学校是个点；打开校门办学，学校是个面，要拆除‘围墙’融入社会，用立体式的教育来拓宽职业教育”的新思路。有了先进的办学理念以及把理念变成信念的实际行动，职业教育就能不断向前发展。

独木难成林——赢在团队，赢在合作。上海市职业教育的改革，不论是开放性实训中心的建设，还是深化课程教材改革等工程，都凝聚和体现了团队合作的精神。①《中等职业教育专业教学标准开发指导手册》明确表示，专业教学标准的开发须由开发项目组、行业技术专家、职业研发专家、资深专业教师、课改办公室、市教育委员会构成开发主体，开发工作一环扣一环，环环相扣。开发工作必须依靠团队力量才能完成，课改的实现更是需要教师的集体参与。②从实训中心建设规划方案的设计到基地建设再到实训工作的开展，无一不是依靠团队的力量才得以完成。一个专业实训模块的开发与实施，有企业的参与，有专家的指导，有教师的操作演示；一套设备、一个流程运转的背后都有一支团队的支撑。

把职业当事业——赢在责任，赢在乐业。一些职业学校校长在谈到办学经验时，常提到一句话——搞教育的人，特别是搞职业教育的人，一定要把职业教育当事业来做，要有认真精神和工作热情。的确，没有责任就没有职教。上海市信息技术学校原校长瞿懋昌说：“大部分中职生基础差是个现实问题，中职学校的校长工作做得如何，是牵动万人心的事情。比如，你的学校有5000学生，那就还有5000个家庭，1万名甚至4~5万的家长牵动着你啊。挽救了一个学生，等于挽救了一个家庭，也就从根本上对社会起到了稳定作用。”言语虽然朴实，却折射出职教人强烈的责任感。职业教育工作中所提倡的认真、责任、敬业、乐业精神，也是促进职业教育发展不可或缺的人文精神。

（本文作者成忠慧、鲍贤俊。成忠慧系广西交通运输学校副校长，2007年参加上海职教协会组织的首批广西校长上海培训班，为期三个月，当时鲍贤俊校长为其首席导师。本文刊登于《职业教育研究》2007年11月第146页）

汽车创新实验实训中心建设思考和初步实践

根据上海市教委《中等职业教育信息化建设行动计划(2011—2015)》,上海市中职校将建设若干"创新实验实训中心"。经市教委专家组认定,上海市交通学校申报的"汽车创新实验实训中心"建设项目(以下简称"项目")成为全市5个立项项目之一。接到该项目任务后,我们结合学校实际,在大量前期调研、分析和论证的基础上,形成建设思路,并据此确定项目建设进度及具体任务,同时对项目建设的主要成效作了预估。现就我校在汽车创新实验实训中心建设过程中的思考和初步实践,谈谈我们的做法和体会。

一、项目建设思路

1. 建设目标

运用信息化手段,实现理实一体化的创新教学模式,有效提高实验实训资源的集聚和辐射作用,形成高度开放共享的教学、培训、鉴定、服务"四位一体"的汽车创新实验实训中心。

2. 建设思路

为了达到上述目标,我们结合数字化校园、人才培养模式改革、实训中心能级提升这三方面,形成"三个结合"的建设思路,即数字化校园结合教学监控、录播和实时视频直播等,人才培养模式改革结合"双证融通"、理实一体化课程、校企合作"订单式培养"等;实训中心能级提升结合岗位群协同发展、职业资格证书鉴定、汽车新技术发展和软硬件同步提升等。

二、建设进度及任务

根据上海市教委有关时间、任务和资金分配等相关建设要求,结合学校实际,我们制定了项目建设总体路线图，明确项目建设资金为800万元，建设周期为两年（2013年1月至2014年12月）。项目建设分4个时间节点，完成4项子任务：一是完成创新型教学环境建设，如实训教室环境布置、实训设施完善、设备购置等，为项目建设顺利推进奠定良好基础；二是完成以“车型、系统”为核心的创新理实一体化课程建设；三是培养适应新环境、新课程的师资队伍，保障项目正常实施，并进一步完善项目；四是按车型分系统分步推进教学。

其中“按车型分系统分步推进教学”作为一个创新点，实施点面结合、共性与个性相结合的教学模式。即按照车型，我们拟建设通用、大众、奔驰、捷豹、路虎、丰田车系列实训室，每个实训室侧重一个系统，如通用车系实训室侧重汽车底盘系统拆装与维护、诊断与检修，大众车系实训室侧重电气系统拆装与维护、诊断与检修，奔驰、捷豹路虎车系实训室侧重汽车柴油发动机检修、汽车空调系统检修、汽车车身电气系统检修，丰田车系实训室侧重发动机系统拆装与维护、诊断与检修。这样，学生既能牢固掌握专业基础能力，又能掌握市场主流车型的不同特点，进一步拓展知识面，培养较为全面的专业能力。此外，这样的建设思路还可为汽车创新实验实训中心的后续发展奠定基础。

在确定总体建设路线图后，我们还分别制定了4个阶段的路线图：

第一阶段：2013年1月—6月，现阶段。

完成丰田实训室理论教学环境建设，配备智能白板、平板电脑、三维全息投影成像装置、3G调光膜、电子门禁、监控探头、集成控制中枢等信息化设施设备。

完成基于校园网络系统的教学平台开发，支持创新型理实一体化课程以及各硬件设施的正常运作，使教学管理人员、师生都能通过这一平台分别进行授课、学习、监督和管理等活动。

完成发动机系统拆装与维护课程开发。该课程与“双证融通”教学改革相配套，明确以项目为驱动，以工作任务为中心，以具体活动为基础，选择、组织课程内容，并以完成工作任务为主要学习方式。具体做法有项目描述、学习目标、任务实施、项目小结、拓展学习等。同时将教案、课件、教材、学材融会贯通，形成“四位一体”的创新型理实一体化课程。

完成丰田项目组及相关教师培训。针对新的教学环境、设施和设备以及新的课程体系与内容，对讲授发动机系统拆装与维护课程的相关教师进行培训。

最后是项目完善，即对上述4项建设任务进行查漏补缺，及时修正，完善阶段性成果。

第二阶段：2013年7月—12月。

完成丰田实训室实训教学环境建设，并以之为蓝本，在第一阶段教学平台功能实现的基础上，完成通用实训室、大众实训室教学环境建设及教学平台开发。根据第一阶段课程开发的思路和模板，完成发动机系统诊断和检修、底盘系统拆装与维护课程开发。

按照第一阶段师资培养模式，做好通用和大众项目师资培训。在第一阶段的基础上，进一步完善项目，取得阶段性成果。

第三阶段:2014 年 1 月—6 月。

进一步完善教学平台建设，完成汽车底盘系统诊断与检修课程、电气系统拆装与维护课程开发任务。开展相关专业教师培训。进一步完善项目，取得阶段性成果。

第四阶段:2014 年 7 月—12 月。

进一步完善教学平台建设，完成电气系统诊断与检修课程、生产实习和顶岗实习网络课程开发。

三、预期主要成效

以“双证融通”教学改革为例，预计项目建成后，对教师、学生、校企合作项目等方面将会带来如下成效:

1. 实现教学手段和方法的创新

基于校园网络系统的应用教学平台，可实现教师在线备课、课程发布、资料检索、课堂教学、考核管理，实时跟踪学生实习情况;学生可以在线自习、在线考核、资料检索、在线交流等。三维全息投影成像技术使汽车零部件结构展示更直观、更清晰。

2. 实现学习方式方法的灵活多样

虚拟仿真软件将实际的操作部件、环境和过程，通过电脑显示的情景动画逼真、有趣、直观地展现出来，使学生在实物操作前留有初步的感性认识，激发学习兴趣。丰富的教学内容和教学环节(学习工作页等)使学生可以进行自主学习训练或小组讨论式的学习训练。

3. 实现多元客观的考核评价模式

通过理论考核、仿真软件考核、实操考核，多方位对学生的学习成果进行评价;通过学生自评、互评和教师评价，形成多元化的评价体系;实车训练考评系统使学生的每一步操作都能通过网络实时传输给电脑进行判断、记录，客观考核与评价学生的操作成绩。

4. 实现校企更紧密合作

将企业实际的工作场景，通过视频实时传输到教室，使学生能感受到真实的生产氛围。企业师傅现场传授技能操作知识，可以通过大屏幕让学生真切看到，大大提高了工作效率。顶岗实习生在企业实习期间，如遇到问题无法解决，可至学校网站查询相关专业内容或求助专业教师和专家论坛，快速找到解决方法。企业工作人员也可通过学校的学习平台进行在线学习，提高理论和知识水平。

(2013.2)

人才培养与德育工作篇

应对入世挑战　培养特色人才

上海交运(集团)公司教育中心作为专门为上海地方交通运输行业输送各级各类人才的教育单位,如何应对中国入世后出现的新情况,及时研究和调整人才培养目标是摆在我们面前的严峻而现实的课题。

上海交运(集团)公司教育中心拥有丰富多样的办学层次、先进的教学设施和精良的师资队伍。其周围的上海交通职业技术学院、上海市交通学校、上海交通技工学校、上海福赐机动车驾驶员培训中心以及中共上海交运(集团)公司委员会党校等单位,四十多年来为上海交运(集团)公司和上海地方交通运输行业输送了近万名毕业生,培养了一大批交通类和汽车专业的优秀人才。上海市交通学校的"汽车运用技术"专业是交通部重点专业,也是龙头专业;1997 年开设的"现代物流"专业,是上海市最早的,目前已通过上海市教委重点建设专业评估,将为学校应对社会市场变化的挑战,配合国家"十五"规划板建物流框架的要求作出新的贡献。

2002 年我们将"围绕一个中心,坚持二个特色"的目标展开。围绕一个中心,即紧紧围绕提高教育培训质量这一中心,调整学历教育和职后培训课程体系及其内涵;坚持二个特色,即在办学方向上坚持以交通行业为特色,在教学模式上坚持以能力为本的特色;把培养应用型人才作为学校始终贯彻的办学宗旨,更进一步拓展四大市场,加强五项建设,力争在练好内功的基础上使新一年的工作再有新的突破,为地方交通培养更多的适用人才。

一、拓展四大市场

(1)拓展职前生源市场——加强对外形像的塑造的宣传,努力开拓新的招生渠道,制定新的招生办法，积极争取更多生源，高职招生数与2001年同比增长50%。按照市场要求合理定位，对交通学校所招专业和分校的办学结构进行相应调整。办好技校分校。电视中专在逐步退出招生市场的过程中，积板开拓远程教育途径，做好专科和专升本教育的准备。

(2)拓展职后培训市场——努力开拓适应上海“十五”计划和交运集团经济计划要求的培训项目，充分体现服务集团、服务地方交通的意识，发挥教育中心的作用，为切实提高地方交通员工的整体素质作出自己应有的贡献。在保证培训质量的同时，培训数量与2001年同比增长10%。

(3)拓展就业升学市场——加强对今年即将踏上工作岗位的900余名应届交通学校和首届交通学院毕业生的创业教育、爱岗敬业教育，并同上海市建委的建设人才交流中心挂钩，开辟多种就业渠道，为毕业生就业创造更多更优越的条件，同时鼓励中职学生继续升学，并努力提高各类毕业生就业率和升学率。

(4)拓展校产经营开发市场——积极开发新的经营项目，努力寻求新的合作对象，以经济效益为基本出发点，兼顾各类层次学生实习和实践环节的教育。

二、加强五项建设

(1)加强师资队伍建设——以师德与教风建设为抓手，进一步更新教育观念，激发教师的敬业精神，逐步形成师德行为规范自律意识，塑造教师良好的人格形象，逐步形成一支学历职称高、为人师表优、业务知识精、创新能力强、教科研水平好的高素质的师资队伍。继续加大师资引进力度，引进对象以硕士研究生和高级职称人才为主。抓好师资的学历培训和继续教育，包括专升本巩固率，学科带头人近期、中期、远期的培养，硕士研究生学历培训及课程进修的保送培养，双语型与双师素质教师的培养，双师素质教师占一定比例。注重业务上的精益求精，专业教师须经常保持与产业界的联系与沟通，每年定期到企业调研，保持专业课程的定位与社会需求同步。进一步改善师资结构，确立以学生发展为本的教育思想，建立一支高质量的兼职教师队伍和一支强有力的班主任队伍。

(2)加强基础设施建设——进一步优化学校的教学条件，调整学校的整体布局，抓紧对L形综合教学楼的建设，力争尽早竣工落成并投入使用。配合L形教学楼建设，从内部设施的改造和优化转向寻求外部环境的整齐美观。完成锅炉房和浴室的改造，同时学生宿舍能逐步改造到位。

(3)加强信息化建设——完成内部校园网的建设，全面加速学校信息化建设进程。真正实现无纸化办公，促进工作效率的大大提高，有力推动校务公开的进一步实施，提高管理水平。利用闭路电视二期工程改造的良好契机，进一步提升学生德育工作。加强信息员队伍建设，充分利用好上海市教委“职成教在线”及交运集团“今日在线”企业网站两大媒体，做好对外宣传工作，并以此加强与校外培训基地、合作伙伴的联系与沟通。

(4)加强各项制度建设——将ISO质量认证体系作为最基本的制度保证,促进各项制度的进一步完善,解决办事过程中部门间衔接、协调问题,进一步加强和改进作风建设。

继续积极推行校务公开制度,保证各类信息和渠道的畅通,让教职员工以主人翁的态度投入到学校和各项建设和教育教学中去。制定交通学院的独立运行的制度体系,完善其行政管理、教育管理、财务管理、学生管理制度。加强教学督导职能,修订完善督导体系,以有效进行教育质量评价监察,保证质量反馈流程的畅通,使教学质量得以进一步的提高。

(5)加强专业建设——集中力量做优交通学院各专业,加强高职专业建设力度。力争两个、确保一个专业能被列入上海市高职高专教改示范专业之一,并新增"电子商务"专业,争取今年招生。做精交通学校龙头专业,按企业要求重点研究并制定出中职和高职开设相同专业后的目标定位及相关课程的教学要求。

尝试实施弹性学习制度,在交通学校中选择专业、年级进行学分制试点,同时做好探索实行高职完全学分制的准备工作。加强教材建设,课程体系要充分体现交通特色,按照应用型、实践型要求对课程内容、结构进行充实、更新,鼓励教师使用原版外文教材,鼓励教师编写新技术讲义。进一步加强实践性教育环节,继续加大对教学设备的投入。制定专门的实践课教学大纲和严格的考核制度,讲求实践教学效果。应用现代教育手段和技术来提高教学水平,注重在教学手段和方法上的多加创新。努力提高教学质量和效果,开展双语教学试点,教师做到能广泛利用多媒体教学设备、双向闭路电视系统实施授课,并能进行计算机辅助教育、音像视听教学、模拟情景教学。通过校际间、国内外学校的合作交流,进一步提高专任教师的教科研能力,鼓励教师进行立项的科研、教改论文的写作,并进行课题的跟踪、调研。

(本文发表于《上海地方交通》2002年第1期)

架起学生通向社会的桥梁

随着中、高职办学规模的持续扩大,相伴而来的就业问题日见突出,现在即便具有高学历的学生就业也非易事,在今年的高校毕业生就业市场上传来消息,毕业生将近6万人,而就业应聘岗位仅有1万个左右。然而,作为我校的中高职毕业生,特别是交通类汽车专业毕业生都特别抢手。每年的就业率均达到90%。为什么在“人才高消费”热尚未退去,许多地方连大学毕业生尚且难以就业的今天,而我校毕业生却能较圆满地走上就业之路呢?这除了得益于40多年来积累传承并日益发扬光大的教育教学经验及适应面广的专业设置和办学特色之外,近几年更得益于:加强了与专业设置相适应的师资队伍和先进设备设施建设,加强了对学生的专业技能和综合素质的培养,这正是架起学生通向社会的桥梁中两大强有力的支柱。在教育市场激励竞争的今天,更需要我们倍加关注这两大项工程。本文结合学校今年的行政工作,谈谈实践认识。

一、深化专业建设,提高教学质量,为学生走向社会夯实基础

专业建设是办好学校的重中之重,因为学校的建设围绕专业建设,专业建设围绕社会经济发展。而提高教学质量,是我们办学的生命力,是我们培养的毕业生力求符合用人单位的需要,只要紧扣这两大环节,才能为学生走向社会夯实基础。

1. 加强专业建设

集中力量做优交通学院各专业,加强高职专业建设力度。力争两个、确保一个专业能被列入上海市高职高专教改示范专业之一,并新增“电子商务”专业,争取今年招生。做精交通学校龙头专业,按企业要求重点研究并制定出中职和高职开设相同专业后的目标定位及相关课程的教学要求。尝试实施弹性学习制度,在交通学校中选择专业、年级

进行学分制试点，同时做好探索实行高职完全学分制的准备工作。加强教材建设，课程体系要充分体现交通特色，按照应用型、实践型要求对课程内容、结构进行充实、更新，鼓励教师使用原版外文教材，鼓励教师编写新技术讲义。进一步加强实践性教育环节，继续加大对教学设备的投入。制定专门的实践课教学大纲和严格的制度，讲究实践教学效果。应用现代教育手段和技术来提高教学水平。注重在教学手段和方法上的多加创新。努力提高教学质量和效果，开展双语教学试点，教师做到能广泛利用多媒体教学设备、双向闭路电视系统实施授课，并能进行计算机辅助教学、音像视听教学、模拟情景教学。通过校际间、国内外学校的合作交流，进一步提高专任教师的教科研能力，鼓励教师进行立项的科研、教改论文的写作，并进行课题的跟踪、调研。

2. 加强师资队伍建设

以师德与教风建设为抓手，进一步更新教育观念，激发教师的敬业精神，逐步形成师德行为规范自律意识，塑造教师以敬业为乐的良好的人格形象，逐步形成一支学历职称高、为人师表优、业务知识精、创新能力强、教科研质量好的高素质的师资队伍。继续加大师资引进力度，引进对象以硕士研究生和高级职称人才为主。抓好师资的学历培训和继续教育，包括专升本巩固率，学科带头人近期、中期、远期的培养，硕士研究生学历培训及课程进修的保送培养，双语型与双师素质教师的培养，双师素质教师占一定比例。注重业务上的精益求精，专业教师须经常保持与产业界的联系与沟通，每年定期到企业调研，保持专业课程的定位与社会同步，及时调整课程内容，并使我们的教师能够以第一速度从企业获得经济发展后的第一手资料补充到我们的教学中去。进一步改善师资结构，确立以学生发展为本的教育思想，建立一支高质量的兼职教师队伍和一支强有力的班主任队伍。

3. 加强基础设施建设

进一步优化学校的教学条件，调整学校的整体布局，抓紧对综合教学楼的建设，力争尽早竣工落成并投入使用。配合教学楼建设，从内部设施的改造和优化转向寻求外部环境的整齐美观。以进一步改善师生员工的学习环境、工作环境、生活环境和图书阅览环境，进一步提升学校的校园形象。

4. 加强信息化建设

完成内部校园网的建设，全面加速学校信息化建设进程。真正实现无纸化办公，促进工作效率的大大提高，有力推动校务公开的进一步实施，提高管理水平。利用闭路电视二期工程改造的良好契机，进一步加强信息员队伍建设，充分利用好上海市教委“职成教在线”及交运集团“今日在线”企业网站两大媒体，做好对外宣传工作，并以此加强与校外培训基地、合作伙伴的联系与沟通。

5. 加强各项制度建设

将 2000 年 11 月 19 日上海市质量体系审核中心对我校审核通过的 ISO 质量认证体

系作为最基本的制度保证,促进各项制度的进一步完善,解决办事过程中部门间衔接、协调问题,进一步加强和改进作风建设。继续积极推行校务公开制度,保证各类信息和渠道的畅通,让教职员工以主人翁的态度投入到学校各项建设和教育教学中去。加强教学督导职能,修订完善督导体系,以有效进行教育质量评价监察,保证质量反馈流程的畅通,使教学质量得以进一步的提高。

二、强化学生管理,提高综合素质,为学生走进社会赢得未来

以人为本,以学生发展为中心,塑造人和培养人是学校学生教育的永恒主题,我们要以建设"四有新人"为目标,强化学生教育的各种措施和方法,为学生走进社会赢得未来。

1. 加大德育工作力度

继续坚持"重德、崇实、求精、创新"的校训教育,"以德育为先,能力为本,行为规范,心理健康"为育人思想,努力塑造"以敬业为乐,以成才为志"的良好校风,推动综合素质教育。继续开展好中央德育实验学校的实验项目,要选好课题,写好论文,交流成果,把德育研究工作这一难题加以攻克。党员政治辅导员工作持之以恒,抓好学生入党积极分子的教育和学生党员的培养。要把在新时期下,尤其是在经济转型期间对学生职业道德教育的变化加以重点研究,并纳入德育教育工作范畴,根据不同专业、不同年级学生的不同特点,从学生一踏进校门起就开始进行职业道德和职业常识的教育,逐步培养学生的就业和创业意识。

2. 注重行为规范教育

继续抓好军训,通过军训让学生体验部队生活,磨炼意志,培养艰苦奋斗的品质,要把学生参与军训的成果纳入学分管理。通过劳育课的教育,培养学生吃苦耐劳的能力,通过对公共场地、绿化地带的清扫整理工作,使学生们鄙视体力劳动的观念加以转变,逐步养成不怕苦不怕累的精神。要完善学生在校从事学习、劳动、卫生、日常生活和班级活动等方面的制度规范,加强进行对学生日常行为的监督检查和考核,通过一点一滴的积累,促进学生自觉遵纪守法和良好行为习惯的养成。

3. 加强专业技能培养

我校是一所培养具有一定的专业理论基础和较强的实际工作能力的应用型人才的学校。为此,要在教学模式上坚持以能力为本的特色,把培养应用型人才作为学校始终贯彻的办学宗旨。要把实施"111"工程作为抓手,即在毕业时除了要有一张德育合格证、一张毕业证书外,还要有一套与本专业相关的专业技术证书,尤其是要加强英语听力的训练和计算机操作能力,俗话说"曲不离口,拳不离手",我们要打破常规,想尽方法让学生有充裕的时间来强化训练,在专业技能上,从"精一门,会二门,学三门"上下功夫,力求做到"宽而精,深而实",以不断提高学生的岗位适应能力和就职能力。

4. 全面开发学生潜能

第二课堂教育要形成新的特色，要继续开设合唱队、英语、硬笔书法、演讲、摄影、球类、美术等第二课堂，在学分制的试点中，要按照学分转化办法将第二课堂的表现和取得的成绩转化为适当的学分，增强学生对第二课堂的参与意识和主动性。要继续以五月艺术节、十月运动会、十二月技能节为载体开展素质教育，不仅为学生提供开发潜能和增长才干的广阔天地，更为他们的谋职就业和未来发展创造条件。要利用交通学苑报和校园电视台、校园广播台等宣传舆论阵地，组建好学生小记者团。我们还要继续发挥学生会、团支部和班干部的作用，扩大学生勤工俭学的内涵和服务范围，逐步实现学生的“自我管理、自我教育、自我服务”。让有一技之长和突出表现的学生越来越多地形成一种走进社会的“名牌”效应和示范效应，从而为学校毕业生的就业与创业打开一条新的渠道。

（本文发表于《上海交通运输》杂志2002年第2期/总第54期）

突出交通行业特色　培养应用型人才

上海交通职业技术学院是经国家教育部门备案的高等职业技术学院。集汽车、海港、航空、铁路为一体，形成综合交通教育体系，具有鲜明的交通行业特色。学院占地面积18.85万平方米，建筑面积12.53万平方米，有专任教师205人，其中，高级职称教师63人，“双师”素质教师达到50%以上，在校生总数3635人。

学院现设21个专业，其中“汽车运用技术”与“集装箱运输管理”专业为国家教改示范专业，“报关与国际货运”专业为上海市特色专业。

一、办学举措

1. 以观念创新为先导，树立品牌意识

学院以“依托行业办学”为宗旨，坚持“立足交通办教育，融入市场求发展”，围绕上海“三港三网”（深水港、航空港、信息港和轨道交通网、高速公路网、内河航道网）建设，确立“行业特色明显，专业优势突显，交通企业欢迎，社会美誉度高”的发展定位、“办特色院校，创品牌专业，育高质人才”的办学目标和“以规范化服务学生，以特色化打造品牌，以优质化取信社会”的办学方针，不断深化教育教学改革，打造交通专业品牌。

2. 以评估为契机，提升教育服务管理水平

2005年10月～11月，学院接受了国家教育部门专家对学院人才培养水平的评估。学院围绕《高等职业学校办学指标体系》的要求，按照“以评促建，以评促改，以评促管，评建结合，重在建设”的方针，不断健全各项制度，加强对教育管理全过程的控制，推动学院教育服务水平和整体办学水平的提升，资源的整合与有效利用。

3. 以队伍建设为目标，提高师资素质

学院努力创造条件，着力加强“双师”型教师培养力度，并在起用兼职教师方面大胆

改革创新。通过与企业的互动交流与合作,实现师资与人才的交流与流动,建立了一支熟悉行业发展动态、具有丰富实践经验的兼职教师队伍。学院要求专任教师定期下企业调研、轮训,及时把了解到的行业最新发展变化、最新技术和企业对学生职业能力的要求等信息传递给学生,并将之作为教师任职考核、职称晋升的重要指标。学院还选送教师赴日本、德国、加拿大培训进修,以提高教师素质。

4. 以专业建设为重点,深化教育教学改革

学院牢牢把握综合交通特色,加快"汽车运用技术"、"集装箱运输管理"等国家教改示范专业,"国际货运代理"市级特色专业改革。一方面完善校内外实训中心建设,总面积达到4000m^2,设校外实训基地50余个。另一方面针对行业技术的发展,调整专业教学目标、教学计划、课程标准,注重理论与实践教学的有机结合。学院努力抓好产学结合研究,建立了学院学术委员会和教学指导委员会,组织专家拟订专业建设标准,组织专业课程开发,开展教材研究和评价活动,对专业发展和建设等提出意见和建议等。积极探索课题研究在专业中的应用,取得市级重点课题1项,部级2项。2005—2006年规划院级重点课题25项。学院出台了"院级精品课程建设实施方案",重视和强化实践教学环节,大力开展设计性、综合性、研究性实验,引导和鼓励学生参加科研活动,提高创新能力和科研能力。

5. 以学生素质为核心,培养优秀技能型人才

一是坚持"德育为先"的素质教育理念,加大"两课"教学改革力度,促进学生健康发展。二是大力推行"双证书"制,学院规定,凡获三级职业资格证书者,必须在企业工作1年后,经企业认可,才予发放。不合格者,学院免费提供再培训、考试,直至其合格。三年来,毕业生"双证"达标率逐年提高,2005届毕业生达到80%以上,其中汽车专业毕业生100%取得了职业资格证书。三是根据用人单位要求实行"订单"培养。学院与上海通用汽车有限公司、一汽丰田等跨国企业开展校企合作办学,为企业"量身定做"人才。学院还与上海云峰集团、上海瑞宝重车有限公司等企业合作,由企业提供高额奖励基金,用于表彰取得突出成就的优秀教师和学生。学院把生产实习与就业推荐有机结合起来,学生实习时即与用人单位达成用工意向,学生利用实习进一步巩固所学,并得到用人单位的有力指导,熟悉了实际工作环境,缩短了上岗适应期。

二、办学成果

1. 学院教育资源和功能得到充分利用和发挥

学院与企业开展双向互动技术合作,建立了较完善的职后培训体系。同时,学院充分发挥各校区特色及其职业培训、继续教育功能,积极拓展成人高等教育覆盖面,每年招收300余名学员。职后培训人数每年达到10000人次左右。

2. 开设专业广受社会欢迎

新专业，贴近社会、企业、岗位群需要，受到学生和用人单位的广泛欢迎，招生情况已连续3年名列上海市高职高专前三名。

3. 学生综合素质稳步提升

2004年，学院有5名学生获国家二等奖学金，1名学生获交通部“吴福—振华”奖学金。毕业生赢得用人单位广泛赞誉。三年来平均就业率保持在95%以上，在上海高职高专院校毕业生就业排行榜上处于前列。

4. 核心竞争力不断增强

学院的教学装备建设与改造日趋完善，并顺利通过了上海市教育部门对学院三年来毕业设计（论文）管理的评估。学院是上海市高校学生物流管理类职业技能鉴定所，国家技能型紧缺人才（“汽车运用与维修”专业）培训基地，同时学院已取得汽车类国家职业技能鉴定所、上海市通用英语和计算机考点资质。学院可举办驾驶员从业资格全部培训项目，是上海唯一具有汽车维修技师、高级技师鉴定资质的高职院校。

（本文发表于《中国职业技术教育》2005年第35期）

推进产教结合　培养紧缺型人才

当前，我国改革开放正在广度和深度上进一步延伸，劳动密集型产业和新兴支柱产业的发展对技术工人——“灰领”的需要日益迫切，这预示着职业技术教育今后的发展方向及其巨大潜力。因此，作为一所具有45年办学历史的老牌中等职业学校，面对新时代、新形势下的新变化，要继续保持鲜活的生命力和强大的竞争力，就必须审时度势，及时把握市场脉搏，与时俱进，不断适应市场变化，确立自身的发展定位与社会经济发展相适应。

近几年，我校在办学中，坚持以上海城市综合交通的发展为大前提，站在为交通行业和企业发展储备人才的高度，牢牢把握自身交通、汽车特色，确立了“行业特色明显，专业优势突显，交通企业欢迎，社会美誉度高”的发展定位，“以就业为导向，以能力为本位”，通过持续加强各项建设，努力打造现代交通专业品牌，加快紧缺型人才的培养，不断取得了新的发展与提升。

学校的“汽车运用工程”专业为国家级示范专业，“现代物流”专业为上海市重点专业。学校被教育部认定为国家级重点中专，并被教育部等七部委认定为紧缺型人才汽车运用与维修专业培养基地。学校在上海市教委举办的2003年第八届“未来建设者”杯职业技能竞赛和2005年3月上海市首届“星光计划”汽车维修类、现代物流类技能大赛中均取得了团体及个人全能第一名的优异成绩。2004年10月，日本丰田汽车有限公司授予学校“T-TEP样板学校”的荣誉。这些成果表明：紧密依托企业、背靠行业办学，加强产教结合是学校发展的必由之路；保持专业先进性、增强核心竞争能力，靠的是内涵建设。

一、加强专业内涵建设，力求保持重点专业先进性

专业建设是学校发展的立校之本，保持专业的先进性首先要意识超前，即专业建设

不仅要与市场需求同步，还必须具有前瞻性。加强专业内涵建设要以抓特色、抓重点为原则，我校的特色是“交通”、“汽车”，学校通过重点抓好器材、人才、教材的“三材”建设，以点带面，使弱项不弱、强项更强。

1. 对重点专业进行重点建设

学校进一步深化教育教学改革，针对汽车、物流等行业高新技术的快速发展，加强社会调研，阶段性地调整教学目标；对专业教学计划、课程标准内容和要求进行调整、修改和完善；增设新技术课程，聘请企业高级管理和技术人员担任客座教授，及时传递企业最新发展信息及技术，补充新知识、新工艺。对汽车、物流等重点专业进行重点装备和优化，不断加强和完善校内外实训基地建设，以适应现代化教学的需要，并力求与现代化的汽车企业发展保持同步。目前，学校设有校外实训基地 18 个；建立了先进的汽车专业实训中心，总面积达到约 $4000m^2$，形成日本丰田、美国通用、德国大众三个车系的实训装备体系；建成汽车涂装实训中心；物流实训中心装备了先进的实训设施。

2. 加快双师型教师的培养

既通理论，又精于动手是对职业学校教师的基本要求。为了让教材、教法更贴近学生，让教师更适应现代教学模式的发展变化，学校淡化理论与实验教师的界限，抓紧对“双师型”教师的培养，要求专任教师不仅具备教师职称，而且通过实践进修取得专业技师或工程师职称，成为双师型教师。学校制定了有关制度，要求专任教师定期下企业调研，并作为教师考核的刚性要求。中青年教师按计划分期分批进入生产管理第一线参加实践，切实提高专业技术应用与实践能力。同时派遣专业教师赴国外短期进修，了解行业最新的发展变化以及企业对学生职业能力的要求，继而通过实践教学培养学生适应变化的能力。目前，汽车专业教师已实施现场教学，教师边讲理论，边进行示范操作、指导，形成了理论教师能指导实习，实习教师能讲理论的良性循环的教学体系，学生对专业理论有了更为感性的认识。目前，学校的专业教师中，双师型教师占一半以上。在上海市举行的首次汽车注册工程师考试中，19 名教师取得了汽车注册工程师资格。

3. 自行开发、制作适用教具，参编新教材

学校一方面积极参与教育部、交通部、上海市下达的系列统编教材的编写任务和中职新一轮课改与教材建设。有多名教师主编、参编了汽车、物流等 23 本专业教材的编撰工作，编写了汽车、物流新技术和单项汽车维修技能的校本教材，及时补充新知识、新技能。承接的教育部“汽车发动机构造与维修”课程课件制作任务，被评为优秀课件。完成了交通部下达的汽车教学示教台的制作任务。另一方面，学校根据行业新技术发展快速的特点，加强对汽车等专业新教具的开发。近期制作完成了丰田威驰电控发动机实训台架、帕萨特 B5 电动坐椅实训台架和整车电器实训台架、通用别克动力转向实训台架，最近正在研发丰田花冠发动机实训台架。学校还积极探索课题研究在重点专业中的应用，提高教科研应用能力，建立了“教科研课题申报制度”，取得市级重点课题 1 项，部级 2

项，校级13项。

二、推进产教结合，积极尝试行业办学新模式

职业学校办学的根本是时刻以企业需求为出发点，为企业提供服务。学校牢牢把握"依托行业办学"的宗旨，努力推进校企之间产教结合，积极开展多种形式的联合办学，为学生提供优良的学习环境，学校得到先进的设备和最新技术，企业得到了有用的人才，企业员工得到了继续教育和培训的机会，有力促进了校企间的双赢。

1. 开展重点专业延伸段建设

为使汽车、物流等国家级示范专业和上海市重点专业的品牌优势更为突显，学校建立了由行业、企业资深人士为主体的专业指导委员会，开展重点专业延伸段建设，根据市场需求，积极开发新专业，尤其在汽车专业的发展上力求全面覆盖行业所有专业大类。根据专业指导委员会的建议，针对人才市场急需汽车营销人员和汽车涂装人员的现状，经过充分的市场调研和专家论证，学校新开设了"汽车商务"和"汽车涂装"两个专业，并与庞贝捷漆油贸易（上海）有限公司合作建立了汽车涂装实训中心，该公司提供免费的师资培训和涂装中心培训用漆，学生边学习边实训，在较短的时间内掌握喷涂工艺，真正实现了在实践中掌握专业技能的培养目标。新专业的开设迎合了市场需求，学生尚未毕业，企业已经上门预订。

2. 建立校企合作长效机制，促进校企双赢

学校从行业企业需要出发，积极开展与行业、企业间多种形式的合作，不断加强和完善校外实训基地建设。学校与上海交运（集团）公司所属企业、上海幼狮高级轿车维修总厂、云峰集团、太平洋保险公司（上海分公司）等国内知名企业开展合作，签订了双向合作协议，这些企业成为学校的校外实训基地，为学校师资培训和学生实训提供了场所。学校与日本丰田汽车制造有限公司联办TEP学校已达十年，学校将与日本丰田汽车有限公司开展进一步深入的合作。2005年1月，学校与上海通用汽车有限公司签订了联合办学意向书，学校成为通用公司在中国的第一家合作培训单位，通用公司赠送学校别克世纪教学用车和"凯越"教学用车各一辆，拆装用发动机、自动变速器各四台，以及有关零件部总成等。企业每年提供学校先进的教学、实训设备，学校把优质的学生输送到企业，并利用现有的教学资源为企业培训师资，为企业员工的继续教育培训提供场所，实现了真正意义上的双向互动式技术合作，促进了校企共同发展。

3. 创新培养模式，尝试定单式教育

学校积极尝试教学模式和教学内容市场化，以就业为导向，全面实施学年学分制，尝试分层、分类、专业教学小班化教育模式，建立双证书和多证书制度，开设各类选修课程，丰富学习内容，提高学生学习兴趣，学生毕业时既取得了毕业证书，又取得了专业资格证书，为顺利就业提供了保证。学校与丰田、通用等国际知名的汽车有限公司联合办学，开

展专门化教学，进行定单式培养。如在应届毕业班中挑选品学兼优的学生组成一个15人的汽车涂装班和一个25人的“丰田汽车班”，教材和培训方案分别由美国PPG公司和丰田培训中心提供。涂装班充分利用涂装实训设施，边学边做；丰田班完全按照丰田培训模式与培训内容，学生在10周内基本达到培训要求，丰田几十家汽车特约维修站优先录用学校的优秀毕业生。2005年2月，第一个“通用汽车班”正式运作，首批24名学生将通过十周的校内专业理论强化和十周的通用公司实习，经由通用汽车专业认证委员会认证通过后由通用公司录用。今年秋季开学，我们还将分别进行一年制的教学。

三、以就业为导向，培养紧缺型人才

学校的各项工作紧紧围绕“顾客满意度”这一目标展开。“顾客”是用人单位、家长和学生。“满意”是企业找到了合适的人才，学生找到了合适的岗位。因此，学校把用人单位的满意度作为检验办学水平的唯一标准，坚持“以规范化服务学生，以特色化打造品牌，以优质化取信社会”，努力为企业培养适用人才，特别是紧缺型人才，为毕业生就业提供充分有利的条件。

(1)树立“教育超市”新理念，为学生搭建展示自我的舞台。面对社会就业竞争压力，学校树立“教育超市”理念，加强职业道德教育，努力培养和提高学生综合素质。每年一度的“技能节”作为一项传统，已经成为学校素质教育不可或缺的重要组成部分，它既是对学生的学习质量的检验，也是对学校办学质量和办学水平的一次考验。其广泛性、实践性与开放性的特点为学生充分展示多方面技能搭建了舞台，并成为学校与用人单位之间互通有无、促进校企进一步合作的桥梁。企业老总现场观摩，各取所需，学校借此契机听取企业对专业建设、人才培养标准等方面的意见和建议，把企业需求融入实际教学，根据企业发展现状及时调整专业教学内容。

(2)促进生产实习与就业挂钩，加强对学生从业能力的培养。生产实习是职业教育的一个十分重要的环节，学校把生产实习与就业推荐有机结合起来，以求让学生充分了解市场，树立正确的择业观。学生实习时即与用人单位达成用工意向，用人单位通过考查学生实际能力决定留用与否。学生利用实习能进一步巩固所学，并熟悉了实际工作环境，锻炼了工作能力，缩短了上岗适应期。这种方式得到了用人单位和学生的欢迎，学生十分珍惜实习的机会，用人单位对学生的岗位驾驭能力有了直观的了解。同时，实习效果明显好转，签约成功率高，充分满足了学生和用人单位双方面的需要。

(3)加强就业指导工作力度，开辟更多就业渠道满足学生需求。为提高就业率，学校不断加强就业指导和推荐工作力度。学校通过加强与人才市场的联系，及时了解职场动态，为毕业班学生专门开设就业指导讲座，帮助学生调整好心态，树立“先就业，后择业”的观念。通过定期召开用人单位恳谈会，把企业需求及时反馈回学校，推动专业建设和教学改革的进一步深化。学校积极拓展就业推荐网络，已与400多家企业建立了联系；

每年举行多场用人单位人才招聘会，并与丰田公司联合开设专场招聘会。同时，建立了毕业生就业跟踪制度，及时从企业了解学生就业后的综合情况，加强了与企业的联系，受到了企业的一致欢迎。近几年，学校就业率始终保持在97%以上。

努力培养专业技能强、综合素质高的优质人才，需要学校和社会的共同努力。在这一方面，政府职能机构对学校办学给予了很大支持。2004 年 11 月，上海市劳动和社会保障局将上海市职业资格鉴定有关汽车专业约 300 万元的设备全部移交给我校，我校与上海市劳动和社会保障局签订了合作协议，今后，上海市汽车维修技师与高级技师考评鉴定工作将由我校全面承担。这样，学校可充分利用资源优势，积极拓展终身教育的人才培养市场，既为学生取得专业技能证书创造了有利条件，又成为行业企业的人才培养基地，为企业发展提供人才保证。目前，学校正积极向上海市教委申报筹建“汽车运用与维修”、“现代物流”两个公共实训中心，为进一步促进重点专业建设，为学校继续保持良好的发展后劲奠定基础。

（本文获得中国职业技术教育学会中专教育委员会2006 年 8 月“加快中等职业教育发展”专题调研文章评比一等奖）

重点实施“三项”调整
全面推进职业院校毕业生成功就业

为全面推进职业院校毕业生的成功就业，2009 年 5 月 26 日，由上海市职业教育协会、上海市政协教科文卫体委员会、上海市教育发展基金会承办，并由上海市教科院成教所、华东师范大学职成教所、上海市教委科技发展中心协办，以“金融危机与学生就业”为主题的“2009 年上海职业教育合作论坛”在上海市政协江海厅隆重举行。在论坛的“探索与实践”第三专题讨论中，本人应邀作了“坚持职教集团化办学，重点实施‘三项’调整，全面推进职业院校毕业生成功就业”的交流发言，引起了论坛组织者和与会者的重视与关注。

由于金融危机的冲击，上海按照中央要求，韩正市长在 2009 年初提出了“保民生、保增长、调结构”的举措，其目标就是要“确保经济持续平稳发展，确保民生持续改善，确保社会和谐稳定，确保世博会成功举办”。其中，“调结构”指的是调整产业结构，而对学校来说，“调结构”就是要紧贴上海经济结构调整的情况，着力调整单一的办学模式、调整和优化专业结构、调整和优化师资队伍，以全面推进职业院校毕业生的成功就业。

一、着力调整单一的办学模式，推进职业教育集团化办学

为不断促进职业院校与企业行业的深度合作，2007 年 12 月，我们以专业建设为纽带，联合上海市交通物流 7 家企业集团、6 家行业协会和 10 所职业院校，在本市创建了交通物流职业教育集团。体现在调整办学模式的主要特征，就是“以服务为宗旨，以就业为导向”，变学校单一主体，为学校、行业和企业多个主体。这种办学模式上的调整，我们瞄准的主攻方向：

一是要突显职教集团的地域优势。就地域分布而言，我们创建的交通物流职教集团的10所职业院校，分别位于上海市的内环、中环和外环，在以往的一个学校或单一的办学模式下，应该讲，各自分散、相对独立和无序竞争的地域分布，首先是缺少教育目标市场细分和目标市场选择的优势，其次也较难满足现代交通物流业全方位、多层次和宽领域的需要。通过多个主体的互相合作和办学资源的有效整合，目前，我们不仅在中高职人才培养上，初步形成了交通物流专业的产教连锁，而且在地理位置上，也形成了基本符合交通物流发展多种需要的东、南、西、北，浦东和浦西，内环、中环和外环的地域优势。

二是要突显合作办学的整体优势。就综合实力而言，我们交通物流职教集团23家成员单位，其中10所职业院校，通过职教资源统筹规划与有效整合，以及通过专业建设的相互补充与互相补台，首先是一改以往一个学校或一个专业并不起眼的状况；其次是一改以往专业建设各自为政与重复投资的状况。举个职教集团成员单位联合招生的例子，如2008年5月和2009年4月，我们交通物流职教集团以整体的办学实力，分别在上海市第五、第六届教育博览会上，推出的本市中高职集团化办学交通物流类专业联合招生的宣传广告，以及以交通物流类职业资格就业培训为主的56项“菜单式”服务项目，不仅赢得了社会、学生与家长的好评，也突显了我们职教集团化办学的整体优势。

三是要突显职业教育的品牌优势。就发展战略而言，我们学校之所以要巩固集团化办学的成果，目的就是要推进毕业生的成功就业。为此，我们塑造的是“政府主导、行业支撑、契约联盟，品牌辐射、合作共赢、优势集聚”的发展理念；坚持的是“引名企进校园、寓教育于企业、融专业入社会”的发展战略；亮出的是“专业化、品牌化、连锁化、市场化、国际化”的发展标准。为了精心打造集团的“品牌专业”，一年半来，我们依靠政府的主导，行业企业的支撑，成功地完成了以科学发展观为指导，以促进学生职业生涯发展为目标的“上海市中等职业学校现代物流专业教学标准”的编撰任务，以及基本完成了与集团化办学相配套的高职以及中高职一体化交通物流专业教学标准和部分核心课程的开发工作。

二、着力调整和优化专业结构，推进职业教育的内涵建设

就业是民生之本，创业是就业之源。对照今天“金融危机与学生就业”的论坛主题，为全面推进职业院校的内涵建设，以及推进职业院校毕业生成功就业，我们在制订学校中长期发展定位的规划时，以调整和优化专业结构为重点，其目的是为了确保我们专业结构能紧贴上海产业结构调整的需要。

一是体现在专业结构布局上，学校依托行业企业的支撑，形成了职教集团以交通物流专业为纽带，中高职教育以综合交通为核心、专业板块为框架、主干专业为龙头，支撑专业为基础、短线专业为补充的专业体系。

二是体现在专业发展方向上，学校确定的调整和优化目标是：一要加强对现有专业

的建设，把主干专业打造成品牌专业；把支撑专业改造成特色强势专业；把短线专业调整建设成急需专业；二要加快新兴专业的开发速度，如以现代物流辐射成“制造业物流”、“城市配送物流”专业。

三是体现在专业调整举措上，学校确定的调整和优化举措是：一要打破校区界限，充分发挥各校区的办学优势；二要打破部门与学科界限，积极启动以项目为导向专业建设工作；三要打破学制界限，努力发挥职教立交桥与双通道的优势；四要走内涵式发展，实施大类专业招生小专门化方向分流。

三、着力调整和优化师资队伍，推进职业院校学生成功就业

由金融危机而引发的学生就业问题，目前已成为一个世界性的难题。如何化解这一矛盾，这不仅是学生的个人问题，也是一个社会问题。今天合作论坛，提出“金融危机与学生就业”这一主题，非常适时，要化解这一矛盾，作为职业院校，其中可选择的策略就是要加强师资队伍建设，并在“保民生、保增长、调结构”过程中，着力调整和优化我们的师资队伍。因为，我们知道，人才资源是第一战略资源，在金融危机的大背景下，加快实施人才强校战略，大力加强师资队伍建设，已成为促进学校事业发展，推进毕业生成功就业的根本战略选择。

在职业教育师资总量有限的前提下，下一步在师资队伍的建设上，尤其是在调整和优化师资队伍的结构方面，将着力推出项目引领型的教学团队建设，并在创建项目引领型的专兼职结合的教学团队时，一是把重点引入对专任教师的培训上，力争全年完成对所有专任教师的全员培训，并积极开展创建院级、市级和国家级的教学团队建设活动；二是把焦点引入对企业兼职教师和带教师傅的培训上，力求政府扶持，试行企业兼职教师和带教师傅补偿政策和岗位补贴政策，以推进项目引领的教学团队建设。

（本文在“2009 年上海职业教育合作论坛”上作交流发言）

“三个不变”换来上海交通高职人才培养工作“一个大变”

上海交通职业技术学院的十年一剑，风雨兼程，一路走来，交院人依托地方综合交通行业企业的支撑，用较厚重坚实的办学成果，书写了十年充满激情梦想与成功，也充满与上海城市经济“创新驱动、转型发展”相吻合的历史篇段。这一历史篇段，镌刻着一条“以不变求可变”的发展轨迹，这就是上海交通高职在各校区隶属关系、经费渠道、人员编制“三个不变”的前提下，铸就了本市地方综合交通高职人才培养工作集团化办学的创新之路。这一历史篇段，映射着交院人在大力发展职业教育宏观背景下的大胆探索与改革创新。“不变”与“可变”是辩证统一的，“不变”之中存在着“可变”，“可变”之处又不断地揭示和阐发着“不变”。更长远地讲，在下一历史篇段，上海交通高职将在奉行“一心、一体、一流”的办学精神的前提下，继续用“不变”的定则，来指导“可变”的研究思路，以及指导“可变”的研究方法，以揭示本市地方综合交通行业企业联合办学的发展规律，并服务于上海要大力发展现代服务业和先进制造业、加快国际金融中心和国际航运中心建设对高素质技能型人才需求的事业。

一、上海交通高职十年发展历程

上海交通高职是一所以培养综合交通、物流技能型人才的独立设置的高等职业院校。学院按港口运输、陆路运输、航空运输和轨道运输分类，设东、南、西、北四个校区。作为地方交通行业企业所办的职业院校，本院创导的集团化办学之路，并在各校区隶属关系、经费渠道、人员编制“三个不变”前提下，换来高职人才培养工作“一个大变”的发展历程，可用“三破围墙”发展简史加以诠释。

一破围墙，组建交通学院，确立了上海交通高职创导集团化办学的厚重基础(2001年至今)。伴随着20世纪高等职业教育大力发展，2001年由市府交通办牵头，经市人民政府批准，把本市交通系统两所成人高校(上海交运职大与上海海港职大)正式合并，并联合民航和铁路(现改公用事业)两所重点中专，转制成上海交通职业技术学院。建院十年来，上海交通高职依托地方综合交通行业企业的发展优势，针对校区资源不同归属，以及多种体制并存的实际，坚持走高职内涵式发展和集约化办学之路，成功实施了"两校合并、四校联合"，以及校区人财物保持相对独立，管理制度和办学标准实施两个统一的集团化办学机制。

二破围墙，建立职教集团，开创了上海交通高职坚持集团化办学的发展方向(2007年至今)。伴随着社会经济发展方式转变和产业结构的转型升级，2007年上海交通高职作为本市交通物流集团化办学的发起单位，以专业建设为纽带，联合交通物流企业集团、行业协会和职业院校共23家，现发展至31家成员单位，通过市场契约，在上海率先创建了具有跨系统、跨行业、跨产业和跨区域特征的"上海交通物流职业教育集团"。近几年来，本职教集团成功实施了校企合作、校协联手和校际联合的有效整合，使集团化办学步入了由政府主导的发展轨道和更广阔的领域。

三破围墙，实施中高职贯通，铺设了上海交通高职坚持集团化办学的立交之路(2010年至今)。伴随着职业教育的深化改革，从2010年起，上海交通高职依托职教集团这一新颖办学平台，打破中职教育与高职教育相隔离的围墙，在上海率先实施了"中、高职教育贯通培养"的改革试点，学院"汽车技术服务与营销"和"航空机电设备维修"两个专业，分别被上海市教委批准列入本市中高职教育贯通培养的试点专业，首批招收本市应届初中毕业生159人，今年又增设了"城市轨道交通车辆"一个专业，中高职教育贯通培养的改革试点，使集团化人才培养模式的改革创新又步入了职业教育新的发展轨道。

二、上海交通高职十年建设成果

十年来，上海交通高职累计为国家培养和输送全日制高职毕业生7737人，现有全日制在校生4468人，分别来自上海及全国20个省市自治区。本院历届毕业生深受用人单位欢迎，就业率始终保持在95%以上，2009年被评为"上海市普通高等学校毕业生就业工作先进单位"。十年来，学院在各校区"三个不变"的前提下，致力于集团化办学的建设发展，换来了"办学理念、领导作用、师资队伍、课程建设、实践教学、专业建设、教学管理、社会评价"等建设成果上的"一个大变"。

体现在办学理念上，十年来，学院办学指导思想、办学定位更为明确、清晰。学院确立的"服务于主体，让学生、教师、学校得益"，以及确立的"以观念创新为先导，全面提高教育教学质量；以服务交通为方向，加快专业改革建设步伐；以素质教育为根本，坚持德育为先育人为本；以职教集团为载体，努力构筑校企合作平台；以工学结合为模式，强化学生实践能力培养；以制度建设为保障，提升教育服务管理水平；以队伍建设为重点，优化专兼结合双师团队；以基础设施为抓手，不断提升高职办学能力”的办学理念业已成为学院上下较稳定规范的发展基础。

体现在领导作用上，十年来，学院领导班子团结协调，院董事会、党委和行政班子和谐运作，在多校区集团化联合办学的复杂情况下，保证了校园的稳定和正常的教学秩序，学院本部连年被评为上海市文明单位，学院分别获得上海市平安单位、上海市安全单位、上海市教育系统社会治安综合治理先进集体、上海市健康文明校园等荣誉称号。

体现在师资队伍上，十年来，学院教职员工爱岗敬业，努力进取，校内专任教师实力在整合中逐步加强，聘用能工巧匠兼职教师比例逐年提升。通过广大教师的努力，学院现有市级精品课程3门，其中《汽车电器设备构造与维修》被上海市推荐申报国家级精品课程。《汽车发动机构造与维修》在2009年被“教育部高等学校高职高专汽车类专业教学指导委员会”评为优秀教材。“汽车故障检测诊断与维修教学团队”获得第二届上海市高等学校市级教学团队奖，学院汤定国副院长获得2008年度上海教学名师奖，有多名教师被评为行业教学名师。

体现在课程建设上，十年来，学院各专业课程内容标准完善，并能根据行业发展需要和职业岗位(群)的任职要求，设置课程体系和选择教学内容。2010年本院承担的全国交通职业教育重点科研项目《交通高职物流管理专业教学标准和课程标准建设的研究》顺利通过专家组评审。教学方式、方法和手段不断创新，通过十年建设发展，学院集团化人才培养模式和课程教育教学改革创新，基本呈现“打破校企界限、打破资源界限、打破部门界限，推进办学场所转型、推进师资队伍转型、推进评价方法转型”的特点。

体现在实践教学上，十年来，学院重视实践教学和实训基地建设，不断改善办学条件，部分主干专业的校内实训设备在国内处于领先地位，在上海属于一流水平。现有校内外实训基地能满足基本教学需要，学生顶岗实习覆盖率和实习时间基本符合实践要求，实践教学课程体系设计符合理实一体化的要求，教学管理的制度建设和人员配置渗透实践教学，实践教学条件能满足各专业教学计划基本要求，双证书获取在专业实践教学中的地位不断突显，学生职业资格证书获得率逐年提升。

体现在专业建设上，十年来，学院致力于与地方综合交通相匹配的重点专业建设。坚持专业结构和专业布局与经济结构、产业结构调整相同步，与技术进步和劳动力市场变化相适应，与企业和市场实际需要相匹配。先后设置的26个专业(含专业方向)，其中“集装箱运输管理”和“汽车运用技术”为国家级示范性建设试点专业，“报关与国际货运”为市级示范性建设试点专业。通过十年建设发展，学院基本形成以综合交通为核心，以汽车运用、交通物流、航空运输、轨道交通为框架，主干专业为龙头，支撑专业为基础，短线专业为补充的专业布局，并形成龙头带动、相互依存、相互促进的专业体系。

体现在教学管理上，十年来，学院致力于教学管理的组织建设与制度保障。在组织建设上，本院依据各校区人员编制的实际情况，建立了学院与校区两级教学管理的组织机构，并突出学院层面教学管理人员综合素质要求，配置了均具有教育管理、教育信息技术等硕士研究生学位的专职教学管理人员；在制度保障上，实施整个学院管理制度、办学标准的“两个统一”，并实施各校区教学运行有分有合、相互融合的整合机制，从而保障了本院教学运行的平稳有序。

体现在社会评价上，十年来，学院学生生源保持在比较稳定的状态。无论是依法自主招生、“三校生”招生、还是普通高校招生，以及中高职教育贯通培养招生，每年一志愿上线率与报到率以及历届毕业生就业率始终保持在上海市高职高专院校前列。学院为社会服务取得的成果，尤其是集团化办学的特色，赢得了行业企业主流肯定。上海市教卫党委书记现场考察本院集团化办学情况时深有感触地说：“上海交通职业技术学院办学特色，有条件成为本市高职高专院校中的 only one，而且是 number one。”

三、上海交通高职十年取得经验

建院十年，上海交通高职将行业、企业的职教资源进行有效整合，创建的以综合交通类专业为核心、多体制并存、多机制融合、多校区管理、多层次办学的管理模式，在全国1200 多所高职院校、30 多所交通职业院校中是一种创新。十年来，上海交通高职人才培养工作业已基本形成特色化、集团化、多元化办学的基本经验。

经验之一：坚持特色化办学，是创导引领示范的重要条件。作为本市行业企业联合所置的高职院校，上海交通高职相对位于本市高职改革创新的前列，并非综合实力和办学条件优于其他院校，关键取决于本院始终坚持走特色化办学之路。在坚持行业特色，集聚地方综合交通的陆上运输、港口运输、航空运输、轨道运输的办学资源的前提下，注重专业特色和育人特色的培育。就专业特色而言，在强化以综合交通为核心，并以汽车、集装箱、空乘、航空机务、轨道交通、物流管理等重点专业集群带动与辐射其他专业建设的同时，注重每一专业从校内外实训基地、“双师型”教学团队、人才培养模式、社会服务能力四个方面的特色化培育；就育人特色而言，在重点关注校园风貌和管理特色两个方面，尤其在管理特色上，创建与完善了在学院校区“三个不变”基础上的管理制度和办学标准的“两个统一”。

经验之二：坚持集团化办学，是创导工学结合的主要载体。十年来，上海交通高职在办学资源集聚、办学模式创新等方面，与本市独立设置高职院校比较，有较明显的优势，关键取决于本院始终坚持走集团化办学之路。2007 年上海交通高职将自身独有的运作机制加以拓展，并作为发起单位之一，在本市率先创建了以专业为纽带、以市场契约为依据的职业院校、企业集团和行业协会互相联合的上海交通物流职业教育集团。尤其是采用集团化办学“五个对接”的办学方式，即：专业与产业和职业岗位对接、专业课程内容与职业标准对接、教学过程与生产过程对接、学历证书与职业资格证书对接、职业教育与终身学习对接，业已贯穿学院办学工作的多个环节。

经验之三:坚持多元化办学,是创导职教贯通的有效路径。十年来,上海交通高职以其独特的办学性质、办学类型、办学层次和运作模式,在本市独立设置的高职院校中脱颖而出,关键取决本院常年坚持走多元化办学之路。自2010年起,学院又荣幸地成为本市集团化办学中、高职教育贯通培养的试点院校。三年多来,学院借助交通物流职教集团这一平台,依托综合交通行业企业的支撑,坚持职前与职后并举,中职与高职贯通,通过职前来推动职后,通过职后来反哺职前,以及通过两者的互相交融,创导了职业教育多元贯通的有效路径。

四、上海交通高职"十二五"发展愿景

2011年既是学院第一个十年庆典之年,也是学院第二个十年起步之年。站在新的历史起点,上海中长期教育提出的"促进公平、追求卓越、推动创新、服务发展"的工作方针,以及确立的"职业教育:让学生成为适应工作变化的知识型、发展型技能人才"的重点任务,既为本院创造了新的历史机遇,也向本院提出了更高的要求。我们必须在原有基础上加快"创新驱动、转型发展"建设步伐,继续朝着更高档次特色化、集团化和多元化办学方向前进。

"十二五"上海交通高职的发展指导思想是:以国家和上海中长期教育改革和发展规划纲要为依据,围绕本市现代综合交通业的发展需要,以培养适应工作变化的知识型、发展型技能人才为根本,以亮化专业特色和育人特色为主线,以体制机制创新为突破口,以办学资源统筹和基础建设为抓手,以内涵发展为重点,以队伍建设为关键,始终坚持特色化、集团化、多元化办学的发展方向,坚持校企合作办学、合作育人、合作就业、合作发展,提高人才培养的质量,提升服务社会的能力,实现学院建设发展由第一个十年到第二个十年的第二次跨越。

"十二五"上海交通高职的发展总体目标是:以创建上海重点建设的市级特色型高等职业院校为标杆,通过"十二五"建设发展,力争把本院打造成上海高职教育的"两个基地"和"一个高地"。"两个基地"分别为以综合交通和现代物流为主的"上海市重点建设的技能型人才培养培训基地"和"上海市重点建设的现代化实验实训基地";"一个高地"为"上海市级特色型高等职业院校"。

"十二五"上海交通高职的发展重点举措是:全方位地开展"五大建设工程",即:全面构筑人才培养模式改革创新的建设工程;全面构筑以综合交通类专业为核心的建设工程;全面构筑"双师型"专兼职教师相结合的建设工程;全面构筑高素质技能型人才质量的建设工程;全面构筑不断增强社会服务能力的建设工程;组织实施"五项重点项目",即:着力推出以体制机制创新为突破口的重点项目;着力推出强化学院和校区党建工作的重点项目;着力推出学院校区两级数字化校园的重点项目;着力推出公共服务、资金筹措和后勤保障的重点项目;着力推出依法民主治校与构建和谐校园的重点项目。

(本文发表于《交通职业教育》2011年10月第5期,《上海交通职业技术学院学报》2011年第1期)

站在新起点　适应新形势　再攀新高峰

——开辟德育工作的“十个新”

德育工作贯穿了学校教育的全过程，它是教育的起点，又是最终目标。面对经济转型时期学生普遍存在的思想行为的变迁，作为教育者，如何适应新形势，开辟德育工作新路，把学生培养成为具有和谐个性、完全人格、能代表时代积极向上精神的全面发展的个体，是摆在我们面前的严峻课题。

一、德育工作取得了很大成绩

在过去的几年里，学校确立了“德育为先”的学生工作目标，在持续改进中不断完善德育工作，成效显著。

(1)学校办学规模持续扩大。学校的发展使学校的社会知名度日益扩大，招生、就业形势喜人，招生量稳中有升，毕业生保持了较高的就业率。2003年校本部达到60个教学班，交通学校在校生总数达到3900余人，交通学院在校生数首次突破千人大关。交通学校毕业生就业率达到90%以上，其中汽车专业为95%以上；交通学院达到95%。交通学校毕业生升学率达到88.9%。

(2)德育改革工作稳步推进。学校十分重视德育研究，采用中央德育实验课本，给学生带来丰富生动的思想体验。积极参与上海市教委《经济转型期间职业道德教育的特点及应对措施》课题的研究，撰写的调研报告获上海市三等奖，于2003年12月由上海教育出版社出版发行。在校内开设了心理咨询室，结合劳育课使心理咨询进入课堂，同时利用校园网开设“心灵驿站”，与学生进行网上对话。劳育课把“劳”与“育”有机结合起来，不断改进劳育课管理方式,每学期2000余人次参加劳动和有关讲座。组建了15个学生社团,成立了社团管理中心,结合学校《艺术教育方案》,为学生带来丰富多彩的业余生活。在汽车专业试行教导合一初见成效。加强了中高职学生会管理。

(3)德育内涵发展日益受到重视。利用各种形式的活动深化德育内涵,寓教于乐。每年有400余人参加军训,近万人次参加各类主题教育活动。2003年,学校组织了两次大型心理辅导讲座,编写了《心芽》个案分析集,与上海交通大学心理辅导室共同开展学生心理素质状况调研活动,向高、中职学生发出了400份问卷调查。积极组织教职员工参加上海市教委"为了每一个学生"征文演讲比赛,4人分获二、三等奖。制订了《艺术教育方案》,举办了首届第二课堂(社团)文化节,900余人次参加了各类社团。同时,对艺术节、运动会、技能节活动常抓不懈,这些成为展示学生多方面才能的舞台。建立了一支思想过硬、学习优良、组织能力强的学生干部队伍,定期组织学生干部培训,234人参加了培训,同时有1920人参加了业余党校学习。

二、德育工作面临新的挑战

(1)国际国内形势对学生世界观的影响。当今国际社会纷繁复杂:台湾公投闹独立,敌对势力插手香港,对基本法施压,恐怖势力异常猖獗,法轮功在海外频频活动……信息时代的到来使信息传播的手段与途径日益丰富和广泛。网络成为继电视、广播、报纸后迅速崛起的第四大媒体,它将全世界连成一张大网,各种信息良莠不齐,纷至沓来,对思想尚未成熟的青少年形成日益强大的思想冲击,直接影响到青少年世界观的形成。加之我国连续几年大学扩招,到2004年全国大学毕业生达到280万人,比2003年净增68万,就业形势日趋严峻,就业压力大已成为毕业生首要的思想问题。

(2)中高职学生同处一个校园应如何分类指导管理。当今学生的主要特点是:思想最活跃,接触最广泛,对生活的认识最开放。由于特殊情况,我校中高职学生同处一个校园,这给学校的管理带来难题。中职学生自治能力相对较弱,学风问题日益突出,两极分化现象明显,如何提高其学习兴趣、增强学习动力、培养其养成良好的学习习惯需要有所创新,采取行之有效的办法。对于高职学生,要培养他们的自信心,磨炼其意志,加强自我综合能力的锻炼,牢固掌握技术本领,实现个体的持续发展。

(3)二课教育、邓小平理论、"三个代表"思想如何实现三进。二课教育是指政治课和形势课教育。"三进"是指邓小平理论和"三个代表"重要思想进教材、进课堂、进头脑。二课教育、邓小平理论和"三个代表"是我国道德教育思想体系的主体,是青少年净化思想、树立正确的人生观、世界观、价值观的有力武器,进教材和课堂容易,最为关键的是要进头脑,要抵制腐朽和追求享乐的思想,防止西化、商化、僵化对青少年的纯净心灵的影响和腐蚀。

(4)社会环境对青少年成长产生直接的影响。社会环境不仅指社会整体的思想氛围，还包括家庭内部环境、家庭及学校周边环境、校园环境、课堂环境等，对社会环境中的不利因素我们要有清醒的认识。学生处于学校和家庭的双重的主体环境中，思想在成长中摇摆不定。因此，家长与子女的沟通是关键的一环，校园文化氛围的营造则更重要，它对学生思想观的形成将产生潜移默化的影响，它更直接、更深刻。教师在校园文化建设中占有重要一席，他给予学生的关爱与鼓励、他的自身的人格魅力将给学生以莫大的影响。所以，校园环境的内涵是健康、热情、积极、正确，要加强职业道德教育，教会学生热爱生活，身心健康。

三、深化和创新德育工作，做到“十个新”

如何坚持社会主义的办学方向，培养四有新人，这是办校的灵魂；如何加强教师的师德教育、教书育人，这是办校的关键；如何加强学生的德育工作和思想政治工作，一切工作要贴近学校实际，贴近学生学习、生活，这是办校的根本；如何加强与社会、用人单位、家长的联系，做好协调沟通，齐抓共管，这是办校的基础。今天学校赢得了青年，明天社会才能赢得未来。学校德育应当：

(1)管理模式要有新突破——全面试行教导合一，由专业科分管本专业学生，充分发挥教师作用，有的放矢，促进教导相长；学生管理部门统筹协调，主管学生奖惩及档案管理，组织大型活动、社团及第二课堂、劳育课等，实行有序有效管理。

(2)理论研究要有新篇幅——普及、推广中央德育实验课本，提高德育研究的深度、广度，搞好德育调研工作，并在广泛调研的基础上形成研究论文，力求出水平、出成果。

(3)心理咨询要有新开拓——2003 年学校心理咨询室共接待师生 238 人次，平均每天一人次。今后要进一步加强这方面力量，设立“知心朋友”电子信箱，来信必回，并开设心理聊天室。

(4)社团管理要有新亮点——在现行 15 个社团的基础上新增车模兴趣小组，开辟书法、绘画等精品园地，努力营造色彩浓郁的校园文化氛围。

(5)系列讲座要有新层次——按照不同层次、不同对象选择相应的讨论课题，并可针对国际国内社会热点问题每月至少开设一次讲座。

(6)第二课堂要有新场地——要为学生创造更好的条件，充分利用新设的形体房、美育室、科普室、书法室、音乐室教学资源开展丰富多彩的活动。

(7)职业指导要有新创举——根据不同年级确定“四结合”方针，制定工作抓手，如 18 岁成人仪式，可以结合专业特点，到用人单位去进行。

(8)“三大节”活动要有新形式——既要主题突出，又要特色明显。艺术节更突出学生优质的一面。运动会更强调团队合作精神。技能节要与学生实训、就业推荐有机结合。

(9)自身建设要有新高点——教职员工的观念要不断更新。要注重学习，求真务实，落实不落空，服务于学生，把学生的呼声作为我们的第一信息，把学生的需要作为我们的第一选择，把学生的利益作为我们的第一考虑，把学生的满意作为我们的第一标准。

(10)学生素质要有新面貌——德育工作的结果是促成良好学风的转变，补考率下降，学生行为规范的养成，如不乱丢纸屑，保持校园环境，清洁等，后进学生转化率不断提高。

德育工作是学校教育之本。作为职业学校，在教给学生知识技能的同时，尤其需要重视学生心智的成长，这是德育工作的根本。我们的德育工作要切合实际，有的放矢，重视学生理性与感性的协调发展，培养他们健全的人格，使学生健康成长。这需要我们在今后的工作中继续努力。我们要站在新的起点上，迎接新的挑战，再攀新高峰。

(本文发表于《上海教师》第三辑卷5，中国版本图书馆CIP核字(2004)第00117号；《上海交通职业技术学院学报》2004年第1期)

知荣辱　学做人　求发展

——论社会主义荣辱观对当代青年成长发展的重要意义

知荣辱，一定要从我做起，从身边做起。自己教育自己，才是成功的教育。青年踏上社会，必须具备两个条件：一是职业道德，二是职业能力。两者综合，就是生存发展的能力。怎样培养这种能力？就是要认真学习"八荣八耻"，努力做到"四个学会"。

一要学会做人。这是具备良好职业道德的基本前提。当代青年在社会实践中形成了较强的现代社会性品质，如民主意识、竞争意识、效率意识等，但爱国意识、现代公民意识淡薄，乱穿马路、乱扔纸屑的现象时有发生。社会主义荣辱观的第一条"以热爱祖国为荣、以危害祖国为耻"，学会做人首先要热爱祖国。

热爱祖国不是抽象的，而是具体深刻的。海外游子为什么有那么强烈的爱国情怀？因为"独在异乡为异客"，祖国始终是他们朝思暮念的根。爱国就要尊重国旗，热爱家庭，孝敬父母，热爱学校、学生等等。曾经有一个报道：一个美国的小学生转学到中国，升国旗时她放声大哭。老师同学都不解，就问她，她说："你们升的不是美国国旗。"于是老师跟她作了解释。第二天升旗时，师生们看见这个美国小女孩手里拿着一面美国国旗。可见，无论是哪个国家，都十分重视本国的民族主义教育。反观我们自己，在升国旗时是否也做到了尊重国旗？

做人的根本还在于诚实守信。古人说："言必行，行必果。"这是中国的传统美德，也是当今社会极力倡导的道德风尚，是做人最起码的道德底线，也是个人生存发展的必备条件。企业用人选人首先看这一条。一个人的业务知识、业务水平可以通过学习实践得到锻炼和提高，但诚实守信的品质却不是一朝一夕可以养成的。这种品质犹如一件稀世的珍宝,一旦失去,就不能复得。因此,要珍惜,要能守得住,这需要意志和毅力。

二要学会认知。这是形成良好职业能力的基础。学会认知有三层含义:一是学习的内容要广博。"八荣八耻"要求我们"以崇尚科学为荣、以愚昧无知为耻",知识是人生的一大财富,有了知识,就懂得了做人的道理,就有了生存发展的潜力。拿最简单的写字来讲,能写好就不简单。老师上课要写板书,字好,学生心里会很佩服你。学生如果有一手好字,也能促进就业。有的企业招聘,写明要求手书简历,目的就是要看看应聘者的字写得好不好。字是人的外在形象的一种表现。所以,老师自己首先要练好字,其次要教会学生写好字,这对任何人来说都可能是受益无穷、受用终身的。二是学习的方法要灵活,也就是要学会学习,培养自己终身学习的能力和拓展创新的能力。学会学习很重要。比方有一大堆"知识"放在我们眼前,我们怎么消化吸收是一门很大很深的学问,这需要我们具备学习的能力。我们的老师各有专长,他们在教给学生知识的同时,也一定要手把手教会他们学习的方法,提高学习的效率。同时,博学不仅使我们的知识得以增长,更能使我们触类旁通、举一反三、思维敏捷。三是学习必须与实践紧密结合。我到澳大利亚TAFE学院考察,看到翻译成英文的我国古代教育家孔子的名言:"I hear and I forget. I see and I remember. I do and I understand."——我听到的会忘记,我看到的会记住,我做过的会理解。这就是实践出真知。我们汽车专业的学生参加宝马汽车全国技能比赛获第一名,又代表中国参加世界比赛获得第三名,参加大众汽车技能比赛也获得全国第一名,为什么?就是因为我们的教学始终坚持把实践放在第一位,所以用人单位欢迎,学生满意,家长满意。作为职业院校的学生,要努力实践,不断实践,通过实践加深理论认知理解,通过实践提高专业技能水平。

最重要的是学习的态度,这对我们的学习起着决定性的作用。要持之以恒,《劝学》里讲"学不可以已"——学习不可以中途停止。因为学无止境,学习不能一蹴而就。没有点滴的积累,就不能得到真正的学问;没有锲而不舍的精神,就无法培养自己学习的能力。现代企业十分看重学生的求知欲望。有一个案例讲微软公司招聘,应聘的学生不是学计算机专业的,当考官想回绝他时,他讲给我两周时间学习准备,考官同意了。两周后他又去面试。如此这般过了半年,他一共做了七个岗位,最后微软给了他明确的答复:"你被录用了。"微软看中的不是他的专业知识,而是他的这种精神,从中也可以看到他的学习能力。

三要学会共事。这体现一个人的职业素养。美国成人教育专家卡耐基在经过大量的调查研究后指出:"一个成功者,他的智商(IQ)仅占15%,情商(EQ)占85%。"什么是情商?它是为人处世的一种综合能力。智商与情商相加,才是真正的智慧。干事业需要智慧。

站在集体的角度,做工作一定要发挥积极性和主动性。不是领导讲就做,不讲就不做,而是要善于在工作中发现问题、解决问题,不断在广度和深度上拓展自己的工作内涵。我们国家20世纪80年代重学历,90年代重技能证书,现在更看重第三张"证书"——团队合作(teamwork)的意识和精神。职业素养很重要的一面是团队合作精神,所谓众人同心,其利断金。就我们学校来说,每个部门都是单一的个体,而我们搞ISO质量管理,其本身就是一个环环相扣的体系,要把工作做好,部门之间必须通力合作。

站在个人的角度,学习共事的过程是一个磨炼我们意志的过程,具备共事的能力同样需要学习。智商是天生的,情商可以靠后天的锻炼。人是社会的人,每个人都要融入社会,在社会上生存、办事、与人打交道。在共事时,我们要暂时放下个人得失,以国家集体的共同利益为首要利益,共同把事情做好,在处事中锻炼自己的坚忍、耐心、细致、交流、沟通等多方面能力。因此,对青年教师来说,无论在自身还是在育人上都要有团队合作精神,要互相补台。同时要以各种载体教育学生,宣传这种精神,教学生学会合作,学会团结互助。

然而"成功"是什么,怎样的人才算"成功"? 去年交通学院评估时,专家组给予汽车工程系的夏令伟老师的一致评价是"听他的课是一种享受"。这既是对教师职业的一种极高的评价,又能充分说明夏令伟老师是成功的。为什么? 一位平凡的人民教师,几十年如一日,兢兢业业,辛勤耕耘,桃李满天下,他是把教师这一职业当作一份事业来经营。他的成功来源于他的崇高的人生目标,来源于他心无旁骛、潜心教学的工作态度,来源于他孜孜以求、不懈探索的工作精神。事实上,在我们身边还有许多成功的人。一次,我收到一封退休老教师的来信:"我退休八年,前六年我感觉自己老了,而这两年我感到自己年轻了。"这又是为什么? 原来是我们的退管办主任陆珠莲老师给全校二百多位退休教职工送去了温暖。在任职的两年里,她走访了所有退休教职工的家,一封封感谢信不仅表达了广大退休教职工对陆老师的感激之情,也充分体现了她身为一名普通共产党员为人民服务、不懈追求崇高的共产主义理想的执著精神。可见,"成功"的意义不在于今天赚了多少钱,明天头上有多少"光环"。一个成功者,是树立了崇高理想的人,是全力以赴做到最好的人,是能发挥自己最大潜能的人,是努力实现自我人生价值和社会价值的人。

四要学会生存。生存就是发展,是"四个学会"中最关键的。对学生来讲,想要当将军还得先做小兵,切忌好高骛远。上海那么多五星级酒店,总经理都是老外。为什么? 因为这些老总都有在酒店最底层工作的经历。我们的学生能做到这一点吗? 劳动不分岗位的贵贱,要看适不适合,能在最适合的岗位上工作就能成为最好的人才。

胡锦涛总书记4月21日在美国耶鲁大学演讲时说道:"中国就是取得再大的成绩,除上13亿人口,也都是很小的成绩;就是再小的问题,乘上13亿人口,就都是大问题。"我们的国家人多底子薄,这就是我们的国情。当今的大多数城市青年都在比较优越的环境下长大,艰苦奋斗、勤俭节约的意识淡薄,谈到勤劳、勤俭学生们感到还很远,一旦踏上社会,面对就业压力、生存压力,往往不知所措。这是因为没有做好吃苦的准备,没有一种服务的意识。我们工作不能总想着能得到多少,而要首先想到为社会服务了多少,奉献了多少。一个新时代的青年，只有努力为祖国争光彩、为集体争荣誉，才能实现个人的社会价值和人生价值。

总之，社会主义荣辱观在今天具有深远的时代背景与重要的现实意义，为我们树立了正确的世界观、人生观、价值观标准，无论教师还是学生，都要认真学习，以之为鉴。对青年教师来说，要努力做到学高为师，身正为范，严格自律，以自己的一言一行影响学生、教育学生。对学生来说，要遵守校纪校规，热爱班集体，努力学习，树立远大的理想，养成高尚的道德情操，将来为祖国的现代化建设事业作出自己应有的贡献。青年人要牢记：一分耕耘，一分收获。知荣辱，学做人，求发展是我们共同的奋斗目标。

（本文发表于《上海交通职业技术学院学报》2007 年第 1 期）

有感于人大附中的素质教育

参加卓越校长培训使我有幸跟随刘彭芝校长的脚步，领略北京人大附中先进的治校理念、创新的办学模式、丰硕的办学成果，感受人大附中底蕴丰厚的校园文化氛围、永无止境追求卓越的治学精神和刘彭芝校长独特的人格魅力。而使我深深感佩的是，人大附中的素质教育竟如此丰富，如此有广度和深度，不仅给予广大学生成长发展的广阔空间，更锻造出一大批各个领域的精英人才。这是一种优异的素质教育，是以理念指导实践，又以实践印证理念的过程。联系我所从事的职业教育事业，怎样使我们的学生学有所长、学有所用、学有所得，更能从中获得诸多借鉴。

一、博爱，是开启学生心灵的钥匙

博爱，是刘彭芝校长教育理念的核心，也是人大附中素质教育的精髓。正如刘彭芝校长所言："爱是教育的最高境界。爱学生，就是爱未来。"博爱，在素质教育中起着统领作用，是主旨，是灵魂。孔孟之道，讲求"人不独亲其亲、不独子其子"，"幼吾幼以及人之幼"，说的就是推己及人的博爱精神。博爱是大爱，是面向人人所施与的爱。它没有贫富差异，没有好坏之分，它只知奉献，不求索取。它是开启学生心灵的一把钥匙，在学生心里播撒爱的种子。爱我们的学生，让我们的学生感受到爱，学生才会爱父母，爱老师，甚而爱他人。都说教师是太阳底下最光辉的职业，正因为教师是塑造爱的心灵的人。"爱是自然流溢的奉献"，作为一名教育工作者，唯需常怀一颗博爱之心，才能真正投入到培育人的事业中去，才能真正体现作为一个师者的人生价值。

二、德育，是学生树魂立根的基石

在人大附中的素质教育中，道德教育是贯穿全过程的。人大附中以培养全面发展的高素质人才为目标，始终坚持把德育放在学校一切工作的首位，以培育高尚品德为首要任务，充分体现了“师道”的根本。所谓“师者，所以传道授业解惑也”，其中尤以“传道”为第一要务。教师被视为人类灵魂的工程师，正因为德育的对象是学生，而主体是教师。我们培养什么样的人，关键在于教师。事实上，“传道、授业、解惑”三者是密不可分的。正如人大附中所实践的，教师在传道中授业解惑，在授业中传道解惑。学生通过教师的教化和自主的活动，树立了正确的世界观、人生观和社会主义核心价值观，在思想上、心灵上、情感上对各种困惑涣然冰释，达到“学以美身”，化理性为德性，化诗性为德性的目的，从而潜移默化、自然而然地坚定了理想信念，培养了社会责任感，实现了知行合一。

三、创造，是发掘学生不竭潜力的动力

创造教育是人大附中素质教育的根本途径。人大附中通过创造教育这种方法，培养学生的创造精神和创造能力，使学生得到终身学习和实际工作、发展的能力。这种创造教育面向全体学生，实施开放式教育；又针对不同特点学生的需要，开展特殊教育、分层教学；同时改善教学评价方法，增加对学生创造性工作成果的评价。这些都可以说是对素质教育的一种创新，尤其创建“三高足球基地”体教结合教育模式、超常教育模式和艺术教育模式，既培育了一大批高素质的特殊人才，也锻炼了整个教师团队，可谓相辅相成、相得益彰，这就是“教学相长”的道理。学生在受教育的过程中不断成长，他们内在的潜力是无穷的，这就需要我们的教师有善于发掘的眼光，有循循善诱的能力。从这一点来说，教师的事业也是一种创造性的事业。教师创造的不一定是全面发展的人，但必须是品格高尚、对社会有用的人。而创造教育，正孕育了创造未来世界的人，这却正好与刘彭芝校长“尊重个性，挖掘潜力”的教育理念相契合。

(2009.8)

有感于人大附中的“五种精神”

如果说参加上海市卓越校长第一次培训使我走进了人大附中的话，那么这个暑期的第二次培训，才使我真正走近了人大附中。培训期间，我接受了导师刘彭芝校长教育理论的系列辅导，聆听了原文化部长王蒙、原外交部长李肇星等专家学者的精彩报告，目睹了航天员杨利伟英雄团队的风采，领略了人大附中先进的治校理念和创新的办学模式，不仅使我受益匪浅，更使我受到极大的教育。我不由感慨万千：教育竟至有如此广度和深度，不仅给予广大学生成长发展的广阔空间，更锻造出一大批各个领域的精英人才，这才是真正意义上优异的素质教育。我又不由产生了深深的思考：是什么使人大附中具有这样超常的吸引力，能够凝聚一支全国最优秀的教学团队？我作为一名职业教育工作者，如何能够增强职业教育的吸引力，努力为经济社会的发展培养更多的优秀人才？随着对人大附中了解的日渐深入，我深深体会到人大附中所取得的辉煌成就，得益于刘彭芝校长的人格魅力，得益于她和她的团队所创造的“五种精神”。

一、情系祖国胸怀大爱的精神

学校之于校长，正如画之于画家、诗之于诗人、舵之于水手，二者紧紧相连，密不可分。一所学校的优劣往往取决于校长的办学理念。刘彭芝把“校长”定义为一个“领跑人”，校长就是那个领着全校教职员工和一茬又一茬的孩子不停奔跑的人，校长的办学理念、心智情感、人生价值就在永不停歇地奔跑中得以体现。人大附中能够跻身世界一流中学的行列，作为一校之长的刘彭芝是起主导作用的，因为“奔跑”的过程，正是理念指导实践的过程，刘校长所秉持的创新教育理念，应用于实践，结出了累累硕果，反之她又以亲身的实践印证了其办学理念的正确性。

在刘彭芝校长的“领跑”下，人大附中倡导“尊重个性，挖掘潜力”的办学理念，其根本在于“一切为了学生的发展，一切为了祖国的腾飞，一切为了人类的进步”。正因为有了这样立意高远的目标，才能使人站得更高，跑得更远，视野更宽阔。教育的最终目标是培养对社会有用的人才，然而什么是人才？怎样的人可以称得上人才？我想，人才必须首先是一个道德高尚的人、一个情系祖国的人、一个有社会责任感的人。“十年树木，百年树人”，教育的根本宗旨正在于此。邓小平同志提出教育要面向世界、面向未来、面向现代化，其主旨亦在于此。人类社会的发展、祖国的现代化建设需要各种各样的人才，这就要求我们的教育也应该呈现多样化的色彩，既保持共性，又要尊重学生的需要，从学生自身的特点出发，突出个性，挖掘潜力。而一个人的发展往往与人类社会的发展，与国家的命运紧密相连、不可分割，因此无论我们培养怎样的人才，都必须使学生牢固树立热爱祖国、热爱人民的意识，这是成为人才的根本前提。

人大附中办学理念的内核是素质教育，而其素质教育的内核是培养大爱之精神，这也是刘彭芝教育理念的核心。正如刘彭芝校长所言：“爱是教育的最高境界。爱学生，就是爱未来。”面对来自不同家庭背景、不同社会阶层、不同品质资质的学生，人大附中以其博大的胸怀接纳了他们，使学生融入人大附中开放的校园中，享受知识带给他们的快乐，体验大爱的气息，分享成功的喜悦。对于学生，刘彭芝校长总是身体力行地谆谆教诲、循循善诱，她常常说：“教育孩子的前提是了解孩子，了解孩子的前提是尊重孩子。尊重是教育的真谛，尊重是教育改革创新的源泉。”人大附中的老师们在刘彭芝校长的带领下，视学生为孩子，视学校为家庭，视同事为手足，共同营造了爱的氛围。是的，作为一名教育工作者，唯需常怀大爱之心，才能真正投入到培育人的事业中去，才能真正休现作为一个师者的人生价值。

作为一所“国内领先，国际一流”的中学，人大附中在抓好自身建设的同时，不忘做一个“领跑人”。“爱是教育的最高境界，爱是教育者自然流溢的奉献。”刘彭芝校长不仅爱自己的学校、爱自己的师生，更将其爱的事业推广至全国。“一枝独秀不是春，万紫千红春满园”，多年来，人大附中先后与宁夏云盘山中学、河南新密中学、云南腾冲中学、四川什邡中学等建立了“手拉手，心连心”的共建关系，在北京北航附中建立了人大附中班，为北京海淀区的相关学校培养输送了一批教育骨干，推动了优质教育资源的辐射，带动了全国各省市兄弟学校共同发展。古人讲“人不独亲其亲、不独子其子”，“老吾老以及人之老，幼吾幼以及人之幼”，说的就是推己及人的大爱精神。人的内心如果没有这样的大爱，是不可能办好一所学校、教好每一个学生的。

二、团结协作无私奉献的精神

在培训的过程中，我听到的频率最高的词语是“团队”二字，我近距离感受到了刘彭芝校长的领导力。人大附中之所以能达到“国内领先，国际一流”的高度，与其和谐向上的校园文化氛围分不开，与人大附中的整个教师团队团结协作、无私奉献的精神分不开，其根本源于刘彭芝校长“激活每一个细胞”的管理理念。

党政紧密合作，使人大附中的领导层团结如一人。人大附中的党委书记王珉珠说得好：“团结是基石，它是事业成功的保障。团结是幸福，它使我们在紧张的工作中得到享受。团结是财富，它会结出心灵沟通的硕果。”刘彭芝校长与王珉珠书记正是这样一对好搭档，一个外刚内柔，一个外柔内刚，校长书记配合默契，团结如一人，把整个领导班子、整个干部队伍、整个学校的教职员工的积极性充分调动起来。人大附中的每一个教学团队都能很好地理解和贯彻刘彭芝校长的教育理念和办学思想。在人大附中的校园里，总能让人随时随地感受到那处处洋溢着的和谐奋进的校园文化氛围，就如刘彭芝校长自己所说的那样：“我一直努力着要做一个这样的校长，我要让工作在校园里的每一个人都是快乐的、充实的、幸福的。”

慧眼识人才，使人大附中造就了一支能打硬仗、胜仗的团队。刘彭芝校长曾经说过：“一个学校绝对不能藏龙卧虎，是龙就得让它腾，是虎就得让它越。”我们不难看到，刘彭芝校长的管人的理念也是超常的。她能让一个专任教师转行做实验老师而如鱼得水，她能让一个小小的炊事员最终成为电教负责人，她能让一位曾在外校担任教学副校长的新进人员担任总务主任。在人大附中，只要有益于学生的发展，有益于员工发展的事，谁都可以说了算数。刘彭芝校长就是这样一位运筹帷幄的棋手，把每一个棋子放在适当的位置，既让每一个岗位都有最适合的人，又让每个人都做适合自己的事。这是一位具有慧眼、胆识和魄力的校长。

激活每一个细胞，使人大附中人的心中充满幸福感和成就感。“事成于和谐，力生于团结”，团结的力量是无穷的，集体的智慧是无限的。为什么人大附中的学生大学毕业后仍愿意回到母校任教？为什么广大教职员工收入不高仍愿意跟着刘彭芝校长干？也许正因为刘彭芝校长做到了“事得其人，人尽其才”，才使得人大附中取得了如此辉煌的成绩，才使得人大附中的广大教职员工有了幸福感和成就感。她的团队深深理解刘彭芝校长对教育事业的执著追求，紧跟刘校长干事业。他们工作着并快乐着，在刘彭芝校长的影响下全身心投入这太阳底下最光辉的事业。有这样一支和谐的团队、敬业的团队、奉献的团队，还有什么困难是不能克服的呢？

三、解放思想改革创新的精神

与时俱进是一所好的学校所必须具备的特质。人大附中就具备这样的特质，而那也正是刘彭芝校长自身所具备的特质。刘彭芝教育理念的一大特点就是改革创新，这是基于21世纪终身学习的理念的一种创新。“21世纪基础教育最重要的使命，就是为孩子的终身学习打下良好的基础。”这是刘彭芝教育理念的重要思想。我们看到，人大附中为学生插上了理想的翅膀，创造了个性发展的空间，让学生的思维自由驰骋，任意挥洒灵性与潜能。人大附中也为广大教职员工营造了自我升值的空间,使他们有了施展才能的舞台,尽情发挥他们的创造力。

刘彭芝校长可谓是真正的改革家,她的创新教育理念使她堪称基础教育界第一个“吃螃蟹”的人。这种创新是一种与时俱进,是她始终坚持的一流的办学思想,是她始终在人大附中实践的一流的发展规划。在教育理念上,她很好地把握了继承与创新的关系,坚持两手抓,即一手抓继承性的常规教学,一手抓教学创新,又坚持两手都要硬。因为她知道,没有常规就没有稳定,没有稳定就难以创新,而没有创新教育则将失去发展的动力,教育的生命将走向枯竭。她并不认为常规与创新是一成不变的,在人大附中,实验班经常承担教育创新的任务,而当教育创新走向成熟时,教育创新则往往成为新的教育常规。人大附中的教育最注重学生的个体差异和潜能开发,从早期的分层教学到把课堂还给学生,从试验芬兰模块式教学到制定特色课程表,从强化实践教学到探索研究性学习模式,时时处处无不让创造燃起智慧之火。刘彭芝校长通过“华罗庚学校”,开辟了超常教育的绿色通道,为“尊重个性,挖掘潜力”的办学宗旨搭建了优质平台。刘彭芝校长坚持因材施教、因人而异的育人理念,面对被舆论称为“万恶”的奥数,她坚持组织参加奥数竞赛;在人大附中,有专为一个人设立的班级,也有可以不上课的学生。当那个被刘彭芝校长特许转回人大附中学习的小画家王羽熙在人大附中的操场上高呼“人大附中,我回来啦”的时候,我们不得不说是人大附中给了学生一个多彩的世界,是人大附中、是刘彭芝校长和她的团队为了学生的发展付出了一切。

刘校长曾说:“我希望孩子们将来回忆起自己的中学时代感觉是幸福的、快乐的,具有独特收获的,我希望人大附中的校园成为师生们最向往和留恋的地方。”留恋这方校园的不仅仅是学生,还有广大的教师。刘彭芝校长强调教师是人格之师、师德第一的观点,制定师德欠缺、一票否决的制度;基于名师是名校中坚的认识,倾心构建名师队伍,建设专家型教师队伍,在基础教育领域率先引进或培养博士群体,引来科技教师群;更重要的是她从终身学习的角度发展整个教师队伍,努力让学习成为教师的第一需要。她坚持加强干部队伍建设,对人才的使用不拘一格,在校内提拔副校长10人、校长助理3人,鼓励学校的保育员走进大学校门,鼓励面点师进课堂上选修课,聘请保洁工当了中层干部。这种识才、重才、惜才的用人模式,正体现了刘彭芝是个“用才”高手,她让智者能尽其谋,让勇者能竭其力,让能者能显其才,让贤者能彰其德。跟着这样的校长,怎能不使人心生愉悦?又怎能不使人产生幸福感?

四、艰苦创业坚韧不拔的精神

从人大附中的发展轨迹可见,刘彭芝校长是一个不走常规路的人。而刘彭芝校长和她的团队所付出的一切都是为了学生的发展。“让孩子们快乐地成长。能带给孩子快乐的老师是好老师,能让孩子‘从心所欲不逾矩’的学校是好学校。”刘彭芝校长就是按照这一标准来建设她理想中的学校,建设她理想中的团队的。而其艰难困苦个中滋味或许只有刘彭芝校长自己才能深深体会到。

“快乐,应该永远与成长相伴。”秉持着这样的理念,刘彭芝校长开始了艰难的跋涉。反对的声音此起彼伏,而刘彭芝校长却不为所动,坚持到底。因为她知道:“只有自由地发展,才能健康地成长,只有自由地发展,才能活跃地创造。”而一个人的健康成长,“需要宽松的环境、肥沃的土壤、自由的空气”。创造“需要心智的自主、精神的舒畅、思想的独立”。伴随着这种精神和理念,一个个超常少年脱颖而出:从艺术少年杨迪到绘画才子王羽熙,从剑桥学子肖盾到学苑怪才潘思塑,从发明之星吴天际到校园“黑客”侯晓迪,从F1未来之星程丛夫到世纪少女杨夏男,正是人大附中富有个性和创造力的教育造就了他们。

像这样的例子还有很多,例如令人不可思议的是,人大附中竟然有个“三高”足球俱乐部。这个早在1992年就成立了的“三高”足球俱乐部不仅是北京市第一家正式注册的足球俱乐部,而且恐怕也是全国唯一的一个有社会资金支持的中学足球俱乐部。对于全国教育系统而言,它至今还是一种创新模式,因为它不同于专业竞技体制下足球后备人才的培养模式。所谓“三高”是高道德水准、高文化水平、高运动水平。“三高”足球俱乐部培养的青少年是品学兼优、运动水平一流的高素质人才。为了搞好这个俱乐部,刘彭芝校长四处奔忙筹集资金,建设了“三高”足球训练基地,为一批“超常”学生创造了一流的学习训练条件。“三高”足球队也不负众望,在国际国内比赛中频频夺冠,战绩辉煌。

有人认为人大附中“三高”足球俱乐部的发展是中国足球事业的一个奇迹,也有人认为“三高模式”是培养足球后备人才的一种新模式。而追根溯源是人大附中校长刘彭芝锲而不舍、艰苦创业、追求创新的精神成就了这支球队。成功来源于梦想与追求,成功得益于不断地坚持。“不用扬鞭自奋蹄”,刘彭芝校长总是有如老黄牛般身先士卒、埋头苦干,全然不顾自己曾累得失语三次,也全然不顾自己羸弱的身体。她可以为了把会跳舞的杨夏男招进学校而承诺为她专门组建一支舞蹈队,也可以为了一个后进学生的进步而为他一个人开一个班;作为校长,她还担任了“三高”足球俱乐部理事长、中国国际象棋协会副主席、中国中学生体协足球分会主席等社会职务,只要是为了孩子。这一份坚持、坚守与坚韧,如果没有对教育事业忠诚付出的坚定信念,是不可能做到的。

五、追求卓越永争一流的精神

我常常在想,是什么使得刘彭芝校长总能在教育理念的发展上“突发奇想”,比别人早走一步、快走一步?又是什么触发了她不断创新的“灵感”?事实上,在刘彭芝还不是校长的时候,人大附中已经是一所底蕴深厚的名校了,而当刘彭芝担任校长之初提出建设“国内领先,国际一流”学校的时候,人大附中离“世界一流”的距离还差得很远。然而短短七年时间,人大附中竟得以跻身“世界一流”的行列,这是多么了不起的事情!刘彭芝担任人大附中校长之职至今12年，她带领她的团队创造了一个又一个奇迹：北京每年高考的理科、文科状元都在人大附中，素质教育硕果累累。这一切皆源自刘彭芝和她的团队追求卓越、永争一流的精神。

追求卓越、永争一流，不是口中空话或是纸上谈兵，而是需要身体力行、不断实践的过程。刘彭芝的教育理念，运用于人大附中的教育实践中，那是一种全方位的追求卓越，即教育既要培养德智体美全面发展的人才，又要关注人的发展的多样性，努力实现全面发展和充分发展的结合。只要是能为人类社会的进步和祖国的现代化建设作出贡献的，就都是人才，因此，对于人才的培养也应该是全方位的，要尊重个性、挖掘潜力，努力为学生的发展创造条件。人大附中所追求的目标之一是塑造出更多更好的未来建设者，因为没有最好，只有更好，所以这种追求才永远不可能停下脚步。刘彭芝校长就是那个永远不知疲倦，永远停不下脚步的人。

刘彭芝校长和人大附中的这种追求卓越、永争一流的精神，具体体现在刘彭芝校长对细节的追求上。“凡事都要具体，一具体就深入”，这是刘彭芝校长十分欣赏的一句话。的确，细节决定质量，为了追求“世界一流”，刘彭芝校长设定了十大目标。既然目标已经设定好了，就“咬住青山不放松，一张蓝图干到底”，坚决不动摇、不懈怠、不折腾，从软件、硬件、校园环境等全方位推进工作，每件工作都要经得起看。刘彭芝校长的关注细节还表现在她不仅言传细节的重要性，还给每位教职员工发放了《细节决定成败》这本书，使关注细节的理念深入人心，并逐步完成了全校教职员工统一思想的过程。正是“国内领先，国际一流”的目标，为人大附中今后成为百年名校，甚至千年名校，铺设了一条可持续发展的道路，这不仅仅是一所学校的传承，更是一种贵久、贵继的文化精神的传承。

结束语：翻开刘彭芝校长这本书，我不禁为其深沉隽永的内涵所深深吸引。掩“卷”而思，我又不禁感喟：教育事业正是一部博大精深的巨著，需要我不懈地去探索和实践。人生为一大事来，这件“大事”，除了我为之奋斗的教育事业，别无其他。这件“大事”关乎人的传承，关乎社会的发展，是生生不息的创新与活力。我愿像刘彭芝校长那样，为这一大事而奉献我的全部精神和力量！

（2009.8）

把自己塑造成一个对社会有用的人

金秋时节，我们又迎来了一个新的学年。在此，我代表全校师生，向2010级新生表示热烈的欢迎！你们选择进入职业院校学习，就意味着从今天起，你们将开启一段全新的人生历程。职业教育的特殊性在于它既重知识、又重技能，你们在职业院校学习，不仅要有扎实的文化基础，还要牢固掌握专业技能。你们将从这里走向社会、接触社会，在社会的大潮中磨炼意志和毅力。因此，你们要依循"重德、崇实、求精、创新"的校训，抓紧时间学习，努力学会生存、学会沟通、学会合作、学会发展，把自己塑造成一个对社会有用的人。

在此，我想对你们提三点希望。

一要努力培养自己的社会责任感。"百学须先立志"，这个"志"即社会责任感。社会责任感体现在哪里？体现在对自己、对家人、对社会、对国家都有担当。要爱祖国、爱家、爱父母，尊敬长辈。今天你们努力学习，就是对自己负责；将来你们用学得的一技之长回报父母的养育之恩，为社会创造财富，就是对家庭负责、对社会负责。因此，要常怀感恩之心，努力学习专业技能。

二要学会理解。社会的发展要求我们努力构建和谐的家庭关系、和谐的人际关系、和谐的社会关系，你们将来走上工作岗位，用人单位也要求你们具有沟通协调的能力，这些都是建立在理解和尊重的基础上的。只有理解他人，才能赢得他人的尊重；只有互相尊重，才能实现沟通，实现互帮互助。这是和谐社会的要求，也是你们作为未来的职业人应该具备的基本素质。

三要努力做到"诚信"二字。这是社会衡量人的素质的一个重要的道德标尺。所谓"言必信，行必果"，对待任何人，处理任何事情都要讲"诚信"。用人单位最看重的就是员工的诚信度，也就是对企业的忠诚与守信，这就是职业道德。讲求职业道德的一个重要的基础是对职业本身的兴趣，作为职业院校的学生，既然你们选择了一个专业，你们就要努力培养自己对这个专业的兴趣，做到爱一行、干一行，忠诚于它，坚决守住它，只有这样，才能成就一番事业。

同学们，今年恰逢中国2010上海世博会，“世博”的先进理念让我们看到，21世纪是一个科学技术日新月异的时代，未来的你们将大有用武之地。今年又逢学校五十周年校庆，五十年的积淀，学校为我国交通运输事业的发展培养了大量的精英和骨干人才，我希望你们将来也能成为其中的一员。晋朝诗人陶渊明有诗云：“盛年不再来，一日难再晨，及时宜自勉，岁月不待人。”现在的你们正如早晨八九点钟的太阳，冉冉初升，光华流溢，势不可挡，充满希望！学海无涯，要抓紧时间学习，你们的潜力是无穷尽的。只要你们把握好每一天，我相信你们的未来将会很精彩。终有一天，你们将会迎来你们人生中的盛年，到那个时候，请尽情施展你们的才华，为社会的进步、为祖国的繁荣富强贡献出你们的力量和价值，进而实现你们的人生价值。我期待这一天的到来！

最后，预祝同学们学习进步，在新学年取得新的成绩！

（本文发表于《上海教育》2010年第17期）

上海市交通学校学生心理现状案例研究

中职校学生的年龄一般在十五六岁至十八九岁，正值青春期或青年初期，这一时期是人的心理变化最激烈的时期，也是产生心理困惑、心理冲突最多的时期。近期，中科院心理研究所最新公布的我国城市居民心理健康抽样调查显示，16~18岁的青少年的心理健康水平处于最低谷，职业院校学生的心理健康水平明显偏低。

健康不仅包括身体健康，也包括心理健康。《世界卫生组织宪章》开宗明义地指出："健康不仅是没有疾病和病态，而且是一种个体在身体上、精神上、社会适应上健全安好的状态。"随着经济的发展，分工协作越来越细化，竞争日益激烈，健康的心理成为人才所必备的条件。与普高学生相比，中等职业院校的学生在面对学习、就业以及人际交往时，会遇到更多的挫折，产生更多的焦虑和困惑，出现更多的行为偏差，因而给学校教育带来很大的困难。

一、案例介绍

仇晓东，上海市交通学校06021班的一名中专生。1989年出生。2005年9月考入上海市交通学校物流专业05021班，一年后因学习成绩太差，没修完规定的学分而留级进入06021班。但他迷途知返，在各方的共同努力下，1年后获学校奖学金，3年后的2010年4月以本校第一名的成绩考入上海交通职业技术学院物流专业，成为一名高职生。变化如此之大，值得探究。

这名学生我们跟踪帮助了几年，从他身上可以看出目前很多中等职业院校学生的真实情况。该名学生来自不完整家庭，父母离异，母亲已经另行结婚，他跟父亲生活。父亲下岗，收入颇微，后来又罹患尿毒症，需要定期到医院透析，为了治病，学生父亲把房子卖了看病，两人在孩子伯父家搭一张床睡觉，经济非常拮据，孩子的学费都交不起。家庭如此让学生寡言，常沉默不语，缺少这时期的学生应有的朝气，并逐渐沉迷网络，学习成绩直线下降，常常将饭钱省下来去网吧打游戏。对老师的苦口婆心当耳旁风，一学年下来，多门功课经补考也不及格。怎么办?

对此，将该名学生纳入重点关注对象，学校各部门通力合作，“软硬兼施，赏罚分明，潜移默化，春风润物”。

(1)首先针对现状，按规定让其进入下一年级读书。同时，教务处、学生处等部门联合找学生家长谈心，经多次沟通，学生父亲表示心有余而力不足，让学生退学工作。考虑到该学生目前这样的状况，如果退学，学生很可能就毁了，弄不好还有可能走入邪道。“为了让每一只鸟都歌唱，让每一朵花都微笑”，不将问题学生推入社会，我们再找学生的母亲和继父，“动之以情，晓之以理”，其母同意将学生接到家里，给了学生一个家。家庭是学生生活的第一环境，父母是儿童青少年的第一位老师，对他们心理健康发生重要影响的因素最初就是家庭，父母间的不良关系对学生心理健康会产生极大的不良影响。

(2)帮困助学，解决后顾之忧。学校根据相关政策，为学生申请助学金，减免其学费。学校一些部门还自发地予以帮助。例如:学校的第二党支部得悉此事，主动进行帮助。支部内的党员自发捐款，结对帮困。定期有一名长期从事教育的党员与其一对一互助，从思想上、学习上、生活上予以关心。

(3)营造良好的人际交往的氛围。班主任工作细致入微，安排一些积极要求上进的学生主动与他交往，通过学生间的亲密接触，从正面进行引导，学校艺术节、运动会等大型活动主动邀请他参与节目。学校也定期进行电话联络和上门家访。

在几方面的共同帮助下，仇晓东逐渐转变了，穿的衣服越来越干净，人越来越融入集体，网吧越去越少，学习成绩越来越好。一年后，他就获得学校三等奖学金。2010 年 3 月他以高分考入高职。学生本人开心，家长舒心，学校放心。高考成绩出来后，学生家长感激不已，特意制作了三面锦旗送到学校三个部门，“育人是学校的职责”，学校几番推辞，学生家长还是留下了一面锦旗，表示真诚的谢意。

二、思考启发

从实际情况看，进入职业学校的学生大多来自“中考落第”者，学习能力不足，使得部分职业技术学校生妄自菲薄，自甘落后，严重者在学习上抱着“破罐子破摔”的思想。由于自卑心理，使他们思想处于苦闷境地，学习缺乏信心，对其他的能力也信心不足，这些严重地阻碍着他们的进步、成长。因而他们的心理问题要比同龄的其他孩子更为多发、易发，也更为复杂。所以中职生的现状概括起来就是“渴望有成功的未来，但缺乏意志力;渴望被尊重理解，当缺乏自我认识;渴望交往，但沟通能力弱;渴望取得好成绩，但学习动机弱；渴望找到满意的工作，但缺乏信心”。

2009年我校采用自编的《中职生心理困扰问卷》对581名学生进行问卷调查，在上海市交通学校随机整群抽取581名中职生进行问卷调查。剔除无效问卷及有缺失值的问卷34份，最后得到有效问卷为547份，问卷有效率为94.15%。其中男生469名，女生78名；一年级、二年级、三年级分别为169人、234人、144人；汽车专业357人，经管专业190人。被试具体的分布见表1。

被试样本的专业、年级和性别分布（人） 表1

年级	汽车		经管		总计
	男	女	男	女	
一	132	5	7	15	169
二	144	3	65	22	234
三	71	4	40	29	144
合计	347	12	112	66	581

由表1可知，我校男女生比例悬殊，这和我校的汽车维修特色专业有直接关系。不少班级全部都是男生，这种性别上的严重不平衡，可能在一定程度上影响了他们的生活表现。

由图1可知，此次参与测试的本校学生年龄从15～21岁（以周岁统计）不等。以17、18岁为主体，其中，17岁的学生人数最多。

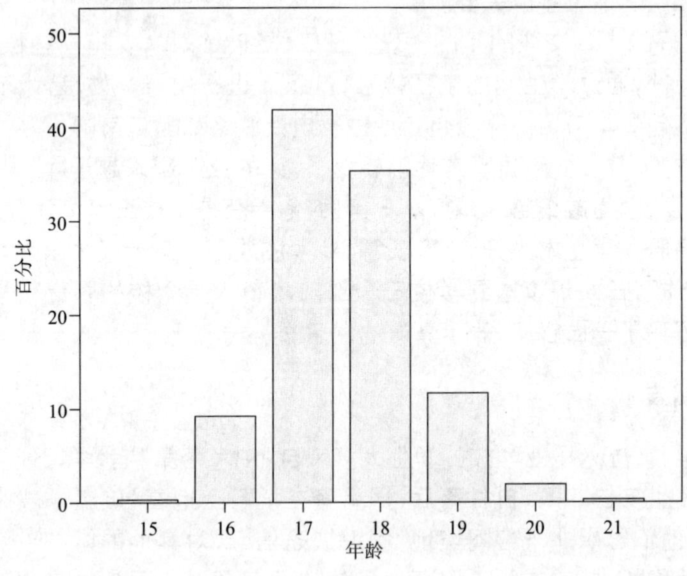

图1 三个年级的学生年龄分布图

描述性统计分析的结果发现，在我校学生中负性生活事件的实际情况确实不容忽视，因子得分从高到低排列，得分最高的是受惩罚因子。由此可见，家庭内部矛盾、被批评或处分、遭父母打骂等生活事件出现的频率以及它们对中职生影响的程度相对比较严重。表2是中职生生活事件各维度的描述统计表。

中职生生活事件各维度的描述统计 表2

维 度	平均值	标准差	项目数	项目均分
人际关系	8.62	3.09	5	15
学习压力	8.72	3.32	5	15
受惩罚	9.68	3.60	7	21
丧失	4.69	2.12	3	9
健康适应	5.37	1.97	4	12
其他	6.54	2.64	4	12

由表3可知，总体上，以性别来分，在敏感性维度上，一、二、三年级的学校男生平均分最低；在紧张性维度上，一年级和三年级的汽车专业男生得分最高，这说明刚入学以及毕业阶段，他们的紧张程度明显比二年级高；二年级阶段无论是汽车专业还是经管专业，男生在乐群性维度上的得分都最高，这说明二年级两个专业的男生普遍适应了中职生活，表现出了比较乐观友善的一面。女生在紧张性维度上则表现出不同年级的差异。汽车专业女生在一年级时紧张性维度上的得分最高，而她们到了二、三年级则在乐群性维度上得分最高。这可能和她们渐渐适应了学习生活有关。在汽车专业的班级里，女生非常少，在新生阶段，她们面临一系列的适应问题，因此表现出较高的紧张度，第二、三学年开始慢慢发现自己的优势，也对自身有了更多的认识，对自己的状况可能比较满意，和同伴的关系稳步发展；但是，经管专业的女生在一、二、三年级都表现出在紧张性维度上的得分最高，这是不容忽视的状况。经管专业班级的女生比较多，相互之间可能形成比较激烈的竞争状态，另外，其就业形势不如汽车专业乐观，在三个年级都比较容易出现担忧的心理表现。

在中职生心理困扰表现各维度上的平均分表 表3

性别	年级	专业	乐群性	敌对性	敏感性	稳定性	紧张性	家庭完整和睦
男	一	汽车	1.44	0.55	0.20	0.91	1.55	0.24
		经管	1.74	0.63	0.37	1.05	1.74	0.26
	二	汽车	1.61	0.64	0.36	1.15	1.51	0.38
		经管	1.70	0.58	0.35	1.22	1.49	0.37
	三	汽车	1.53	0.38	0.30	0.81	1.68	0.41
		经管	1.49	0.59	0.33	1.19	1.41	0.59

续上表

性别	年级	专业	乐群性	敌对性	敏感性	稳定性	紧张性	家庭完整和睦
女	一	汽车	0.40	0.00	0.20	0.60	1.40	0.20
		经管	1.80	0.40	0.33	1.00	1.93	0.27
	二	汽车	1.67	0.67	0.00	1.33	2.00	0.00
		经管	1.50	0.23	0.32	0.91	1.55	0.45
	三	汽车	2.25	1.00	0.50	0.33	0.50	0.25
		经管	1.69	0.59	0.31	1.11	1.86	0.24

同时,思想状况问卷还显示,45.6%的学生来自正常家庭,6.9%的学生来自重组家庭,17.8%的学生来自不完整的家庭,29.7%的学生来自经济比较困难的家庭,47.8%的学生显示学习动力不足,表现出更多的自伤行为、攻击行为和不自信,这些因素对他们的自我效能感产生了一定的负面影响,表现出比较明显的心理困扰。

三、反思实践

根据2009年我校对学生家庭情况的初步调查,数据结果表明,学生来自不完整家庭的比例比较大。这个年龄段学生的情绪情感表现比较复杂,部分学生和家长的关系不理想,学生中因与家长起冲突而离家出走到同学家住的现象并不少见。学生中睡眠质量差的也不在少数,自信心低,情感比较脆弱,适应问题比较明显。反思对仇晓东的跟踪帮助,感触颇深。

(1)情感是最好的教育。罗杰斯说的:"真诚是人民交流的基础,也是人民友好的前提。"我们在对学生进行心理辅导和人格教育时,前提就是情感,要用真情去打开学生的心扉。要认真分析学生的具体情况,注重情感教育,枯燥无味的说教难以激发情感,那只能让学生感觉味同嚼蜡。然而,学生需要陶冶,在晓之以理的基础上,进行动之以情的教育,那样我们的情感教育才会打动人心。真诚理解是尊重的具体表现,对"真诚"可理解为老师在学生面前不摆架子,不故作姿态,不自以为是。对学生提出的各种疑问,教师能回答多少是多少,能帮多少是多少,不会为维护教师的面子不懂装懂,或强加于人。真正的教育,要求我们以真实的人来与学生交往。

(2)捕捉教育时机,弥补缺失的爱。著名的教育家苏霍姆林斯基说过:"在每个孩子心中最隐秘的一角,都有一根独特的琴弦,拨动它就会发出特有的音响,要使孩子的心同我们讲的话发生共鸣,我们自身就需要同孩子的心弦对准音调。"只有善于捕捉教育时机,随时让自己的心对准孩子的心弦,才能真正达到教育孩子的目的。由于中等职业学校学生发育尚未成熟，情绪不太稳定，遇到挫折时常常出现错误的应对方式。应为他们创设合理发泄的渠道，防止不正当的发泄，避免可能引起的不良后果。

（3）逆水推舟，进行反向心理诱导。心理学家詹姆斯·鲁滨孙说过："人都有逆反心理，如果对他的欲望禁止得越严厉，他实现的欲望和信念就越强。"逆反心理是与事物发展常理背道而驰的一种心理状态。表现为你不准他做的事情，他偏要去做；你要他这样，他偏要那样；你越禁止，他越感兴趣。事事顶牛，以反其道而行之来显示自己的独立不羁，表现自己的个性价值。逆反心理在部分学生身上表现较外露，在中等职业技术学校学生身上表现更为突出。究其原因是由于进入职业技术学校感到现实并非理想，认为父母、家庭、老师、学校甚至社会有负于他，于是产生"负我感"，觉得这也不顺眼，那也看不惯。也由于学校某些教学设施条件不足，或一些教师教育方法、言行举止的失当及社会不正之风的负面影响，也导致部分中专学生产生了逆反心理。

逆水行舟的教育方法，就是这样巧妙地利用学生客观存在的逆反心理，进行反向的心理诱导，从相反的角度引导学生自己教育自己。注意养成教育，培养学生良好的学习、生活、行为习惯。中等职业学校学生的自理性、自制性都还不够成熟，许多心理障碍表现都与不良的行为习惯有关。因此，对其进行调节时特别要注意行为习惯的训练，用严格的纪律制度规范其行为，帮助其一步步改正不良行为，养成良好习惯。

（4）淡化被动受教，培养良好人际关系。良好的人际关系是培养学生良好心理素质的必要环境因素，这不仅可以满足学生交往的需要，发展他们的友谊，而且能够培养他们的同情和合作精神。人际关系网络主要是由三个维度构成的，即与家长的关系，与老师的关系，与同学、朋友的关系。中职学生人际关系好坏不仅标志着学生心理上的成熟度，而且与学生的学习成绩和行为规范有密切的关系。中等职业学校学生来源复杂，大部分学生行为规范上不足，在学习生活等方面自主能力较差。因此，应特别注意帮助其形成自主能力，侧重于引导、鼓励，多发现他们的闪光点，帮助他们在分析问题的基础上自己找到解决问题的对策。对于各种有心理问题的学生应吸引他们参加各种集体活动，增加他们与同学友好交往的机会。融洽、和谐的师生关系也有利于他们发展朝气蓬勃、积极向上的健康情绪和乐观性格。

（2010.10）

德育为先 能力为道

“为了每一个学生的终身发展”，上海市交通学校始终坚持“重德、崇实、求精、创新”校训，铸“传承创新、专心致志、包容合作、追求卓越”校园文化精神之魂，以培养学生全面发展、个性发展、技能发展为根本，以提高教师队伍素质为重点，构建校内、校外、学生实习期间全员、全程、全方位大德育工作体系。

一、德育工作理念

1. 建开放校园，重德强技

树立“人人都会发展，人人都能成功”的理念，打破学校内外部围墙，引名企进校园，融专业入社会，加强校企合作，加强与街道、社区联动。注重专业建设中的德育融合，学校与社会齐抓共管；教会学生首任岗位的知识，发展岗位的基础，迁移岗位的能力；培育学生坚定理想信念，牢固树立企业文化理念，具备基本道德素养，吃苦耐劳、爱岗敬业的职业道德，过硬的专业技能，为学生终身发展夯实基础。

2. 建绿色校园，优德养人

优化育人环境，建设净化、绿化、美化、人性化校园。赋予校园一草一木“能说会道”的功能，实显 HES 健康、环保、安全理念。学生身心健康，热爱劳动，养成良好的卫生习惯和勤俭节约的生活习惯，养成保护环境的自觉意识，能与环境和谐相处。学校教学秩序稳定有序，人、财、物流动有安全保障。

3. 建人文校园，厚德载物

围绕“以学立德，以学求能，以学长智”的主题，培育德能兼备、站得好、站得稳的“人”。广泛开展校园主题活动、第二课堂、社团活动，培养学生职业核心能力。它包含职业社会能力，即与人交流、与人合作、解决问题的能力，和职业方法能力，即自我学习、信息处理、数字应用能力。学生的德行、学识、创新意识等综合素养在潜移默化中受到熏陶，智慧、能力不断提升。

二、六种育人模式

1. 项目引领

校园主题活动以读书节、艺术节、体育节、技能节、社团文化节 5 大活动项目为引领贯穿全年，学生参与度达到 100%。读书节活动每年一个主题，如专业学习、健康生活、和谐校园等，开展主题演讲、征文、讲座等活动，至今已举办 6 届。艺术节、社团文化节分别开展“班班有歌声”、“综艺晚会”、社团文化展演等活动，展示学生才艺、能力，以及 20 个社团的活动成果。体育节举办各类体育竞赛，形成强身健体的热潮。技能节设置英语口语、普通话诵读、硬笔书法等基础类项目和汽车、物流等专业技能项目竞赛、表演环节，不仅检验学生学习成果，也为用人单位选聘人才搭建平台。

2. 聚焦问题

面对德育工作中的难点问题，学校组织力量集中调研，发挥集体智慧，寻找解决办法。如学生到企业顶岗实习，如何做好信息跟踪，提高实习质量，一直是一个难题。学校为此走访多家企业，调研学生实习情况，建立“校企合作班学生信息追踪系统”，对学生走出校门，到企业顶岗实习进行跟踪，完善了毕业班学生实习管理制度，进一步提升管理水平。该系统申报上海市中职校职业指导与就业特色工作项目，并通过验收（全市仅 10 所学校）。

3. 双重教育

在推行“订单式”校企合作人才培养模式过程中，学校将企业德育文化渗透到实训岗位，使企业岗位培训端口前移，实施学校讲师和企业师傅双重教育，学校教学和企业教学两个课堂，学校标准课程和项目特色课程双向结合，有意识地将企业文化融合渗透在日常教育教学中，按照企业“5S”管理模式，即整理、整顿、清扫、清洁、素养，在实习实训中对学生进行教育，学生对所学课程感兴趣，企业文化理念意识增强，教育教学收到良好效果。

4. 以大带小

学校利用中、高职同处一个校园的优势，实行高职带中职的教育模式，在中专各班配备两名高职学生辅导员，协助班主任管理班级。高职学生与中职学生年龄差距小，共同语言多，大部分高职学生来自中职校，与中职学生有共同的学习经历，相近的兴趣爱好，哥哥姐姐带弟弟妹妹，现身说法，教育帮扶，对中职学生立志树德，端正学习态度，心理健康成长起到积极的推动作用。

5. 一门式服务

学校遵循"学生为本、服务为先"的原则,进一步强化管理育人、服务育人理念,在上海中职校中建立首家学生事务中心。学生事务中心突出学生在学校的主体地位,提供教育管理、帮困助学、招生咨询、就业指导、技能培训、继续教育等一站式管理、一门式服务,切实解决学生从进校到离校包括顶岗实习期间的学习、工作、生活中存在的困难,打造全新学生服务平台。

6. 各方协作

德育工作全员育人,不仅校内全员发动,每一个教职员工都是德育工作者,还延伸到校外,与社会、家庭联动,共同做好育人工作。在校内,广大教职员工一岗双责,既有自己的分工职责,又赋予德育职能,德育工作落实到校园的每一个角落。在校外,学校与街道社区建立合作共建关系,组织志愿者队伍,定期到敬老院、幼儿园开展服务活动,引导学生在助老扶弱中完善人格,感悟人生。同时,建立校外辅导员制度,分别邀请全国劳模吴尔愉等 3 人、企业资深技术人员、顶岗实习带教师傅、学校优秀毕业生担任校外辅导员,对学生进行理想信念、职业道德、企业文化等方面的教育,使学生从中受教,获得人生的启迪。

三、主要举措

1. 制度创新

学校作为上海交通物流职业教育集团发起单位之一,充分利用职教集团优势,开展与集团成员单位的广泛合作。职教集团内部有学校、有企业,学校利用职教集团这一平台,与企业建立更紧密合作关系,学校聘请集团内企业人员担任兼职教师、校外辅导员,德育工作渗透其中,使学生了解企业文化,毕业班学生顶岗实习、学生就业等都能做到深度合作、资源共享。职教集团成立 5 年来,连续举办五届主题为"心系物流天地,放飞青春梦想"集团内职业院校毕业生大型招聘会,每年有近百家用人单位参加,提供岗位 1000 多个,集团内中高职院校近 3000 人次参加活动。

2. 经费保障

学校每年按照学费收入的 3% 拨款,专门用于"奖贷助减"等学生帮困助学;设立优秀班主任奖励经费;动员企业在学校设立奖学金,如永达奖学金、云峰奖学金等,鼓励学生努力学习,积极进取。据统计,学生帮困助学项目有上海市奖学金、校内奖学金、学生参加各类竞赛奖金、勤工俭学、学费减免、补贴等,每年受惠学生数达到 2500 余人次,涉及费用 200 余万元。此外,学校发动各党支部每学期帮扶 1 名特困学生,全年共有 14 名特困难学生获得资助,资助金额为 14000 元。

3. 质量监控

建立 ISO 质量管理体系,对学生教育教学全过程进行监控。学生管理制度完善,对学生出勤、早操、课堂纪律、课间休息、行为规范等作出具体规定。建立一支巡视队伍，对各班出勤、出操情况进行打分，掌握课堂教学情况，及时纠正学生行为偏差。专门开设学习班，对行为偏差较为严重的后进学生进行纪律、行为规范教育，指定教师和优秀学生帮教，使之在较短时间内有所改善，并持之以恒，不断进步。

4. 评价激励

学校建立灵活、多元的评价机制，对优秀班主任、优秀学生给予表彰。每年召开德育工作年会，表彰先进，交流德育工作经验。每学期对班主任工作进行评价，由学生部门、任课教师、学生对班主任工作进行打分、评优、奖励。每年组织班主任参加上海市的相关培训，将班主任德育论文和部分案例汇编成两本德育论文集。积极申报学生上海市教学金、上海市三好学生、优秀学生干部等；校内奖学金奖励全面发展的优秀学生、成绩优秀的学生；鼓励学生发挥特长，对于在市级以及全国各类竞赛中获奖的学生给予奖励，并授予优秀毕业生称号。

四、成效特色

1. 建立企业专家工作室机制

2012 年 11 月 9 日，学校举行陶巍专家工作室签约揭牌仪式暨“人与车的沟通”主题报告会，特邀全国权威汽修专家陶巍为汽车专业建设发展、学生德育工作改革创新等出谋划策。学校教职员工、汽车专业学生约 450 人参加此次活动。陶巍是上海幼狮高级轿车修理有限公司总经理、上海交通大学等高校高级顾问及兼职教授、上海市劳模、优秀技师，汽修界唯一享受国务院特殊津贴者。“陶巍专家工作室”以研究探讨汽车专业发展动态，把脉汽车专业人才培养方案为主题，专家陶巍不定期到教学现场诊断专业教师教学、学生实验实训质量，与专业教师研讨、交流教学方法，与学生互动，为学生职业生涯发展提供指导帮助。

2. 建立中职“易班”平台

随着大数据时代的到来，德育教育已经不仅仅依靠课堂教育。2012 年 12 月 21 日，学校举行易班建设启动仪式，正式进入易班这个公共平台，了解学生思想动态。加强网上与学生的沟通交流。打造学生绿色上网空间，开展网络德育工作，力争做到德育工作在三个空间即课堂第一空间、校外第二空间、网络第三空间全覆盖。学校在 2012 级新生中开展试点工作，目前注册人数 358 人，注册率为 90%。

3. 建立慈善育人的物资助学平台

学校积极培育慈善文化理念。建立慈善爱心屋，营造慈善文化，培育学生慈善意识、感恩意识。慈善爱心屋存有学习生活物资 4000 余件，能满足困难学生的学习生活需要。积极开展慈善义工小分队活动，定期组织学生义工参与校内外各类慈善活动。组织学生参加上海市“蓝天下的至爱”等社会慈善活动，接受上海慈善义工总队指导。组织开展纪念“世界红十字日”系列活动，和以“阳光在社区、慈善任我行”为主题的志愿者服务项目。

4. 办学档次、学生素质稳步提升

学校是上海市文明单位、上海市职业教育先进单位、上海市安全文明校园、上海市首批“课程教材改革特色实验学校”、上海市中等职业学校职业指导与就业服务先进集体、上海市中小学行为规范示范校、上海市心理辅导实验学校、上海市艺术教育特色学校。2012年，学校被教育部批准为第三批“国家中等职业教育改革发展示范学校建设”单位，被国家人力资源和社会保障部批准为第42届世界技能大赛汽车喷漆中国集训基地，被评为“全国中等职业学校优秀网站”。

学校学生就业率稳定在98%以上。学生在全国历届中职技能大赛、上海市“星光计划”中职技能大赛、上海市中职“璀璨星光”校园文化节、上海市阳光体育节等比赛中屡屡摘金夺银，学校获得优秀组织奖。“全国汽车技能大赛赛前欧文·亚龙式无领导小组”被上海市学生心理健康教育发展中心评为“中职心理健康教育活动月”特色项目。2010年9月，学校作为唯一中职校组队参加第4届本田中国节油车竞技大赛。百余支参赛队中包括同济大学、北京理工大学等国内外著名大学参赛车队，学校获得第30名。目前学校已连续参加三届比赛，赛车核心技术改造均由我校师生自己完成。

五、实践反思

(1)教育设施建设有待进一步加强。学生活动场所仍不够充分，需抓紧建设完善，让学生有足够多的空间学习活动。

(2)教师队伍结构有待进一步优化。做好德育工作，教师首先要从教练员转变为陪练员，融入学生群体，愿意陪学生成长。同时，建设一支经验丰富、责任心强的骨干教师队伍，需付出更大努力。

(3)全员育人机制有待进一步深化。教职员工人人都是教育工作者，人人都是行为规范示范者。教育工作者不仅要做好传授知识的工作，更要成为学生的人生导师，引导他们做好人生规划。

(2013.3)

校企合作与集团化办学篇

→ 探析职业院校校企合作的角色与功能

→ 校企合作办学是职业院校和谐发展的必由之路

→ 走校企合作紧密型职教集团发展之路

→ 高职“订单式”校企合作高技能人才培养的实践探索

→ 立足交运　面向行业　构筑服务集团科技创新高技能人才培育基地

→ 高职集团化办学初探

→ 组建上海交通物流职教集团可行性研究

→ 深化改革　三破“围墙”

→ 积极探索职教集团建设的可持续发展之路

→ 上海职教集团化办学的实践及相关问题思考

→ 现代职业教育体系构建赋予集团化办学内涵建设的思考

探析职业院校校企合作的角色与功能

当前我国就业和经济发展正面临两大变化,社会劳动力就业需要加强技能培训,产业结构优化升级需要培养更多的高级技工。国民经济的各行各业迫切需要数以千万计的高技能人才和数以亿计的高素质劳动者。《国务院关于大力发展职业教育的决定》进一步明确了中国特色职业教育的发展方向,明确了职业院校今后的任务。

职业院校肩负着为社会培养高技能人才和高素质劳动者的重任,其自身的生存与发展则成为我们所面临的首要课题。我院在五年的办学中深深体会到:引名企进校园,融专业入社会,产学研结合是职业院校生存发展的必由之路。职业院校要更充分地发挥社会服务功能,就必须与企业紧密合作,积极推进体制机制创新,建立不可替代的特色,保持高水准的人才培养工作水平。

一、校企合作是优势互补与资源共享的桥梁

当今应用技术人才的短缺已成为企业发展滞后的原因之一,员工继续教育培训场所和师资的匮乏成为企业发展的又一个瓶颈。企业拥有先进的生产设备,却没有很好的人才去使用和管理,人才问题已经成为企业面临的棘手问题。许多企业表示要与学院合作办学,学院也需要与企业加强互动,以及时了解行业企业的发展动向,率先掌握专业领域的新技术,保持专业建设的前瞻性。企业是新技术、新设备的创造者和使用者,这是企业的优势,也是学院所需要的资源。学院有丰富的教学资源为企业提供人才的支持与服务,这是学院的优势。校企合作成为学院与企业优势互补、资源共享的桥梁。

五年来,学院在办学中牢牢把握"依托行业办学"的宗旨,把专业建设作为学院发展立校之本,努力打造现代综合交通专业品牌,开辟了一条"破围墙,办高职"的优势互补、

资源共享的综合大交通联合办学创新之路，建立了不可替代的特色。学院现设21个专业，已形成“汽车运用、港口业务、航空运输、轨道交通”四大类专业体系，其中“汽车运用技术”与“集装箱运输管理”专业为国家级教改示范专业，“报关与国际货运”专业为上海市特色专业。学院依托大交通综合实力，坚持走产学研结合、校企共赢发展之路，与美国通用、日本丰田、国际货代、上港集箱、洋山深水港、东航上航、浦东机场、轨道交通等一系列大企业开展联合办学，在“做优、做精、做活、做大”上做文章，以优质的管理、精良的软硬件装备、灵活的办学体制和机制，主动适应和服务于学习型社会、开放型市场的需要。

学院五年共自筹近7000万元资金投入教学基础设施、教学实训装备的建设与改造、精品课程与教材的开发、教育教学模式的改革，并以终身教育的理念为先导，面向社会和行业企业，广泛开展员工继续教育培训、职业培训和技能鉴定，努力为社会培养应用型、技能型紧缺人才，为再就业和农村劳动力转移培训贡献力量。校企之间的互补与共享，使学院的办学优势凸显出来，教育教学资源的丰富度成倍增长。企业可优先挑选和录用学院的优秀毕业生，学院有宽厚的行业背景支撑，形成初、中、高级职业教育相衔接，覆盖面和辐射面较宽的现代职业教育培训体系，初具职教集团雏形。

二、校企合作是课程体系衔接与教材整合的平台

课程与教材改革是专业内涵建设的核心。为充分体现“创新”二字，学院与企业共同建立产学研长效机制，积极探索与尝试校企合作办学新方法，建立新的互动教学模式。

首先，积极推动企业共同参与专业课程改革。针对交通行业高新技术的快速发展，学院积极开展校企合作办学，在“汽车运用技术”、“航空乘务”等专业全面实施订单式、模块式人才培养模式，为企业“量身定做”人才。学院与日本丰田汽车有限公司合作开展T－TEP教育，每年在毕业班中设立“丰田班”，进行强化训练，许多毕业生已成为丰田公司的技术骨干；与上海云峰集团、上海瑞宝重车有限公司、新加坡新宇航空公司等企业合作，由企业提供高额奖励基金，用于表彰取得突出成绩的师生。2005年2月，学院与上海通用汽车有限公司及其经销商三方合作，开展ASEP教育培训项目，成为全国首家与上海通用开展这一教育合作项目的院校。各专门化班的教学模式和内容完全按照市场化需求，由校企双方共同讨论审定教学计划、大纲实施标准，采取课堂教学与实训相结合、应知与应会考试相结合的模块式教学方法，学生通过专业强化训练，经应知应会考试，由校企双方组成的专家委员会考核通过后领取岗位资格证书，并被企业直接录用。

其次，专业教材充分体现企业生产实践过程。订单式、模块式人才培养模式对校本教材的开发提出了新的更高的要求。如汽车专业丰田、通用等专门化班的教学特点是针对性强、更贴近生产实际，丰田、通用等公司有自编的培训教材提供给学院，且每年提供最新的汽车资料，学院根据专门化班、模块式教学的特点和实际需要加以整合，编写出针对性更强、更适用的校本教材。教材兼顾共性与个性，注重理论与实践教学的有机结合，

进一步强化实践技能训练，更贴近就业岗位群与现代化企业生产的实际需要，使学生学到的知识和技能与企业生产实践实现无缝对接，学生就业后能快速适应社会及行业企业的发展变化。目前，学院已形成由文字教材、电子教材、网络课件、试题库、系列参考书和辅助教材等构成的立体化教材体系。

三、校企合作是人才培养目标针对性与有效性的纽带

检验职业院校办学水平的标准是看我们的学生被社会所接受的广度、受企业欢迎的程度和适应企业发展变化的速度。学院大力宣传“人人都能发展，人人都会成功”的理念，加强职业道德教育，努力让教材和教法更能贴近学生，让知识和技能更能满足市场需求，让学生素质更能适应社会发展。学院每年做大量的市场调查，及时了解企业的需求和新技术发展进程，修订调整专业计划、标准、专业设置。针对市场急需汽车营销人员和汽车涂装人员的现状，率先开设“汽车保险与理赔”、“口岸物流”、“外轮理货与港口业务”等专业，学生尚未毕业，企业已预订一空。

为适应行业企业需求，进一步加强人才培养的针对性和有效性，学院大力推行双证书和多证书制度，促进对学生一专多能的培养。建立了由校企双方组成的专家指导委员会和教学顾问团，共同承担课程标准、教学模式的设计、开发，课程设置突出以能力为本位，编制了一套培养学生适应多个岗位能力的专业教学计划，广泛开设新技术课程。课程以基本专业能力模块构成学习平台，拓宽专业能力模块，学生可根据自身能力和需要灵活选择模块组合，每一模块均包含应知和应会知识，学生通过学习具备了适应多个工作岗位的能力，毕业时既有毕业证书，又持有职业资格证书。凡获三级职业资格证书者必须在企业工作1~2年后，经企业老总认可其工作能力后才予发放。不合格者，学院免费提供再培训、考试，直至其合格。五年来毕业生双证达标率逐年提高，05届毕业生达到90%以上，其中汽车专业毕业生100%取得职业资格证书。

生产实习是职业教育的一个十分重要的环节，学院将实习与就业直接挂钩，加强对学生职业能力的培养。一方面通过每年举办“技能节”，让毕业班学生充分展示多方面技能，邀请企业老总现场观摩，使学生有机会与企业老总面对面；学院借此契机召开用人单位恳谈会，听取意见和建议，把企业的需求融入实际教学。学院还通过就业后跟踪调查的反馈信息，进一步修订完善专业培养目标和内容。另一方面，与相关企业签订了合作共建协议，建立了由500多家单位组成的就业推荐网络，一年几十场的人才招聘会给学生提供了更多的就业机会；设立了60余个校外实训基地，学生到企业实习，由校企共同管理。学生实习时即与用人单位达成用工意向，并利用实习进一步巩固所学，用人单位则加以悉心指导。学生熟悉了实际工作环境，缩短了上岗适应期，用人单位通过考查学生实际能力决定留用与否。学生实习返校后，学院针对学生实习中遇到的实际问题及企业的实际情况，进一步强化专业知识和能力培训。这样实习效果好，就业成功率高，受到

了学生和用人单位的广泛欢迎。近几年学院的就业率保持在95%以上。

四、校企合作是企业与院校双赢的绿色通道

加强校企间紧密合作与互动交流，有力提升了学院基础能力水平和人才培养水平，使学院的办学取得了显著成效，使企业能够获得他们所需要的人才，切实架构起校企之间双赢的无障碍的绿色通道。

首先，建立校企合作培养师资新模式，提高教师产学研能力。职业院校的办学需要更多既通理论，又精于动手的双师型教师。学院与企业合作开展教师继续教育培训，加快加大双师型教师培养的速度和力度，并在启用兼职教师方面大胆改革创新，建立了一支熟悉行业发展动态、具有丰富实践经验的兼职教师队伍，实现了师资与人才的交流与流动。学院将专任教师定期下企业调研、轮训纳入专任教师常规考核指标体系，聘请占专任教师20%的企业资深人士担任学院客座教授。在举办丰田、通用汽车等专门化班的过程中，学院开辟了校企合作开展专业理论教学的新路。专任教师边上课、边到企业参加新知识培训，企业派遣培训专员直接参与教学。专任教师及时了解行业发展的最新变化、最新技术和企业对学生职业能力的要求，继而思考通过什么途径使学生快速适应这种变化，教师不仅自觉主动地加强了知识更新，学生通过耳闻目睹，对所学专业有了更为感性的认识。目前，学院双师型教师已达到61.15%，每年还选送多名有发展潜质的教师赴国外进修。专业教师能普遍实施现场教学，形成了理论教师能指导实习，实习教师能讲理论的良性循环的教学体系。

其次，积极推进校企合作共建新实训中心，实现学院实训场所与企业实际工作环境的“零距离”。学院尽可能为学生创造良好的专业学习条件。一方面，自筹大量资金持续投入基础设施和专业教学装备的现代化建设。“汽车运用技术”专业实训中心面积拓展至4000m^2，已形成日本丰田、美国通用、德国大众三个车系的完备的实训体系，并基本与现代化汽车企业的发展保持同步。物流实训中心能模拟物流公司的运作流程，实现仿真操作。另一方面，学院校内实训中心的设备，有一部分来自企业的资助，如日本丰田、上海通用、上海幼狮高级轿车维修总厂等企业每年均提供学院最新的实习实训装备。学院与美国PPG庞贝捷漆油贸易（上海）有限公司合作建立了400m^2的汽车涂装实训中心，由该公司提供免费的师资培训和涂装中心培训用漆，为汽车涂装专业学生的实训创造了良好的条件。与上海交运物流、蓝霸汽配超市连锁有限公司、大田一联邦快递有限公司、中英合资金鹰国际货贷上海分公司等企业共建物流、国际货运代理专业实训中心。2005年11月，学院成功申报“报关与国际货运”专业高校开放实训中心项目建设。

再次，积极拓展职后培训市场，为企业员工继续教育培训提供服务。学院坚持职前与职后并举的方针，积极争取职后培训资质。学院是国家职业技能鉴定所（点）管理网络核心组成员单位、国家技能型紧缺人才（汽车运用与维修专业）培训基地、上海通用和丰

田汽车维修服务技能校企合作项目指定教学院校、国际航空协会认证(全球统考、通用)IATA/UFTAA 证书的培训机构,取得了汽车类国家职业技能鉴定所、上海市高校学生物流管理类职业技能鉴定所等资质,是上海唯一具有汽车维修技师、高级技师鉴定资质的培训考核单位。完善的职后培训和职业技能鉴定体系,能充分满足职前学历教育及职后社会人员和综合交通行业企业在职人员职业资格的培训考核鉴定的需要,并为企业员工新知识培训提供了师资和场所。学院每年成人高等教育、各级各类职业培训、考核、鉴定的人数达到 10000 人次左右。

综上所述,紧密依托企业、背靠行业、产学研结合的办学模式促进了校企双方的有效互动与合作,也使得职业院校校企合作的角色与功能充分发挥出来。学院真正建立起灵活有效的办学机制,实现了"立足交通办教育,融入市场求发展"的办学总纲,切实架构起校企之间合作共赢的桥梁。我们的学生成为市场上的"抢手货",一个有效的、充满活力的产学研机制,使学院、企业、学生三方都得益,也都满意。

(2006.6)

校企合作办学是职业院校和谐发展的必由之路

——学习十六届六中全会之心得体会

党的十六届六中全会作出了“构建社会主义和谐社会”的重大决定，明确提出党在新时期的教育方针是“坚持教育优先发展，促进教育公平”，强调“大力实施科教兴国战略和人才强国战略，建设现代国民教育体系和终身教育体系”。职业院校要全面贯彻党的教育方针，全面落实党中央、国务院《关于大力发展职业教育的决定》（以下简称“决定”）精神，就必须坚持深化教育教学改革，努力引名企进校园，融专业入社会，积极推动校企合作办学，促进校企共赢；提高教育质量，促进校园的和谐发展、广大师生的和谐发展。因此，校企合作办学是职业院校和谐发展的必由之路。

一、为什么要提出这一命题

《决定》指出：“社会要和谐，首先要发展。”和谐社会由和谐企业、和谐校园、和谐社区等社会各单元构成。这些单元作为构建和谐社会的重要元素，它们各自运转，不断为社会的和谐创造雄厚的物质基础。因此，要促进和谐，发展是硬道理。要坚定不移谋发展，在发展中提高社会生产力水平，以发展巩固和谐；要坚持用发展的办法解决前进中的问题，促进平衡、协调、可持续发展。社会发展的基石是全民素质的不断提高，教育起着至关重要的作用。职业教育作为终身教育体系的重要组成部分，是促进人的可持续发展的关键所在。

《决定》指出：“实施积极的就业政策，发展和谐的劳动关系。”职业教育的本质是“使无业者有业，使有业者乐业。”职业院校在新时期的根本任务是为各行各业培养和输送数以亿计的高素质劳动者和数以千万计的高技能人才。这就要求我们必须根据社会和行业企业的实际需要，以就业为中心，根据市场的变化来培养和锻造合格的人才。和谐的劳动关系要求广大职业院校在为行业企业做好人才储备的同时，还要为城镇新增劳动力就业、农村富余劳动力转移就业、下岗失业人员再就业创造良好的教育环境，提供适时、适需、适用的教育条件，保证国家就业政策的顺利推行。

《决定》指出："加快发展城乡职业教育和培训网络，努力使劳动者人人有知识、个个有技能。"在当今科学技术飞速发展的时代，人的知识结构与技能水平需要不断地更新和完善，职业教育成为贯穿于劳动者整个职业生涯的终身教育。因此，职业教育日益成为劳动者的需要，成为社会和行业企业的需要。职业教育的特性是必须与行业、企业的发展紧密结合，校企合作成为职业教育区别于普通教育的关键与核心所在。离开了行业和企业，离开了校企合作办学，职业教育就名存实亡。

《决定》指出："形成促进和谐人人有责、和谐社会人人共享的生动局面。"职业教育正是面向人人的教育。学校以培养高素质人才为天职，教好一名学生，振兴一个家庭，办好一所学校，造福一方人民是我们义不容辞的责任。因此，我们的办学必须坚持以人为本，一切为了学生，为了学生的一切，始终把学生的利益、行业企业的需求作为工作的出发点和落脚点；必须坚持科学发展，推进安全文明校园建设；强化教育服务职能，提高办学水平和发展质量，使学生、家长、企业、社会都满意。

二、对这一命题的几点认识

（一）校企合作办学的基本内涵

校企合作办学是一种将学习与工作紧密结合在一起的教育模式。它以就业为导向，充分利用学校内外的各种教育环境与资源，把以课堂教学为主的学校教育和直接获取实践经验的校外工作有机结合，贯穿于学生的全过程培养之中。这种教育模式的主要目的是提高学生的综合素质和就业竞争能力，提高学校教育对社会需求的适应能力。校企合作教育有别于传统的校外实习，它使学生的学习生涯与职业生涯有机衔接，学生通过校企合作办学进入市场，并学习如何面对市场进行自主选择。

校企合作办学有四个特点。一是市场性。由于它是校内学习与校外真实工作的具体结合，因此学校必然要打破围墙，融入市场，学生被真正推入市场，取得了良好的教育效果。二是现代性。教育与生产劳动相结合是现代生产力发展的必然要求，校内与校外、学校与社会、学习与工作相结合的校企合作教育，为学生的全面发展提供了极为有利的条件，学生在提高岗位适应能力的同时，也同步掌握了企业最先进的技术，实现了专业理论与技能的真正的紧密结合。三是职业性。学生在企业真实的工作场景中实现了自我教育，激发了学习热情，养成了积极的工作态度、良好的职业道德，最终顺利地走向社会，完成学习生活向职业生活的过渡。四是大众性。校企合作教育是在社会对职业教育不断提高的需求的推动下逐步形成和发展起来的，其主要表现形式是人们的生存和求职愿望，因此职业教育的大众化是满足需求的必然结果。

（二）校企合作办学的现状

然而我校的校企合作办学是否已经进入一个理想的状态了？答案是有喜有忧。

"喜"在"一个变化",即从"定单"到"订单"的转变。事实上,"定单式"培养已经是职业教育的一次重要变革,它将传统的职业教育模式从理论为主干的专业教育的"窠臼"中解放出来,从企业的实际需求出发,按照企业的要求"量身定做"人才,但仍停留在一个专业或专门化使用一个教学计划大纲的传统模式的框框里。"订单式"培养则更进一步,同样是满足企业的实际需求,学校变被动为主动,通过革命性的课程改革,将专业教育与企业岗位、岗位群需求紧密结合,实现专业教学与工作岗位的零距离对接。如学校开设的丰田班、通用班、汽车营销班等专门化班,针对不同的教学目标制定不同的教学计划大纲,实施不同的教学安排,专业特色更鲜明,教学针对性更强,能够满足各个层次的各种需要。这是职业教育从量变到质变的一次重大飞跃。企业需要什么样的人才就"预订"什么样的人才,企业、学校、学生的自主性均有不同程度的扩大。

"忧"在"二个局限"。一是校企合作的对接面不平衡。具体表现在学校采取了积极的行动,根据社会需求和市场变化,努力加强专业建设,加快课程改革步伐,而企业相对而言参与办学的积极性不够。这也反映在专业之间对接面的不平衡,具体表现在汽车专业强于经管专业,现代物流、国际货运代理专业还没有真正形成"订单式"的培养模式。二是培训对象的服务面不均衡。具体表现在职业资格鉴定的类别仍以单一的汽车类为主,教育培训项目仍以技术等级培训和上岗证培训为主,培训对象主要面向企业岗位一线的员工,对企业急需的管理层人员的教育培训缺乏有计划、有针对性的统筹安排。

校企合作办学就是要解决上述两方面的不均衡现象。职业院校要更好地发挥教育服务的社会功能,除了保质保量地完成职前学历教育任务外,绝不能忽视职后培训在当今市场经济体制下的重要地位。职前学历教育为企业培养潜在的劳动力,职后培训则为企业各个层次员工的继续教育和新知识、新技能培训提供了场所和条件。这是一个更大的市场,也是校企合作办学中的一块重要的领域。校企合作办学的根本目的是促进校企共赢,积极拓展各个层面的培训对象,因此,促进职前职后并举是职业院校需持之以恒的努力方向。

(三)当前存在的问题

要顺利推进校企合作办学,仍然存在四方面问题,即学校层面、学生层面、政府层面、企业层面。

单从学校层面来看,我们自身还有四点不足。

首先,缺乏适应校企合作办学的完整有效的运行机制。学校目前虽然有较为完善的教育管理规章制度,在具体执行过程中也具有一定的适应性和有效性,但由于延续的是传统的教育管理模式,应对校企合作办学过程中的突发情况,缺乏快速反应、及时有效解决问题的运行机制。因此,机制的创新是亟待解决的首要课题。

其次,缺乏技术业务骨干和有驾驭课堂能力的教师。校企合作办学的基本保证条件,是校企双方都配备相应的技术业务骨干直接参与人才培养。什么是技术业务骨干?其能力主要体现在"下企业能做事,进课堂能教学",即既要成为自身专业领域的技术骨干,又要在学校专业内涵建设和课程改革中发挥主体作用。然而目前我们大多数新引进的教师缺乏企业工作经历,在课堂上沿用传统的教学手段和方法已经很难适应学生的思想、素质等多方面变化。

第三,就业教育太好,创业教育和忠诚度教育不够。近五年来,学校的毕业生就业率基本保持在95%以上,这是因为我们的专业有特色,企业欢迎。从学生的就业意向来看,学生大都希望进入国有大中型企业工作,缺乏自主创业的意识。更怕吃苦,不愿从最基层的工作做起,缺乏学一行、爱一行、干一行、钻一行的精神。同时,学生在诚信、对企业的忠诚度等方面缺乏真正的自觉意识,而企业往往最看重的就是员工的这一点。

第四,缺乏校企合作对接的能量,主要体现在培训课程的开发能力。课程是学校的“产品”。随着时代的不断进步与发展,社会各单元对人才的规格和要求各不相同,如何根据社会需求、市场变化适时开发出适用、适需的课程是学校当前的首要任务。开发的课程得到企业的认同,企业放心把自己的员工交给学校来培养,校企合作就有了对接的能量。然而目前这方面我们还做得很不够,这又反过来导致了培训对象的服务面不均衡。因此,提高教师的课程开发能力是当务之急。

三、落实这一命题的工作思考

校企合作办学是构建和谐校园的重要举措。构建和谐校园就是要使教育以学生为本,让每个学生都取得成功;教学以教师为本,让校企结合成为每位教师专业发展、展现才能的舞台。因此,展望2007年的工作,我们要确立一个总体目标——积极探索校企合作办学创新之路,努力构建面向“人人”的和谐校园;围绕“三条主线”,做到“七个深化、七个坚持”。

(一)围绕“三条主线”

一是在开放的培训市场中整合职教资源。完成报关与国际货运代理专业上海市高校公共实训中心项目建设,完成现代物流、汽车运用与维修专业开放实训中心建设,在加强硬件投入的同时,同步推进软件建设,进一步提升学院的基础能力。根据上海职教工作会议决定,积极推进五项计划,加快发展职业教育的集团化和连锁化模式;打破围墙办学,积极探索走校企合作型职业教育集团之路。

二是在深化各项改革中提升办学水平。要推动课程模式转型,以就业为中心,构建任务引领型课程体系,以学生“会不会、能不能”为标准,根据岗位职业能力设置课程,实施教学。要推动教学制度转型,“定单式”培养采取“3+1”、“2.5+0.5”等模式;“订单式”培养根据不同的专门化班制定不同的教学计划大纲和相应的教学制度,实施工学交替、半工半读的模式。要推动师资队伍转型,让教师真正走进社会,走进行业企业,及时掌握第一手的专业发展资讯;制定教职员工“攀高”计划,专任教师每四年下企业挂职锻炼一个学期,建设一支专业技能水平高、驾驭课堂能力和课程开发能力强的校企合作型师资队伍。要推动教学场所转型,改革目前以学校为中心、以课堂教学为中心的教学模式。由于学生在学习期间有近一半时间在企业的实时工作场景中学习,因此如何加强班主任、辅导员队伍建设，如何加强学生管理，如何加强对外聘兼职实习指导教师的管理，都需要我们及时研究制订切实可行的解决方案。

三是在和谐校园建设中谋求可持续发展。坚持科学发展，实现经济社会全面协调可持续发展，这是《决定》提出的构建社会主义和谐社会必须遵循的原则。要推动教育与培训的均衡发展，使职前教育保证职后培训的发展，职后培训反哺于职前教育。推动专业建设的平衡发展，深化专业内涵建设，建立一体化、模块式教学模式，促进各系部、专业之间的平衡、协调发展。

（二）做到“七个深化、七个坚持”

一要深化市场意识，坚持以就业为中心的办学理念。以观念更新为先导，牢固树立市场意识，打破围墙，建立适应市场变化的新机制，在深化教育教学的各项改革中创品牌、促建设；在和谐校园的建设中促进教师、学生、学校、企业的共赢和可持续发展。

二要深化课程改革，坚持走专业内涵建设的道路。全面实施任务引领型课程体系；全面加强校本教材建设；全面加强教科研工作，力争申报上海市精品课程及国家和上海市重大课题的研究任务。

三要深化基础建设，坚持人才与器材的优化提升。以三个开放实训中心建设为契机，不断加强教学基础设施建设、专业教学装备建设；同时加强软件建设，做到软中有硬，硬中有软，建设一支素质高、业务精、能力拔尖的师资队伍。

四要深化服务意识，坚持教育与培训的均衡发展，坚持职前职后并举的方针，职后培训形成初、中、高等职业技能培训相衔接、企业广泛参与的有机结合的开放型优质教育培训体系。

五要深化校企合作，坚持走职教集团发展之路。积极构建校企共赢的合作教育平台，建立教学和就业指导有机联系的校企合作教育校内运行三级网络；积极筹建交通物流职教集团；积极组织做好就业推荐工作，保证95%以上的就业率。

六要深化“人人”意识，坚持以人为本的素质教育模式。以德育为先，加强创业教育、诚信教育、职业道德教育；以能力为本，激发学生的学习兴趣，提高学生的学习能力和职业能力；以寓教于乐的形式，促进学生全面和谐发展。

七要深化质量意识，坚持以绩效评价为核心的管理模式。强化贯标体系功能，实施以卓越绩效为核心的ISO9004版质量体系；强化人事绩效管理，建立和完善以工作绩效考核为标准的评价体系；强化民主管理体制，认真做好政务公开制度建设；强化帮困助学机制，开展“奖、贷、助、减”为主渠道的帮困助学活动；强化各项规范管理，营造健康、文明、和谐的校园氛围，争创全国安全文明校园。

（本文发表于《上海交通职业技术学院学报》2007年第2期，获中国职业技术教育学会期刊编委员会论文评选二等奖）

走校企合作紧密型职教集团发展之路

今天，我借2007中国上海(金山)"校企合作，共谋发展"国际职业教育论坛，结合上海交通物流职教集团的创建，就开展校企紧密合作这一主题谈四个观点。

第一个观点：当前校企合作的环境处于历史最好时期

(1)经济社会对人才的需求量是历史之最。随着我国经济社会的快速发展，我国国民的消费能力不断增强，私家车数量呈不断上升趋势，汽车制造业、维修业进入高速发展的轨道。上海城市综合交通事业成为上海确立国际经济、金融、贸易、航运四个中心战略目标需要优先发展、高速发展的基础性产业。到2010年，上海的海港物流、陆港物流、空港物流建设都将形成相当的数量规模，上海综合交通事业急需各类专业技能人才，人才市场呈现供不应求的局面。据上海交通发展战略数据显示，目前上海交通行业人才缺口在10万人左右，其中中高级应用型人才占23%。这为学校打破围墙，整合优质资源，创新人才培养模式，积极探索校企合作紧密型职教集团的发展道路，提供了广阔的发展空间。

(2)各级政府对职业教育的重视程度是历史之最。近两年，国务院和上海市先后召开了全国和上海市的职教工作会议，并分别作出了《大力发展职业教育的决定》。同时，"大力发展职业教育"作为国家大政方针，被写入党的"十七大"报告，并放在与基础教育、普通高等教育同等的位置上，作为党和各级政府办好人民满意的教育的重要途径之一，说明职业教育越来越受到重视和肯定。从上海市十所示范性中职校的建设到上海市中职百校重点建设，上海市政府这几年对职业教育的支持与投入都是空前的。政府出台了一系列政策，在财政上支持有特色的中职校的大力发展，为广大职业院校"培养数以亿计的高素质劳动者和数以千万计的高技能人才"奠定了良好的基础。

(3)职业教育发展后提供的基础条件是历史之最。政府相关政策的扶持使广大职业院校的办学基础能力大大提升，特别是在硬件设施建设方面的投入进一步加大。这集中体现在上海市职业教育开放实训中心的建设上，上海市教委从2005年起已先后公布了三批重点建设项目，共计75个。我校的汽车运用与维修开放实训中心和现代物流开放实训中心被列入首批34个上海市开放实训中心建设项目，目前已经通过评估验收。

(4)职业院校良好的招生势头和就业走势是历史之最。职业院校持续加强自身建设，不仅增强了学校的核心竞争能力，而且促进了招生与就业进入良性循环的轨道。由于职业院校与企业的联系相对更紧密，就业渠道也更通畅，家长和考生对职业院校的信心进一步增强，使得他们的观念也发生了转变，即报考职业院校能学得一技之长，一样能够成才，因此一些特色院校、特色专业招生火爆。据统计，2007年上海市的初中毕业生总量约为10.7万人，其中有4.27万人进入中职校学习。目前，全市中职在校生有20余万人，高职在校生有16万人。

第二个观点：校企合作的推进尚存在不少瓶颈

(1)校企合作的观念较为陈旧。社会的普遍观念仍然停留在传统模式的框架里，把校企合作看成简单的学校与企业的合作，即学校专业教育的培养目标主要是通过课堂教学，使学生牢固掌握专业理论知识；企业的任务是把学生接收下来，帮助学生通过实习，将所学的知识运用到工作实践中去。这种传统的校企合作模式割裂了学校与企业的联系，使技能型人才的培养存在理论与实践脱节的现象。

(2)校企合作的推进难以适应经济社会的变革。改革开放的进一步深入，推动了经济社会的快速发展。经济社会里的各项事业快速朝着现代化、信息化的方向发展，传统模式的校企合作已不能适应经济社会的变革，而新型校企合作模式的推进速度也还跟不上经济社会发展的速度，这就使得我们培养的人才到了企业里同样无法适应新型的企业运作模式。

(3)课程的种类太少，不能满足企业的需求。课程是学校的产品。我们服务的对象是企业和学生。传统的学校教育在课程设置方面的主观性太强，没有充分考虑到企业的实际需求和学生对新知识、新技术的求知欲望。许多专业设置陈旧，包括课程内容、培养目标、教学标准等，均不能适应和满足行业领域技术更新的要求，更不能满足企业的需求。

(4)学校教育距离企业较远，校企在人才的对接上有难度。学校的办学主要依靠政府的推动，学校与企业之间发生的关联主要来自于学生实习，此外基本不存在什么关系。校企之间缺乏合作对接的能量，主要体现在培训课程的开发能力上，因此，学校的专业教育与企业岗位和岗位群的要求存在明显脱节，致使学生所学的专业知识相对滞后，校企在人才的对接面上出现不平衡的现象。

(5)政府缺乏政策导向和动力机制,企业的积极性难以调动。企业以赢利为主要目的,往往追求短期利益,缺乏促进校企合作可持续发展的动力,对学生实习缺乏完善有效的评价体系。政府层面则缺乏推进校企合作的法律约束机制、推动企业深度参与职业教育的引导性机制和相应的校企合作的整合机构。

第三个观点:校企合作与传统的校外实习有明显的差异

(1)性质不同。校企合作教育的基本特征是体现市场属性,使学习生涯与将要进入的职业生涯两者有机衔接。学生通过校企合作教育开始走入市场,面对市场选择,开始学习如何在市场中自主选择。而在传统的实习中,学生是由学校安排到各个实习场所,具有明显的计划性,学生不可能真正体会到社会和市场的需要。

(2)目的不同。传统实习往往是课堂教学的延续,主要目的是进一步巩固课堂所学的理论知识。而校企合作教育不仅使学生学到书本知识,而且通过社会实际中的学习,充分发挥学生和用人单位在教育过程中的主体作用,从而将学校教育与社会融为一体,培养面对现实、适应社会和全面发展的个人。

(3)形式不同。组织形式上,传统实习相对集中,校企合作教育是分散安排;指导形式上,传统实习是集体辅导,校企合作教育是带教人员全过程辅导;考核形式上,传统实习是由任课教师单独考核,校企合作教育是用人单位和学校共同考核评价学生。

(4)内容不同。由于传统实习往往是课堂教学的延续,因此在实习内容上一般由学校根据课程的要求进行安排。而校企合作教育必须以用人单位的意见为主,既要考虑专业对口,又要考虑用人单位的实际需求。

(5)待遇不同。传统的校外实习往往为接收实习学生的单位带来一定的负担和开支,因此学校一般需要向实习单位支付一定的费用。而校企合作教育是校企双方的双向选择,因此学校不但不必支付实习费用,而且学生一般都能得到相应的报酬或津贴。

第四个观点:职教集团建设是推进校企合作的重要举措

组建职业教育集团是对校企相互渗透的新型合作关系的积极的探索。职业教育集团在政府"大力发展职业教育"的政策推动下应运而生,开拓了职业教育的新领域,为职业院校打破围墙,建立校企紧密合作的办学机制创造了良好机遇。职教集团的组建与否存在明显的差别:不组建,校企合作的资源很难共享,人才培养的标准很难统一,行业与企业很难积极参与,学校的服务功能很难向外拓展。一旦组建,则具有以下三大优势:

(1)确立以市场为主导的办学定位。按照专业化、品牌化、连锁化、市场化、国际化的标准,积极推进职教集团内部院校间人才培养的连锁化模式;以市场为主导,推动学校与大型知名企业合作培养人才;通过学校与行业协会之间的紧密合作,向全市众多的中小型企业辐射，创造品牌连锁效应，扩大职教集团在本地区的影响力；进一步加强同国际职业教育团体的沟通与交流，努力创造合作共赢的良好局面。

(2)建立新型的校企合作人才培养模式。职教集团能充分发挥优质职教资源的集聚功能，以专业为纽带，通过校际联合，建立统一的人才培养标准，包括统一的专业核心课程标准、统一的教学计划大纲、统一的教材等；通过校企合作，全面推进产教结合、工学交替、半工半读的人才培养模式，推动企业深度参与学校的人才培养，拓展学校为企业为社会服务的功能；通过学校与行业协会的联手，搭建高技能人才培养高地。

(3)建立校企合作的教育评价机制。职教集团将积极推动企业全程参与学校的专业内涵建设，积极探索中高职衔接的一体化管理模式。重点做好校际间同层次学分互认、不同层次专业延伸的工作，并在专业建设、核心课程建设、实践性环节教学方面实现一体化管理。职教集团将进一步完善学生下企业实习制度、专业教师下企业调研制度、企业兼职实习指导教师管理聘任制度、班主任辅导员带教制度等。建立教学与就业指导有机联系的校企合作运行网络，进一步加强企业员工继续教育培训，促进毕业生就业。

总之，职教集团的办学将为创新技能型人才培养搭建优质平台，并必将推动校企合作机制向前迈进一大步。

(2007.12)

高职“订单式”校企合作高技能人才培养的实践探索

——以上海交通职业技术学院为例

近年来，上海交通职业技术学院以“立足交通办教育，融入市场求发展”为办学理念，坚持“立足集团、背靠行业、依托企业、面向社会”的办学定位；坚持“以规范化服务学生，以特色化打造品牌，以优质化取信社会”的质量方针和“岗位绩效领先，专业优势凸显，行业特色明显，社会信誉度高”的质量目标；坚持“德育为先，能力为本，素质优良，全面发展”的育人理念，推进“订单式”校企合作高技能人才培养模式，深化“校企合作 工学结合”内涵。成功组建了上海交通物流职教集团，构筑了中高职教育贯通“立交桥”。近三年，学院毕业生的平均就业率达95 %以上，这得益于学院“订单式”校企合作高技能人才培养模式的实践探索。

一、“订单式”校企合作高技能人才培养模式产生的背景

1. 高职教育发展的趋势

2010 年 9 月全国高等职业教育改革与发展会议明确指出，下一步高职的重点是“培养生产、建设、管理、服务第一线的高素质技能型专门人才，强化学生职业技能训练，促进学生全面发展”，《上海市中长期人才发展规划纲要(2010—2020 年)》中也明确指出，上海将带动建设一支规模宏大、素质优良、结构合理、经济社会发展急需的高素质专业技术人才队伍，全面提升高技能人才队伍建设水平。这些教育方针政策高瞻远瞩地为高职教育的“订单式”校企合作高技能人才培养模式推进明确了清晰的发展

方向。

2. 产业结构调整和区域经济发展的需求

上海目前正处于经济转型期和“两个中心”(国际金融中心、国际航运中心)建设期，产业结构在不断调整，在高端的先进制造业、现代服务业，以及在基础设施和环境建设领域中展开了一系列创新之举，区域经济的发展需要大量的高技能人才。高职院校作为培养技能型人才的摇篮，“订单式”校企合作高技能人才培养模式作为针对性强、就业率高的人才培养范式应运而生。

3. 学校自身发展的需要

与企业联姻，实施“订单式”校企合作高技能人才培养，能使学校更能贴近市场，不仅使学生毕业有工作、企业发展有人才、学校办学有生源，而且还能使专业设置与企业需求协调、技能训练与岗位要求协调、培养目标与用人标准协调、破解职业院校毕业生就业难题，形成学院独有的办学特色。

二、“订单式”校企合作高技能人才培养模式产生的实践探索

1. 不同专业构建独具特色的校企合作培养模式

如汽车运用技术专业构建“三明治”订单式、汽车技术服务与营销专业构建“进阶式”订单式、物流管理(口岸物流网络管理)专业构建“点睛式”订单式等。每个专业的校企合作模式都围绕七个方面开展，一是制定人才培养方案；二是精心挑选学生；三是组建基于校企合作的“双师制”教学团队；四是设计基于工作过程的课程体系；五是导入校企合作特色课程；六是实行“双证融通”，即职业资格证书和毕业证；七是加强顶岗实习期间的管理；八是建立校企合作质量保证体系(下面以奔驰项目为例重点介绍)。

1)合作背景

近年来，我国汽车产业呈现爆发式增长，一跃居世界第一大汽车消费国和汽车生产国。通用、丰田、大众等车系技术更新日新月异，汽车售后服务的市场越来越细分，技能型人才精细化培养迫在眉睫。汽车运用技术专业多年来一直与一汽丰田汽车公司、德国奔驰公司、上海永达集团公司等多家大型企业建立了长期、稳定、紧密的合作关系，和100多家企业保持联系。相继组建了“奔驰班”、“大众班”、“永达班”、“太平洋保险班”，实行校企合作高技能人才培养模式，学生在知识的掌握和技能的熟练方面得到企业的充分认可。

2)模式名称

经过数年的探索，学院汽车运用技术专业逐步创建出了“三明治”订单式校企合作高技能人才培养模式，即按照“四阶段”工学交替的时间顺序组织教学，形成“学习—实践—学习”教学模式。在第二学年第一学期，根据人才需求“订单”的情况，组建特色班，进行

校企合作特色化培养，培养过程参见表1。

汽车运用技术专业“三明治”订单式校企合作高技能人才培养过程　　表1

阶段	学习时间	场所	内容
第一阶段	第1、2、3学期	校内	校内学习和实习，完成公共基础课和专业基础课程学习，提高学生专业基础技能
第二阶段	第4学期(进入“订单”培养)		学习完成企业生产中的汽车(总成)的拆装、进行“特色”模块化课程学习、以常见故障排除为主，完成专业核心技能培养(未取得维修、电工中级工技能证书的学生，在此阶段完成职业资格鉴定)
	第5学期前10周	订单企业	校外实习，学习完成汽车检测与故障诊断、维修生产及汽车专修生产任务，完成“订单”综合和特色技能培养
第三阶段	第5学期前8周	校内	校内继续学习“特色”模块化课程，完成“综合”和技能培养
第四阶段	第6学期前2周		取得汽车维修电工高级工证书
	第6学期后13周	订单企业	顶岗实习，结合岗位巩固知识和技能，完成企业特色技能和企业文化的培养，取得企业培训合格证，完成毕业论文

3)方案制订

学校和企业公司成立专业教学指导委员会，负责校企合作项目“订单”人才的教学和管理工作。专业教学指导委员会由公司领导和学校领导、教师共同组成，全面负责学生教学计划的制定、课程安排、日常生活的管理等事务，从组织上保证了“订单式”人才培养计划的实施。学校与企业深度融合，企业派人参与制定“订单式”校企合作高技能人才培养计划，明确规定了学生的培养目标和毕业生业务规格、“订单”专门化课程设置。由于多年汽车运用技术专业毕业生“上岗快、留得住、用得上”，深得用人单位的好评，毕业生一次性就业率一直名列上海市高职学校前茅，有着良好的社会声誉。

4)实施过程

(1)学生选拔

为了切实保证“订单式”校企合作高技能人才培养的顺利进行，提高生源的质量，学校以自愿报名、择优录取为原则，进行第一次选拔，企业在学校推荐的基础上派出有经验的人事管理人员进行第二次选拔，最终选拔出优秀的学生参加“订单式”人才培养，确保有一个较高的起点。

(2)确保师资

精心选派“双师”型、具有丰富授课经验的教师讲授理论基础课，选聘具有丰富的实际操作能力的高级技术人员与教师共同对学生的实习、实训进行指导。对于专业核心课程的授课教师，学校还要求其参加企业技能等级培训，确保教学质量。

(3)优化课程设置

从职业分析入手，对职业岗位进行能力分解，以就业为导向，以能力为本位，逐步构建基于工作过程的课程体系，确定高职汽车运用技术专业的三大职业能力是专业核心能力、方法能力和社会能力。专业核心能力包括计算机操作能力，汽车米切尔外语专业资料查询能力，汽车拆装、检查、修理能力，汽车故障诊断能力，汽车性能检测等能力；方法能力包括解决实际问题能力，独立学习新知识、新技术的能力，评估总结工作结果的能力。社会能力包括具有良好的职业道德，遵纪守法、良好的人际交流和沟通能力，团队合作精神和客户服务意识、学会吃苦、主动工作的精神。最终形成公共必修课、专业必修课、专门化课程组成的课程体系。

按照培训计划的要求，学校根据专业培养目标拟定教学计划和课程设置，公司根据企业岗位需求派专人对教学计划、教师的授课内容与课时安排进行审定，并对主干课程教学课时的安排、选用的教材、讲授的重点提出具体修改意见，使教学计划和课程设置既符合学生毕业的一般要求，又能满足公司的特殊要求。课程设置获得校企双方共同认可后，再严格据此组织教学(奔驰项目特色课程见表2)。

奔驰项目特色课程 表2

奔驰专门化教学课程	学时	奔驰专门化教学课程	学时
汽车专业英语	72	模块5:电器基础模块	72
模块1:非技术模块	72	模块6:动力传动系统模块	72
模块2:钳工基础模块	36	模块7:底盘系统模块	72
模块3:发动机基础模块	144	总计	648
模块4:保养模块	108		

(4)组织教学及实验、实训

为保证培训质量，必须根据不同专业及学生的情况，分别组织教学，学校与公司都必须为教学计划的顺利实施提供一切必要的便利条件。学校主要负责学生对基础理论知识的掌握，而企业方面负责提供学生实习、实训的平台，并派有多年的实地操作经验的高级技术人员对学生进行认真培训和指导，以获得良好的效果。

(5)成绩考核

考核以三个指标为主：一是劳动和社会保障部门的技能鉴定标准，学生必须取得“汽车维修工(中级以上)”、机动车检测维修士等职业资格证书(见表3)；二是学校的毕业证书，学生必须通过学校的各项考核，包括理论和实践知识的考核；三是企业的考核，学生必须参加企业所组织的技能等级考核，考核采取笔试、面试和实践操作相结合的方式，全面考核学生的综合素质。考核合格的学生，才能进入相应企业岗位工作。

汽车运用技术专业校企合作高技能人才核心岗位资格证书　　表3

专门化方向	主要就业岗位	职业资格名证书名称	颁证单位
机电维修	汽车维修机电工 汽车检测工技术主管	汽车维修工(中级以上) 机动车检测维修士	人力资源与社会保障部 交通运输部

(6)教学评估

企业对"订单"班学生的教学过程非常重视,与学校合作建立了一套评估标准。内容包括对学生学习效果和教师教学效果评估两个方面。在学生评估方面采取自评和他评相结合的方式,主要采取学生填写实习总结,教师填写学生实训教学评估表和考试课程成绩的方式;对于教师,主要通过学生的教师教学效果评估表和学生的考核通过率来综合评价。

2. 对接课程设置与就业岗位,共同探索校企合作人才培养途径

具体的做法是校企实施"七共",一是校企共建合作运行机制 。各专业的专业顾问建设委员会共同商讨、明确专业人才的培养目标,确定专业教学计划方案和教学内容,提供市场人才需求信息,参与教学计划的制定和调整,根据企业、行业的用工要求及时调整课程教学计划和实训计划,协助学校确立校外实习实训基地。二是校企共析动力因素。是将社会、学校、企业、学生四者联系起来,在社会、企业、学校三方动力因子的推动下,以学生为纽带,学校和企业建立起共同合作培养人才的动力机制。三是校企共商培养协议。"协议"是"校企合作"人才培养途径的核心要素,协议明确校企双方的职责,学校保证按照企业需求培养人才,企业保证合格人才被录用到企业工作。四是校企共定培养计划。每年至少召开一次指导委员会会议,就学院的专业建设、实训建设、学生就业等问题进行研讨。五是校企共享教学资源。校企双方在人才培养过程中是一种合作、互利的关系。校企双方共享品牌资源、共享实训资源、共享人力资源。六是校企共享教学过程。学院主要承担学生前两年半的专业课等课程的理论教学和实践教学,形成学生扎实的理论基础和实践能力;企业负责岗位技术要求、技术规范等培训和学生实习成绩考核工作,并按企业要求对学生实施职业素质、企业管理规范的教育。七是校企共定核心技能。校企在制定培养计划时,列出该专业所对应的职业岗位职业技能要求及相关职业资格证书。

3. 建立、健全了校企教学质量保证系统,校企双方共同参与全程质量管理

教学质量保障体系围绕培养校企合作人才培养目标,依据各主要教学环节质量标准,主要包括六个系统,即管理决策系统、教学目标系统、教学质量支持系统、教学质量监控系统、信息反馈系统和教学质量激励系统,每个系统包含若干个功能模块(见图1)。其中教学目标系统、教学质量监控系统、信息反馈系统是整个教学质量保障体系的核心。各系统相互关联,构成一个完整的闭环体系。

在学生顶岗实习管理上,校企双方共同派员进行管理,对学生在校期间的日常行为规范、实习期间管理和考核办法等都共同制定了规章制度。企业人力资源管理部门对学生的培养过程进行全过程监控,从学生的学习状况、思想动态、日常生活等方面进行全面管理。学校坚持做好学生在企业实习工作期间的跟踪调查工作。

三、取得工作成效

1.“一教双证”教学体系逐步形成,实践教学体系日益完善

“订单式”校企合作高技能人才培养教学模式在学院全面实施,构建起以“基于工作过程”的模块化课程体系;创造并推广了以能力培养为核心、“教、学、做合一”的教学方法;所有专业都按岗位要求进行调整和改革,实行“订单式”校企合作高技能人才培养,专业核心课程教学目标聚焦在获取“职业资格证书”上。各专业都建立了有行业和企业专家参加的专业指导委员会,专业建设和发展得到保证。院本教材建设取得重大成果,共开发出与订单教育相关的教材 59 本。在校企双方的共同努力下,建设了一批实验实训基地,其中汽车实训中心、现代物流中心是上海市公共开放实训中心,与企业共建校外实训基地达 74 个。

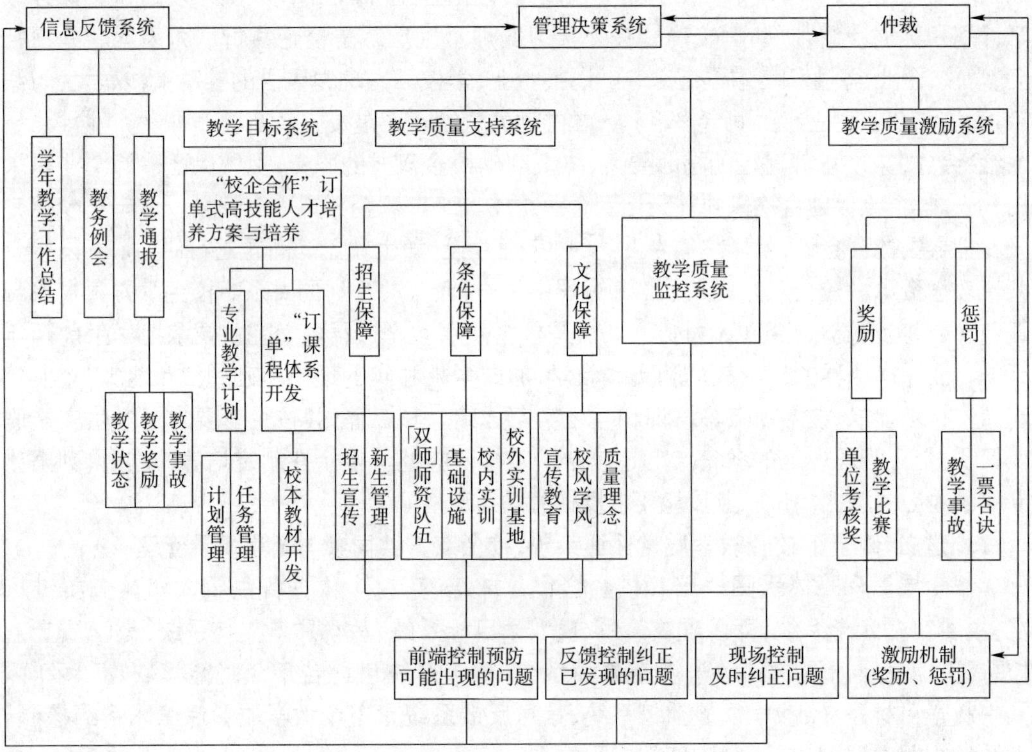

信息反馈系统
管理决策系统
仲裁
学年教学工作总结
教务例会
教学通报
教学状态
教学奖励
教学事故
教学目标系统
“校企合作”订单式高技能人才培养方案与培养
专业教学计划
“订单”课程体系开发
计划管理
任务管理
校本教材开发
教学质量支持系统
招生保障
条件保障
文化保障
招生宣传
新生管理
「双师」师资队伍
基础设施
校内实训
校外实训基地
宣传教育
校风学风
质量理念
教学质量监控系统
教学质量激励系统
奖励
惩罚
单位考核奖
教学比赛
教学事故
一票否决
前端控制预防可能出现的问题
反馈控制纠正已发现的问题
现场控制及时纠正问题
激励机制(奖励、惩罚)

图1 “订单式”校企合作高技能人才教学质量保证系统

2. 企业全方位参与，“双师型”校企合作项目导向教学团队作用日益彰显

经过几年的不断探索与发展，在“订单”培养模式下，企业由旁观者转变为与学校利益相关的人才培养主体，不仅出资、出实习场地，而且承担起了学生在企业实践这一环节的教学与技术指导等一系列培养工作，大大增强了学生的实际操作能力。学院聘请各专业行家或企业“能工巧匠”担任专业教师，构建出专兼融合、“双师”结构、老中青均衡、职称合理的教学团队 6 个，专业教师中“双师型”教师比例达到 80%；专业教师队伍综合能力显著增高，尤其是专业教师的实际动手能力普遍提高。

3. 学生就业率高，学生职业素养有效提升

“订单式”校企合作高技能人才培养模式使办学贴近市场，最大限度地实现以就业为导向的目标。学生与学校、企业签订了三方协议，获得了毕业后的入职资格，符合要求的毕业生都能实现 100% 就业。真正实现了毕业生从学校到企业的“零适应期”就业，提高了高职毕业生的就业质量。

“订单”企业环境培养学生较强的自律能力、认真的工作作风和强烈的责任意识，大大缩短甚至消除了学生入职后的岗位适应期，减少了企业的运营成本。

4. 学校的影响力日益提高

学校以高就业吸引生源，以实用的办学方向吸引企业，并在此基础上增强办学实力、积累办学经验，才能不断优化人才培养模式。以案例中的三个专业为例，自开始“订单式”校企合作高技能人才培养后，校企双方的合作不断深入，专业社会影响力也逐年增强，招生明显增加。实践证明，只要组织得当、合理安排，“订单式”校企合作高技能人才培养模式具有极强的优越性和可操作性，完全可以解决当前高职院校最突出的就业难题，而且高职院校能在与企业的长期合作中实现持续、良性的增长。

四、存在困惑

1. “订单”高职学生的技能优势、学历优势未突显

很多企业因公司业务增长的需要，除了招聘学院“订单式”高职学生，还录用大批中职学生及同专业其他学校“非订单”学生，企业用工时在薪酬体系设计、人力资源规划、学生职业生涯发展方面未突显高职学生的技能优势与学历优势，致使“订单式”高职学生心理出现不平衡感。

2. “订单”企业下属经销商汽车品牌的吸引力存在一定差异

“订单”企业因其内部人力资源管理人员流动性较大，致使当初“订单”学生至企业顶岗实习时因其内部管理人事安排脱节而未被有序安排；此外，其下属 4S 店经销商因其经销的车系品牌不同，员工薪酬收入、福利待遇存在一定的差异，因而对学生的吸引力不一，学生会出现“跳槽”现象。

3.“订单式”班级实施小班化教学，成本投入与政府培养经费拨款存在一定差距

对于我校工科类专业来说，“订单式”校企合作高技能人才培养模式实施的是小班化教学，每个班级20～25人，教育教学成本较高，虽然“订单”企业每年都会捐赠一定的实训设备用以学生仿真模拟实训，或设立专项奖学金用于奖励优秀学生，但学校仍需投入大量的资金用于学生购置实习、实训设备，学生实施技能训练的开支占据了教学支出的大部分，这部分开支经费主要来自国家事业拨款和学生学费，这些办学经费与“订单式”校企合作高技能人才培养所需的大量投入相比，明显不足。这种高投入的“小班化”教学模式，在所有的“订单式”班级中百分之百推广，对于学校来说，较难承受。

五、总结

“订单式”校企合作高技能人才培养模式是高职教育人才培养模式改革中一条颇为有效的途径，它是一种典型的产学结合、校企合作的人才培养模式，本文以上海交通职业技术学院“订单式”校企合作高技能人才培养模式进行个案剖析，发现它是符合职业教育发展规律客观要求的一种人才培养模式，推行这样一种人才培养模式有很强的优越性，可以促进学校招生、教学和就业工作，可以促进企业用人质量的提高，可以加强学生学习的主观能动性。从案例分析中可以看出，“订单式”校企合作高技能人才培养模式实现了学校、企业和学生的“三赢”。

上海交通职业技术学院积极尝试“订单式”校企合作高技能人才培养，取得了一些成效，为其他高职院校提供了一些可以借鉴的成功经验。然而，我们也应看到，与个案情况类似，全国“订单式”校企合作高技能人才培养模式的推行不过几年时间，还是一种全新的尝试，在实施过程中难免存在一些问题，无论是理论研究还是实践探索，都还有很长的一段路要走。

（本文发表于《扬州大学学报》2011年第2期）

立足交运 面向行业 构筑服务集团 科技创新高技能人才培育基地

根据党的十八大精神和国资委科技创新大会的精神，对照交运集团“十二五”发展规划与年度经济工作目标，结合教育中心人才培养与科技创新工作的实际，从创建国家和上海特色示范职业院校和“立足交运、面向行业，构筑服务十集团科技创新的高技能人才培育基地”的视角，本文在总结教育中心过去一年取得的斐然成绩基础上对来年工作作出展望。

一、教育中心2012年创立的主要业绩

2012年教育中心在行业“创新驱动、转型发展”的背景下，围绕人才培养与科技创新这一主线，取得了“办学层次有新提升，专业建设有新成绩，校企合作有新进展，教学科研有新成果，队伍建设有新进步，人才培育有新亮点，职后培训有新发展，硬件建设有新突破，学校管理有新层次”的良好业绩。重点突破是交通学校成为“国家中等职业教育改革发展示范学校建设”单位；交通学院成为“上海市特色高等职业院校建设”单位；交通学院被上海市人力资源和社会保障局认定为上海市高技能人才培养基地，被上海市交通运输和港口管理局认定为本市贯彻落实交通港航行业高技能人才培育基地。2012年教育中心人才培养与科技创新取得的主要业绩：

(1)办学层次有新提升。2012年，交通学校被国家人力资源和社会保障部批准为第42届世界技能大赛汽车喷漆中国集训基地，被上海市教委确定为第三期“上海市普教系统名校长名师培养工程”职校校长二组培养基地主持人单位，被教育部批准为第三批“国家中等职业教育改革发展示范学校建设”单位。交通学院被上海市教委批准为“上海市

特色高等职业院校建设”单位。本人被国务院教育督导委员会聘为第九届国家督学。2012 年交通学校招生报到 376 人，毕业生 418 人，就业率 98.8%，在校生总数 1775 人；交通学院（北校区）招生报到 627 人，毕业生 471 人，就业率 95.12%，学院在校总数 4355 人，其中北校区 1682 人。

（2）专业建设有新成绩。2012 年，交通学院围绕市级特色高职建设计划，以“085 工程”重点专业建设为龙头，促进专业建设整体水平提升。交通学校围绕 45 项子任务，积极推进“专业结构调整优化 2010—2013 年教学质量目标建设”。开发完成上海市首批“汽车运用与维修”国家水平专业教学标准。水运专业开发完成“船舶驾驶”上海市中职专业教学标准。交通学校“汽车运用与维修”专业被列为上海市首批“双证融通”试点专业。交通学校和交通学院“汽车运用技术”专业被上海市教委确认为本市中高职教育贯通培养模式试点专业；“物流管理”专业确认为“点对面”（一所高职对若干所中职）基于学分互认、中高职课程衔接的试点专业。

（3）校企合作有新进展。2012 年，交通学院与捷豹路虎（中国）汽车销售有限公司校企合作项目正式启动，12 月“成就卓越”捷豹路虎项目首批 25 名学生获得一级技术员资质，顺利结业。交通学院成立全国权威汽修专家工作室——陶巍专家工作室。交通学校组织首批汽车运用与维修专业 10 名学生赴中日本自动车短期大学游学一周。“现代物流综合技能训练平台”项目获交运集团公司科技成果三等奖，2013 年 1 月 17 日，获国家版权局计算机软件著作权登记证书（证书号：软著登记字第 0511237 号）。完成了上海市教委、上海市高等教育学会的“上海职教集团绩效评价标准与指标体系”科研项目，并进行实验试点。京津沪全国交通职教集团化办学联盟首届优秀学生“携手共进”主题活动、“远恒杯”国际货代课程教学设计比赛及高层论坛顺利举行。

（4）教学科研有新成果。2012 年，参加“上海市第六届教师教学法改革教育评优活动”获优秀组织奖，5 位参赛教师 1 人获一等奖，2 人获三等奖，2 人获优秀奖。编辑出版《交通教育》第 36 期、《学报》第 10 卷第 1、2 期，编审文章 70 余篇，近 40 万字。目前各类立项课题 60 余项。积极推进特色校本建材开发建设共计 39 项，其中校本讲义 20 本，组织完成中高职贯通 12 本教材以及《国际贸易单证实训》《仓储与配送实训》《会计综合实训教程》等 7 本实训教程的结题验收评审工作。完成交通教指委统编教材《货物配送实务》《集装箱运输实务》编写。承担上海市教委德育三年发展规划中《企业教育》教材编写。

（5）队伍建设有新进步。2012 年，引进青年教师及成熟型人才 9 人，78 人次参加各级各类培训，16 人学历进修在读，5 名教师到企业挂职锻炼，1 人成功申报“晨光计划”项目，完成 12 名教师中高级职称申报及评审工作。

（6）人才培育有新亮点。2012 年，交通学校学生代表参加第六届全国中职技能大赛汽车维修类竞赛，5 名选手分获 4 个项目三等奖。交通学院学生代表参加第六届全国高职技能大赛汽车检测维修、汽车营销及物流专业3个赛项,2名选手获汽车营销项目团体二等奖,3名选手分获自动变速器拆装和汽车电气系统检修2个项目三等奖,3名选手获物流技能大赛团体二等奖;参加上海市高职教学高等数学建模竞赛,2个队获二等奖。

(7)职后培训有新发展。2012年,教育中心完成各类培训12300余人,其中为交运集团继续教育培训、从业资格培训、学历教育培训1180人。驾驶培训745人,同比增长14.8%。党校培训1084人。成人学历教育创历史新高,目前在校生2389人,其中交通学院业余大专在校生262人,北京交大远程教育在校生619人,交通学校成人中专在校生1508人。

(8)硬件建设有新突破。2012年,教育中心教学综合楼8月投入建设。完成一号教学楼维修工程、教学楼直饮水设备改造项目、消防泵更新及泵房维修改造工程、燃气锅炉房设备更新及安装工程、汽车实训楼及驾培楼盥洗室改建工程、外借宿舍搬迁及维修等工作。完成年度政府采购中所有集中采购项目内容。

(9)学校管理有新层次。2012年,教育中心推进数字化校园建设工作,荣获教育部评选的"全国中等职业学校优秀网站"称号。完成上海市教育委员会和集团公司下达的安全生产、综合治理等目标要求,荣获"上海市安全文明校园"及"上海市治安先进集体"称号。做好了"涉日安全维稳"及"十八大"召开期间的维稳工作等。

二、教育中心2013年工作的基本思路

2013年是教育中心"示范校、特色院"建设起始之年,目标异常艰巨,任务十分繁重。为"构筑服务于集团科技创新高技能人才培育基地"这一建设目标,教育中心2013年工作的基本思路:以"创新驱动,转型发展"这一国家发展战略为指导,紧贴集团三大核心主业建设发展要求,坚持走特色化、集团化、多元化办学之路,聚焦交校"国家示范校建设计划"和交院"市级特色高职建设计划",以构建现代职业教育体系、终身教育体系、培养适应工作变化的高素质、知识型、发展型技能人才为出发点,主动增强服务交运、服务行业、服务社会、服务经济的能力,不断提升办学质量,不断推进教育中心的可持续发展。其中:

(1)交通学校的创新重点。全面推进国家示范校两年建设计划,推进"3+2"(3个重点专业和2个特色项目)建设,力求成为"国内知名、上海一流",具有示范、引领、辐射作用的全国示范性职业院校。

(2)交通学院的创新重点。全面推进市特色高职三年建设计划,推进"5+9"(5个特色专业和9个特色项目)建设,努力创建本市交通物流业"两个基地",即"上海市重点建设的技能型人才培训基地"、"上海市重点建设的现代化实训基地",和"一个高地",即"上海市级特色高等职业院校"。

(3)职教集团的创新重点。全面启动以汽车运用技术类专业为纽带的二期建设,新增约10家成员单位,力求把交通物流职教集团办成在上海乃至全国起引领示范作用的办学实体。

三、教育中心2013年确立的建设举措

围绕人才培养与科技创新这一主线,基于教育中心2013年交通学校、交通学院、职教集团的创新重点,2013年教育中心确立的建设举措:

(1)着力推进重点专业建设,实现人才培养模式新突破。重点举措是:①交通学院积极打造"汽车运用技术、汽车技术服务与营销、物流管理(口岸物流网络管理)"3个特色品牌专业,重点推进央财资助的"报关与国际货运代理"专业内涵建设,启动"新能源汽车"专门化方向建设,推进校企合作、工学结合人才培养模式的改革创新,继续启动第四批院级精品课程和市级精品课程立项建设,继续推进汽车类专业与英国捷豹路虎、物流类专业与荷兰STC职教集团的国际交流合作。②交通学校积极打造"汽车运用与维修、物流服务与管理、船舶驾驶"3个特色品牌专业,推进"汽车运用与维修"专业"双证融通"改革试点,组织编写世界技能大赛涂漆赛项技能培训课程包,完成"汽车使用与养护、仓储与配送"等4门市级精品课程建设,并启动《发动机维修》《汽车电气与电子系统》《船舶操纵》等校级精品课程建设,不断创新汽车、物流类专业中高职教育贯通培养模式的改革试点。

(2)着力推进体制机制建设,实现校企合作模式新突破。重点举措是:①交通学院努力落实"上海高校将全面实施'上海2011计划',并以行业高校融入为契机,促进高职人才培养,更好地对接和服务区域产业发展需求"的体制机制改革要求,在全院上下形成以信息技术为依托的学院、校区两级责任动态管理机制,建立多校区协同共享人力资源的运行机制,以及校区资源的有偿服务机制,汽商、物流类专业分别拓展3个以上校外实训基地。②交通学校努力构筑校企合作项目组、工作室、联席会议制度等机制,鼓励教师积极参与行业企业技术创新研发,在交运汽修、交运日红、交运轮渡、交运客轮等单位建立产学研结合的"企业学习中心"。

(3)着力推进双师结构建设,实现教学团队发展新突破。重点举措是:①建立健全"专业双带头人"制度;建立健全"专家工作室"运作机制;建立健全"骨干教师培养"机制;建立健全"校企双师双向"交流机制,建立健全"专业教师到企业挂职锻炼"机制。②抓好教学团队建设,力争成功申报1~2个市级教学团队;抓好人才引进工作,全年引进高学历、高职称、高技能人才15名;抓好教师继续教育和职称评审工作,专任教师研究生或硕士以上学位占30%以上,高级职称占30%以上;抓好青年教师团队建设。③搭建教科研平台,完成纵向和横向、各级各类课题项目研究,办好《交通教育》和《上海交通职业技术学院学报》;搭建高职技术服务平台,启动上海高技能人才培养基地建设,以及推进9

个产学研基地建设。

(4)着力推进特色项目建设,实现院校办学质量新突破。重点举措是:①突显交通文化特色。融入企业精神,培育校园精神文化;对接企业管理,培育校园制度文化;引名企入校园,培育校园环境文化;培育职业素养,营造校园行为文化。②突显质量评价体系特色。优化ISO教学质量管理系统;完善现有教学质量保证与监控系统;建立一套学生成长档案袋系统。③突显实训基地创新特色。拓展现代物流实训中心功能;推进汽车新能源应用技术实训室建设;推进汽车创新实验实训中心建设;拓展船舶驾驶仿真模拟器实训项目。④突显职教集团化办学特色。启动以物流职业岗位技能考核标准、鉴定、发证项目为主的二期项目开发;启动以汽车类专业为纽带的职教集团二期建设方案。⑤突显中高职教育贯通培养特色。积极探索基于学分互认、中高职课程衔接的培养模式试点。⑥突显社会服务特色。形成以终身教育为依托的继续教育体系,全年继续教育、职业技能培训鉴定规模稳定在10000人次以上。

(5)着力推进基础能力建设,实现管理水平新突破。重点举措是:①加快教育中心老校区改造和新校区规划工作。积极寻求政府政策支持与资源配置,完成老校区改造与新校区规划前期规划方案。②推进数字化校园建设。完成数字化校园"一卡通"系统基础平台和重点业务系统建设;加强网络学习平台建设;做好交通学院网全面更新,交通学校网、校园局域网维护工作。加强图书馆馆藏特色资源、数字资源建设。③加大招生就业工作力度。力争完成中职600人、高职1450人年度招生计划;中职毕业生就业率稳定在98.4%,升学率稳定在90%以上,高职就业率稳定在95%以上。④做好科研所相关工作。完成技术监督局对科研所7个汽车检测设备计量标准器考核,使科研所计量校准资质基本覆盖交通行业汽车综检站和汽车修理厂检测设备计量校准业务。完成国家认监委计量校准实验室CNAS认证考核项目申请。按照上级行业管理部门对综检站计算机网络升级要求,完成以数据库为核心的管理软件、自动化控制系统和教学用设备专用软件开发升级工作。

结束语:成功申报交通学院"市特色高等职业院校"和交通学校"国家中等职业教育改革发展示范学校"建设项目,是教育中心建设发展中不可多得的历史机遇,我们一定会充分利用好这两三年时间,一心一意聚焦建设,与时俱进开拓创新,齐心协力谋求发展,切实把教育中心办成服务于集团科技创新的高技能人才培育基地。

(2013.6)

高职集团化办学初探

——以上海交通职业技术学院为例

随着我国职业教育向着"以就业为导向"方向的深入发展，整个职业教育管理体制和运行机制的改革与创新，已成为职业教育进一步发展的热点、难点和焦点问题。近年来，不少高职院校积极进行了集团化办学的探索和研究，为推进职业教育管理体制和运行机制的改革与创新获取了不少成功的经验。本文以上海交通职业技术学院（以下简称"上海交通学院"）为例，从集团化办学的主要特点和初步成效以及集团化办学的几点启示等方面，比较深入地分析和总结了高职集团化办学之经验，旨在为上海乃至全国高职教育管理体制的进一步改革创新提供借鉴。同时，为上海"十一五"期间组建十大职教集团，包括组建"上海交通物流职教集团"奠定基础。

一、上海交通高职集团化办学的主要特点

1. 交通高职集团化办学的基本概述

（1）组建模式。上海交通学院的组建模式，具有职业教育集团的基本特征。学院是由4家具有独立法人资格的实体组成的联合体，学院本身具有法人地位，属于组织结构较为紧密的职业教育集团模式，把上海市交通行业原有的不同归属的教育资源进行重新组合，以职业教育集团化的组建形式，合并转型成独立设置的高等职业院校。这是上海市高教改革、行业办学以及集团化管理的一大探索与实践。

（2）管理体制。"走高职教育内涵式发展、集约化办学的道路"，是学院筹建时就选择

的办学之路。学院组建后,针对校区教育资源不同归属,以及多种体制并存的实际,开创和实施了“在市教委和行业上级主管部门指导下、学院董事会领导下的院长负责制”的管理模式。学院董事会由学院各组建单位上级主管部门党政领导和组建学校领导7~11人组成,现学院行政领导班子,由5人组成,其中院长1人、副院长4人。学院内部机构设11个教学系(部、室)、10个党政管理部门。

(3)管理原则。学院采用本部与校区两级管理、分级负责制的管理方式。第一,在学院内部与校区之间,采取“三个不变”、“两个统一”的原则,即隶属关系、经费渠道、人员编制三个不变,学院管理制度(行政管理、教学管理、学生管理)和办学标准(专业开设、人才规格、招生计划、场地设备、师资条件、教学环节、毕业发证)两个统一。第二,对师资、设备、设施等教育资源的使用,做到优先、优惠、有偿使用。既实现教育资源的充分利用,也体现公平、互利的原则。第三,学院根据“合理、必需、节约”的经费使用原则,采用内部各校区资金划转的形式,建立了“上海交通学院共同经费”,主要用于学院行政、教务、科研、招生、宣传、会务等方面的开支。为加强对共同经费的统一核算与管理,学院制定并实施了“共同经费使用的暂行办法”,充分发挥共同经费的使用效益。

2. 交通高职集团化办学的主要特点

(1)多种体制并存。学院各组建单位分属于上海市交通行业不同的主管局和集团公司。学院作为一个整体,四个校区内部既有事业办学,又有行业办学和企业办学这种“校区教育资源不同归属,多种体制并存”的办学实体,在全国1000多所高职院校、30多所交通职业院校中是一个首创。它既带来了政府扶植、行业支撑和资源共享等综合优势,也连带出诸如制度的统一性、管理的规范性、分配的公平性等管理的难点,成为集团化办学必须面对并予以解决的重要课题。

(2)多层次办学。学院各组建单位内部,除举办高等职业教育外,还设有其他不同层次的机构,如中等职业教育、成人教育、企业培训等机构,形成以校区为单位、中高职教育共存、职前职后并举、校企合作互动的局面。根据不同的教学对象,依据职业教育办学的规律、特点和方法,学院采取分类、分层,以及分类与分层相结合和相区别的方式进行管理。学院与中职学校、成人高校和各类培训机构之间编织的职业教育链,使各校区成为一个办学层次较为完整的、多功能的交通职业教育的培训实体。

(3)多校区管理。多种体制并存的办学模式,使学院形成了独特的两级管理、分级负责制度。即本部对校区行使领导和指导的职责,校区对人、财、物的管理权保持相对独立;本部的职能部门主要从事招生、专业设置的协调配置、教学计划和教学大纲审核、基础课统考、学生学籍管理、规章制度的执行和监督、教学经验交流、学生毕业证书的签发等工作;校区依据学院的制度与标准,负责学生的日常教学管理、学生管理、制定专业教学计划和大纲，以及学生的毕业推荐等工作；本部与校区的教学资源共享，实行内部有偿服务制度。这种创新的管理制度，明确了学院本部与校区、校区与校区之间的权利和义务，使责、权、利得到了统一。

二、上海交通高职集团化办学的初步成效

1. 教育资源配置效率明显提高

"十五"期间，学院在原有基础上，共自筹 6800 多万元资金投入基础设施、教学装备的建设与改造。短短几年，整个学院的占地面积、特别是教学用房面积有较大增加。以自筹资金为主、政府和上级主管单位参与投资的多项"实训中心"开发工程相继启动或竣工。专业实验、实习场所的条件和环境得到优化。为创建安全文明校园，学院增加安全防范设施和装备的资金投入，安装了安全监控预警系统，制订安全应急预案，建立报警点和报警指挥中心，全面实施校园 24 小时巡逻制，为有效地加强对校区的统一管理，加强校区与校区之间的联系，并最有效地缩短校区间的距离，保持第一时间管理信息的畅通。学院构筑了本部与各校区、校区与校区之间（内网与外网）互相联网的教育信息化平台，同时安装了"视频电话会议系统"。2005 年 8 月，学院还完成了学院本部所有教室多媒体教学设备的安装。

2. 综合办学优势不断增强

联合办学不仅提高了学院内部教育资源的优化配置和配置效率、多种体制并存的办学模式，更形成了学院特有的综合办学优势。政府和上级主管单位对事业、行业、企业的扶持与投资，使学院享受到了多渠道的政策优惠；广阔的行业背景给学院带来了全方位的信息资源。学院已与交通行业的 200 多家大中型优秀企业建立了较密切的合作关系，与其中 60 多家企业签订了产学合作协议书，建立了稳定的校外实习基地。同时，学院还与美国通用、日本丰田、浦东机场等大企业开展联合办学。行业与企业的参与，增强了人才培养的针对性。学院积极推行双证书及订单式、模块式教育，提高了人才的就业质量与数量，也提高了自身的知名度和美誉度。

学院建立了较完善的职后培训、考核和职业资格鉴定体系，每年职后培训约 25000 人次。学院成人高教开设的（业余班）综合交通类专业 5 个，每年招收学员约 300 人。学院是"国家技能型紧缺人才（汽车运用与维修专业）培训基地"、上海唯一具有汽车维修技师（高级技师）鉴定资质的培训考核单位、"上海市国家职业技能鉴定所（点）管理网络核心组成员单位"、"上海市高校学生物流管理类职业技能鉴定所"、"上海市高校学生交通营运管理类和集装箱运输管理类职业技能鉴定所"的筹建单位、国际航空协会认证（全球统考、通用）IATA，UFTAA 证书的培训机构、"上海市教育考试院计算机等级考试和大学英语 PET、四、六级考试考点"、"上海通用（SGM）和日本丰田（TOYOTA）汽车维修服务技能校企合作项目指定教学院校"等多层次、多种类的办学与培训，促进了职业教育的

横向沟通与纵向衔接。

3. 产学研结合促进校企双赢

学院以联合办学、岗位培训、共建实训基地等形式搭建的产学合作平台，有效推进了校企之间产学研的合作，使产学研结合的发展之路更为宽广。学院在实施 T-TEP（丰田技术培训计划）时，TOYOTA 每年向学院提供该企业领先的培训教材和实习、实训设备，其特约维修站优先录用学院优秀毕业生；与美国 PPG 庞贝捷漆油贸易（上海）公司合作在学院建立汽车涂装实训中心，并由该公司提供免费的师资培训和涂装中心的培训用漆；与中国高级轿车修理大王——上海幼狮高级轿车维修总厂陶巍等一批优秀企业老总联手开展多项合作，获得校企双赢。2002 年，作为上海产学合作教育协会的委员单位，学院被上海市教委推荐在“上海高职高专产学研合作教育经验交流会”上作“加强产学研结合开辟高职人才培养新途径”的经验介绍。几年来，学院在各级各类核心刊物上发表了“长三角交通高职产学研合作机制研究思路”、“高职院校技能培养与行业合作模式研究”、“产学合作、校企双赢”等产学研结合方面的论文 20 多篇，其中“搭建职业教育为企业服务的平台、构筑与汽车维修业同步发展的桥梁——我校与本市汽车维修业实施‘产教结合’的实践与思考”，正式发表于“2006 上海汽车维修行业发展论坛”上。

4. 开设的专业广受社会欢迎

学院坚持交通高职为交通服务的思想，根据市场需求与布局，办特色院校，创品牌专业，重点建设骨干专业，开拓创建新兴专业，主动调整短线专业，先后开设的 21 个专业（含专业方向），85% 以上被社会认可、被家长看好、被学生接受。其中，集装箱运输管理、汽车运用技术、报关与国际货运等国家和市级教改试点专业，航空乘务、物流管理（口岸物流网络管理）等热门专业，汽车保险与理赔、外轮理货与港口业务等新设专业备受考生青睐，近年来招生形势日趋“火爆”，办学规模合理增大。学院高职学生报考数与计划数之比，已连续三年排在上海市高职高专院校前列，2006 年更是一跃而为全市第二。学院毕业生就业率始终保持在 95% 以上，在上海市高职高专院校毕业生就业排行榜上处于前列。

三、上海交通高职集团化办学的几点启示

1. 政府关心是集团化办学有力的依靠

高职集团化办学，政府部门的作用至关重要。上海市政府和市教委领导对于组建交通系统的职业技术院校一直给予极大的关心和有力的支持。从 20 世纪 80 年代中期开始，上海市政府和市教委始终将本市交通行业的职业教育推在改革的前列，指导交通职业院校进行了高职教育的一系列改革与实践。在学院两年多的筹建过程中，始终得到市教委领导和原上海市人民政府交通办公室领导，以及专家们的具体指导和帮助。从办学模式到运行机制，从董事会章程到教学管理细则，都经过了各级领导和专家们仔细的推

敲和反复的论证。学院成立六年来，政府部门给予学院多项扶持高职发展的优惠政策，不断加大投资力度，包括近期又投入了200万元专项资金，帮助学院建成了“上海高校学生报关与货运公共实训中心”。另外，由政府参与投资的“物流实训中心”完成了GPS（全球卫星定位系统）和GIS（地理信息系统）的安装；总面积为4000平方米的“汽车专业实训中心”楼即将破土动工；政府投资350万元、总面积为5400平方米的“上海航空服务开放实训中心”项目正式立项。

政府的宏观决策、统筹协调和投资扶持对学院的发展产生了重要的影响。政府干预和市场调节的结合，有效调控着集团化办学运行机制的良性运转；政府对集团化办学的投资、评估和指导，使运行机制的改革创新，职业教育的发展更具有方向性，引导着集团化办学的发展方向。

2. 行业支持是集团化办学坚强的后盾

学院各组建单位所属的中国民用航空华东管理局、上海铁路局、上海国际港务（集团）股份有限公司和上海交运（集团）公司是上海交通运输行业的主要支柱，以及未来交通运输发展的主流。民航、铁路、港口、交运行业所属的众多企业，成为学生理想的校外实习基地和就业场所。有强大的交通行业作后盾，使学院办学目标定位更为准确，校企合作更为紧密，学生就业前景更为广阔。

多年来，各主管局和集团公司在人力、财力和物力上给予学院全方位的支持。如2003年，上海交运（集团）公司投资500万元的L型教学楼落成启用；又如2005年上海国际港务（集团）公司投资87万元，建成港口机械专业变频实训室；再如2006年民航总局审核通过并投资1847万元，建造上海航空服务开放实训中心。近年来，学院的硬件和软件建设始终处于较领先的地位，办学规模不断扩大，综合实力逐年增强，得益于上级主管单位对职业教育的关心、重视和全力资助。

3. 班子合力是集团化办学可靠的保证

要达到高职教育集团化办学共赢的目的，其前提是紧密的联合、高度的统一和规范的管理。这也是确保集团化办学良性运作的基础。对于管理这把双刃剑而言，集团化办学既有利也有弊，同样具有双重性。利的方面：集团化办学这一创新的管理制度和运行机制，可以使学院获取最大化的效益；弊的方面：如果各个校区都强调自己的个性，忽视全局的话，就会影响管理的规范和政令的畅通，从而使效益大打折扣。

学院重视班子合力，强化班子建设。一是确立校长负责制，二是加强班子的集体领导，三是增强班子成员的全局观和整体观，努力营造一个务实、高效、精干的决策系统。董事会全力支持学院领导班子在行政事务上的独立决策权，并通过董事会会议和院务会议形式对一些重大决策寻求共识，以达到认知和决策的高度一致。事实说明，一个团结一致又深谙管理艺术的领导班子是集团化办学最可靠的保证。

4. 创新务实是集团化办学发展的根本

职业教育要完成培养高技能人才的任务，除了走产学研相结合的发展道路外，探索走集团化办学之路是一种发展方向。它既是上海交通高职根据国家的政策导向、行业的发展需求，以及自身的客观现实作出的改革创新，也是上海交通高职集团化办学发展的根本。

其中，正确处理改革创新与求真务实的关系，是职业教育探索走集团化办学发展之路成败的关键。因为，在进一步完善职业教育管理体制的进程中，探索职业教育集团化办学的过程，既是一个不断改革创新的过程，也是一个求真务实的过程。上海交通高职的改革创新，不仅是办学体制的改革创新、运行机制的改革创新，也是职业教育的教育教学和专业设置的改革创新。求真务实，不仅是办学目标和人才培养的求真务实，产学结合和校企双赢的求真务实，也是学院内涵建设和软硬件建设的求真务实。

在改革创新与求真务实这个过程中，改革创新是落实集团化办学的保证。如果不坚持改革创新，缺乏创造性，就很难取得集团化办学的效果。实践证明，改革创新是开创各项事业新局面的有效途径，也必然是落实集团化办学的有力保证。在坚持改革创新的同时，发扬求真务实的工作作风，对于落实集团化办学是十分重要的。落实集团化办学是一项实打实的工作，只有脚踏实地、真抓实干、同心同德、同舟共济，集团化办学才能真正落到实处。改革创新不能脱离求真务实，求真务实也不能脱离改革创新。求真务实是含有改革创新的求真务实。因此，在改革创新中做到求真务实，在求真务实中坚持改革创新，把改革创新与求真务实统一起来，上海交通高职的人才培养任务才能得到真正落实。

（本文发表于《高职研究 GAOZHIYANJIU》，为上海市 2005 年度教科规划研究项目（编号 1305063）《上海市职业教育管理体制创新研究》之阶段性成果。课题组长：陈嵩，本文主要执笔：鲍贤俊、陈嵩，起草：吴国伟、陈美刚）

组建上海交通物流职教集团可行性研究

《上海市人民政府关于大力发展职业教育的决定》(沪府发[2006]10号)中提出了"加快发展职业教育的集团化和连锁化。以品牌职业院校、示范性职业院校为龙头,联合社会办学单位、职业教育开放实训中心、对口支援地区学校等,与社区、企业(行业)组建职业教育集团,实现职业教育与社会经济的联动,促进职业教育内部以及职业教育与职业技能鉴定的互通,率先10个领域组建职业教育集团"的有关任务。根据"上海市教育委员会关于推进本市职业教育集团组建工作的意见",我们课题组开展了研究调查。

我国现阶段的职业教育办学体制一般是按照管理职能来划分的,即分为实体管理系统和综合管理系统。这种办学体制对职业教育的兴起和发展起到一定的促进作用,具有一定的合理性;但同时也暴露了种种弊端:一是条块分割、宏观失控;许多部门办学,学校规模小,效益低,服务面窄,人才流向不尽合理。二是多头管理,重复培养;分散办学,分灶吃饭;专业设置重复,影响教育的宏观效益。因此,有必要组建职业教育集团,克服一定的弊端;提高职业教育的教学质量和宏观效益,促进职业教育紧密贴近经济社会和产业发展、行业发展及企业发展的需求,充分调动行业、企业参与职业教育的积极性,发挥职业教育优质资源的带动作用。

一、组建上海交通物流职教集团的现实背景

1. 上海交通和物流产业迅猛发展

随着上海城市经济的发展和"三港(航空港、信息港、深水港)"及"四个中心(国际经济中心、国际金融中心、国际贸易中心、国际航运中心)"建设的加快,上海的交通和物流产业得到迅猛的发展。

上海城市综合交通与现代物流产业已经成为上海现代服务业中的支柱产业,成为上

海新的经济增长点。2001 年上海市人民政府就制定了上海市发展现代物流业的专项计划。作为上海经济着力培育和发展的四大新兴产业的现代物流总量规模持续扩大，上海港已跃居世界第一大货运港口，并成为世界第三大集装箱吞吐港口；现代物流配送已渐成体系，采用信息技术和供应链管理理念为主要特征的公里方式已进入重要行业；四大物流园区建设稳步推进；多元化物流市场格局日趋成熟。物流业的产值以年均 22% 的增幅，成为全国物流业发展最快的、最发达的区域之一。专项计划发挥了长三角经济区龙头与长江流域直接衔接的作用，发挥了对环渤海经济区和珠三角经济区的辐射效应。"十一五"期间，上海现代物流业将把握信息化的基础作用和人力资源的关键作用，积极构建集枢纽型、功能性、网络化的一体化的陆、海、空多式联运立体化交通网络的物流体系，使上海真正成为国际重要的物流枢纽、重要的国际配送中心以及亚太物流中心。

2. 上海交运(集团)公司的发展可以成为交通物流职业教育集团可靠的依托和保证

上海市交通学校和上海交通职业技术学院的上级主管单位上海交运(集团)公司是中国服务业 500 强的第 241 位的大型交通运输骨干力量和大型物流企业，经过"十五"期间的发展已经具备升级为区域现代大型物流集团的综合资源。在"十一五"期间将紧紧依托上海市"两个优先发展"中"优先发展现代服务业"的要求，以及被交通部列为全国现代物流试点企业的契机，全力推进能集中体现集团核心优势的现代物流业的发展，按照"五港合一"的构架，将集团建设成"上海市陆港物流产业的领头羊"，融入包括"海港物流"、"空港物流"在内的整个上海现代物流的运营系统，成为有自己独立服务品牌的长三角区域最大的、可在全国范围内提供基于仓储和运输的、专业化、网络化、一体化的功能物流服务商。5 年中，对现代物流板块的投资将达到 20 亿元，成为上海"陆港物流"的主力军，成为全国现代物流业的典范。

3. 上海交通物流业人才市场的需求为交通职教集团的生存、拓展、走强提供了广阔的空间

以服务为宗旨、就业为导向，以满足城市综合交通和物流产业人才需求为目标的交通物流职业教育蓬勃发展。现代物流人才已经被列为中国 12 类紧缺人才，成为上海市职业院校的培养方向之一。据不完全统计，全市有三分之二的职业院校开设了"物流管理"专业。但是，据上海交通发展战略数据统计，"十一五"期间，上海交通行业人才缺口将在 10 万人左右，其中，中高级应用型人才占专业人才总数的 23%。另据上海市人事局、上海市劳动和社会保障局统计，以及业内人士分析，本市物流人才缺口逾 40 万，现不足 10 万物流人才，已远远不能满足上海急需 50 万物流人才的需求，人才市场的需求为交通职教集团的生存、拓展、走强提供了广阔的空间，也对交通物流职教集团的人才培养质量提出了更高的要求。

二、组建上海交通职业教育集团的必要性

职业教育办学模式涉及办学主体、办学方式、办学结构与功能三个基本因素。组建上海交通物流职业教育集团，学校与学校联合，组成联合舰队，形成综合优势，更好地实

现学校为企业服务；学校与企业结合，形成资源共享、平等合作、优势互补、互惠共赢的利益共同体，有利于"快出人才，出好人才"，更有利于交通物流行业的发展和上海地方经济乃至于长三角经济的发展。

1. 有利于职业教育办学体制的创新

组建上海交通物流职业教育集团，符合职业教育发展的基本特征，也符合国家职成教育工作会议提出的"做大、做强"的战略思路，对职业教育的改革和发展具有积极的促进作用。

职业教育作为一种必须与经济基础相适应、必须为地方经济发展服务的"产业"，完全有理由，也完全可以打破条块分割的传统管理模式和办学模式，可以采用共建、联合、重组、兼并、兴办等方式，大力推进职业学校之间、职业学校与企业之间、部门与部门之间的紧密合作办学，产生与之相适应的教育体制。将若干个交通物流方面的中等、高等职业学校、企业、行业及相关主管部门联合起来，组建交通物流职业教育集团，实行纵向沟通，形成中高职教育联合体；实行横向连锁，校际教学资源共享，实行内外联合，校企优势互补，可以把职业教育做大、做强、做活、做实，抓住发展机遇，为职业教育办学体制的创新，走出一条新路。

2. 有利于交通物流职业教育资源的整合

职业教育资源应按优化组合的方式达到最佳配置，做到人尽其才、物尽其用、财尽其力。目前本市有29%的中等职业学校、有51%的高等职业院校(含本科)、有63%的高职专科院校均开设了物流管理专业。组建职业教育集团的重要意义就是整合职业教育资源，合理配置和使用教育资源，体现办学效益。加入集团的学校、企业或行业，在资金、实验实训条件、实习基地、校办产业、学生就业等方面，通过合理分工，取得地域和空间互补优势，在互补的基础上拓展服务社会功能的优势。

表现在人力资源上，集团化的大空间办学形式，为汇集名师、优化教师结构、精选骨干教师提供了更多更好的机会，使人才优势得到充分展示。特别是集团内的企业和行业既可以为职业学校提供"双师型"教师，也可以为学校安排专业教师和学生到企业和行业进行专业实践、实习提供条件。这对于促进职业教育具有不可替代的作用。通过改革领导体制，通过改革人事制度，实行择优聘用、人员互派的用工制度，形成集团化的智力结构，实现人才的优势互补。

表现在物力资源上，有效利用和共享集团学校的资源，实现校舍、设备、实验、实训条件的共享和互补，将一些"死"资源盘活成"活"资源，既可以改善办学条件，又可以避免重复建设，从而降低办学成本，提高办学效益，实现职业学校物力资源的优势互补。

表现在财力资源上，通过办学结构的改革，突破一元化投资模式，形成国家投资、社会集资、学生交费、企业出资、国际合作等多元化形式，并加以发展，实现财力资源的优势互补。

表现在教学管理上，集团的学校之间实行统一领导、联合办学、连锁发展，有利于在更广泛的范围内进行管理经验交流；通过组织校际间的活动，开阔学生视野，为学生成长提供大环境和大课堂，也为学校的教育、教学带来生机。集团内各校之间的管理特色，其内部管理优势就成为他校借鉴的依据，达到相互融通、共同发展提高的目的，实现教学管理的优势互补。

3. 有利于改善专业建设和课程改革的功能

专业设置和建设，课程的改革和开发，无论按照专门技术的某一应用领域或某一服务对象、业务范围设置或按照专门技术和职业岗位要求相结合，都要面向生产第一线的技术应用，使专业设置具有很强的针对性和灵活性。因此改变小而全、力量分散的局面，容易形成优势和特色，保证教育质量。

职教集团组建后，通过集团统筹，调整专业结构，实现中高层次和专业建设上的合理分工；根据经济结构调整和市场需要，加快发展现代服务相关专业；集团整合专业培养目标及层次，各校集中精力，办好自己的特色专业或专门化，避免学校之间在学科和专业上建设的重复，防止学校之间在课程设置上的较大差异，特别可以提高实训教学的实际效果。

组建交通物流职业教育集团，“迎名企进校园，融专业入社会”以后，集团内的学校可以与企业、与行业沟通，形成产学结合的新的人才培养机制。企业提供较为理想的实习和实操场所，突出职业技能的培养；为院校教学改革与研究、学生就业指导等提供服务；学校与学校沟通，可实行弹性学制和完全学分制，实现学分或成绩互认；集团内的学校根据自己的优势和特色开设选修课程，可以充分提供学生选课余地；集团内的中、高职学校可实行一体化教学，实现有效衔接；集团内的企业和行业可为学校教学改革与研究、产品联合开发、科技成果推广、学生就业指导等方面提供实训基地和支持服务，对推进本市职业教育改革和发展具有积极的引领作用、示范作用和促进作用；客观上可以吸引更多的学生就读于集团内的学校。

4. 有利于职业教育和成人教育高效运转，发挥最佳作用

实行职成教一体化，使两者之间纵横衔接与沟通，形成有机的整体，有利于对职前教育与职后教育进行统筹规划，合理布局；能进一步运用市场机制合理配置教育资源，实现资源共享，使有限的教育资源得到充分有效的利用，从而提高教育投资的综合效益。两类教育在保持各自特色的基础上，实行优势互补，提高教育质量和效益；有利于协调大职教内部的关系，调动多方面办学积极性，推动办学体制改革，形成完整的职业技术教育体系，推进职业技术教育开放化、大众化、社会化，为当地经济和社会建设发挥更大更好的作用。

三、组建交通物流职教集团的时机已经成熟

上海交通职业技术学院是从事高等职业教育历史最长的院校之一，以陆海空交通物流企业为依托，背靠行业，面向市场，开设了交通物流类专业 21 个，其中“集装箱运输管理”和“汽车运用技术”被教育部评定为国家级示范性建设试点专业，“报关和国际货运”专业被上海市教委评定为上海市示范性建设试点专业。同时，学院建有“上海市高校学生交通营运管理类和集装箱运输管理类职业技能鉴定所”和上海“汽车运用技术类”职业技能鉴定所。建设了“集装箱运输管理”开放实训中心、“报关和国际货运” 开放实训中心。交通职业技术学院虽然见校时间不长，但由于依托交通物流行业、面向交通物流企

业，已经成为上海市职业技术教育中不可或缺的力量，成为上海交通物流职业技术教育中的中坚力量，在2005年的高职院校办学水平评估中取得了良好的成绩；在2007年的回访中也获得了专家的较高评价。

上海市交通学校建校48年，是上海第一个开设交通运输类专业和物流类专业的学校，被称为交通物流人才的摇篮，曾被评为交通部先进教育集体，连续6年（至今）被上海市人民政府命名为市级“文明单位”。学校目前开设交通运营管理和现代物流等专业，在上海市教委的支持下建设了“现代物流”公共实训中心和“汽车运用与维修”实训中心。

（1）上海交通职业技术学院是从事高等职业教育历史最长的院校之一。

上海市交通职业技术学院的前身上海市交通运输局职工大学和上海港务局职工大学均在职业教育的实践中开始了联合体的新探索。

在上海地方交通运输发展的形势下，原上海市交通运输局早在1994年已经将上海市交通运输局职工大学和上海市交通学校、上海市交通运输局党校、上海市交通技工学校、上海市福赐汽车驾驶员培训中心以及上海汽车运输科学研究所合并，建立了上海交运（集团）公司教育中心，形成资源共享、优势互补、互惠共赢的利益共同体。上海港职工大学从1970年起，不但承担培养大专学生的任务，同时承担上海港在职职工技术培训的任务，造就了大批职业技术人才。

（2）上海市交通职业技术学院及其各校区所形成的办学群体，已经在集团化办学中走出了创新的第一步。

在上海综合大交通发展的同时，经原上海市人民政府交通办公室牵头，上海市交通运输局职工大学、上海港务局职工大学、华东民航总局上海市中专学校的高职部以及上海铁路局职工中专学校等四所学校联合，经上海市人民政府批准，在2001年4月年组建了上海水路运输、陆路运输、航空运输和铁路运输服务的综合型的跨部门、跨企业的综合院校——上海交通职业技术学院。上海市人民政府发文批准，同意“上海交运（集团）职工大学与上海海港职工大学，由成人高校转型为（专科层次）高等职业学校。转型后的校名为：上海交通职业技术学院。转型后原行业主管部门、办学经费来源渠道不变”。上海交通职业技术学院成为职业教育集团化办学的雏形。建院后，学院分北、东、南、西四个校区，分别归属于上海交运（集团）公司、上海国际港务（集团）股份有限公司、中国民航华东地区管理局和上海铁路局。

学院勇于探索，大胆创新，在办学运行机制上首开“多种教育资源优化组合、多校区统一自主办学”之先河。作为与企业有隶属关系的行业院校，学院的办学经费（除财政拨款、学费收入外），尤其是东、南、西校区的办学经费每年分别来自上海国际港务集团、民航总局、上海铁路局的多方投入。学院结合单一院校教育资源不同归属、多种体制并存（事业办学、行业办学、企业办学）的实际，走高职教育内涵式发展、集约化办学的道路，在办学体制和运行机制上，较成功地试行了“在市教委和行业各上级主管部门的双重和多重指导下，实行学院董事会领导下的院长负责制，并采用学院本部与校区两级管理、分级负责制”的管理模式。为职业教育集团在管理模式上进行了尝试和初步的实践。

(3)联合体型的中、高职教育一体化实践取得了丰富的好经验。

与上海交通职业技术学院(北校区)一体化联合办学的上海市交通学校,为上海和全国各省市培养了大批专业技术人才。在20世纪90年代上海市交通学校已经成为上海的第一批国家级重点中等职业学校。在47年的办学历程中,曾经与上海工程技术大学联办中、高职一体化的学制为5年的高职班,效果良好。交通学校曾经在上海各个郊县按照统一规格开设过8个分校,目前仍然有4个分校;交通学校自1999年就通过了ISO9000质量认证,教学质量得到保证,毕业生的就业率始终保持在95%以上,受到用人单位的一致欢迎。

(4)职教和成教一体化在学院的组建学校中形成了有机的统一体。

学院是“上海市高校学生交通营运管理类和集装箱运输管理类职业技能鉴定所”的筹建单位,也是国际航空协会认证IATA / UFTAA证书的培训机构,是“上海市教育考试院计算机等级考试和大学英语PET、四、六级考试考点”,是“国家技能型紧缺人才(汽车运用与维修专业)培训基地”,是上海唯一具有汽车维修技师、高级技师鉴定资质的培训考核单位,是“上海市国家职业技能鉴定所(点)管理网络核心组成员单位”。学院每年对企业和社会职业技能鉴定人数达到10000人次以上;历年来,交通物流培训和鉴定累计数达到100000人次,占到全市的30%左右。一体化教育的职业技术培训和岗位培训每年达到20000人次以上。

(5)校企合作、产学结合;服务为宗旨、就业为导向已经迈出坚实的新步伐。

近五年来,学院与市内外200多家企业建立了较密切的合作关系,其中60家与学院签订了产学合作协议书,成为我院稳定的校外实习基地,学院21个专业(含专业方向),平均每一专业约有3家校外实习基地。学院与企业共建的产学研合作平台运转正常。学院及其各校区所形成的办学群体,在办学过程中坚持“依托行业,立足企业,服务社会”的宗旨,重视与企业合作,其中有上海交运(集团)公司、美国上海通用汽车公司、日本丰田汽车公司、上海国际港务公司、上海国际集装箱公司、东方航空公司、上海机场集团、上海铁路局、上海铁路分局、上海云峰集团等著名的大型企业。

学院根据企业发展的需求,优惠或免费承担企业员工的继续教育任务,包括职业资格的培训与考核,每年为企业或社会提供各级各类培训或考核人数约10000人次。同时,学院毕业生约有70%学生通过校外实训基地的实习,与用人单位正式签订就业协议;企业借助自身优势,给我院专业开设的可行性、人才规格定位的准确性、课程设置与实训环节的合理性等一系列问题提供了有效的支助;给学院的教育教学、培训资料、教学仪器,包括实践性教学提供了援助。

四、上海交通职业技术学院和上海市交通学校可以成为上海交通物流职业教育集团组建的发起单位和核心力量

上海交通职业技术学院和上海市交通学校在上海市职业教育界乃至全国交通物流

界和交通物流界职业教育界有较大的影响。学院和学校教学管理先进，教学设备一流，师资力量雄厚，教学质量上乘。经过多年的建设和发展，学院和学校以科学发展观统领学校教育工作的全局，从上海"四个中心"发展战略着眼，围绕上海"三港三网"（深水港、航空港、信息港和轨道交通网、高速公路网、内河航道网）建设，通过巩固、深化、提高、发展，把学校建设成集汽车、港口、航空、城际轨道综合交通于一体的，"规模适度、结构合理、特色鲜明、质量上乘"的交通职业技术院校。由于依托交通物流行业、面向交通物流企业，已经成为上海市职业技术教育中不可或缺的力量，由于办学水平高、社会效益好、专业特色鲜明，学院和学校曾经被评为交通部先进教育集体和上海市成人教育先进集体。学院和学校本部连续7年被上海市人民政府命名为市级"文明单位"。在2005年的高职院校办学水平评估和2007年的回访中也获得了专家的较高评价。已经成为上海交通物流职业技术教育中的中坚力量，取得了有目共睹的成绩。

我院21个专业依托行业优势，通过不断的建设与投入，均建立了具有真实或仿真职业氛围，装备先进、软硬配套的实训基地。学院校内实验、实训、实习基地主要有：汽车运用技术、物流管理、物流设备与自动控制、集装箱运输管理、航空运输、轨道交通等52个，尤其是汽车运用技术、集装箱运输管理、航空运输类的实验、实训条件与设施，在上海乃至全国同类院校中处于领先地位。其中，汽车运用技术实训中心、集装箱运输实训中心、现代物流实训中心与企业实际岗位或岗位群要求一一对应。学院现有的校内实训设施能基本满足所有专业的教学需求，必修的实验实训开出率达到100%。

2001年建院以来的实践说明：学院的领导班子坚持以行业为依托，以综合交通企业需求为出发点与落脚点，坚持为上海城市交通经济和社会发展服务的办学宗旨，尽力满足本市交通运输业作为上海服务性产业优先发展、高速发展对高层次、应用型人才的迫切需求，架构了校企合作共赢的桥梁。上海交通职业技术学院和上海市交通学校的现任领导班子坚强有力，在市教委的领导下能够承担筹备组建任务。

职业教育办学体制出现集团化不是一种偶然现象，也不是一种从众行为，而是一种职业教育发展过程中优胜劣汰的必然趋势和必然结果。职业教育集团化发展是从根本上解决教育和经济、学校和企业"两张皮、相脱离"的问题，真正实现职业教育和经济的相互促进、互利共赢、共同发展的有效途径之一。

为了优化职业教育资源，提升职业学校整体水平，从当前来说，贯彻教育部和上海市教委的部署，及时组建上海交通物流职业教育集团，使职业教育向规模化、集约化、连锁化的方向发展，是职业教育发展过程中的当务之急，也是学院和学校在发展中的必要探索。

（2007.8）

深化改革　三破"围墙"

——上海交通物流职业教育集团集团化办学的实践与研究

上海交通职教管理体制改革为上海乃至全国职教管理体制和管理模式的改革创新，提供了一些成功的经验。用较形象的语言可以概括为：深化改革，三破"围墙"（"围墙"引自教育家陶行知《创造的教育》一文——"我们要把学校的围墙拆去，那么才可与社会沟通。这种围墙不是真的围墙，是各人心中的心墙"）。

一、三破"围墙"，构建职教大集团

一破"围墙"，组建教育中心。

1996 年，原上海市交通运输局转制为上海交运（集团）公司。1997 年。集团将其下属的职大、中专、技校、党校、驾培中心合并成"教育中心"。中心这一企业办学形式，打破了职教内部"围墙"，将中高职教育、职后培训等资源集中起来加以利用，建立了一个中高职联动、职前职后并举的人才培养基地。这一举措，既推动了教育资源配置的进一步优化，又形成了人才培养规格与层次的多元化立体结构。

二破"围墙"，组建交通学院。

2001 年 4 月，上海交运职大与上海海港职大、联合民航、铁路中专，共同组建了上海交通职业技术学院。原来这四个校区资源隶属关系不一，体制机制各不相同，校区内仍保持着中高职并存的办学格局。而学院的组建打破了职教行业"围墙"，为构筑横向多元化、纵向多层次的综合大交通职教一体化管理平台铺设了基石。

三破“围墙”,组建职教集团。

2007 年 12 月,上海交通职教以专业建设为纽带。联合本市相关职业院校、企业集团和行业协会。以契约方式,打破职教产业“围墙”,组建了具有跨系统、跨行业、跨产业和跨区域特征的上海交通物流职业教育集团。首批23 家成员单位,其中7 家企业均具有较强的市场竞争力,基本涵盖了交通物流领域,是我们实施校企结合和集团化办学的基石;6 家行业协会,更是辐射了国内外上万家大中小交通物流企业,是我们实施校企结合和集团化办学的合作伙伴;10 家职业院校,以高职为龙头,以中职为基础,集合上海交通物流的优势与品牌,代表了本市交通物流集团化办学可持续发展的方向。

二、融合中高职教育,实现集团跨越式发展

中职教育和高职教育是同一类型两个不同层次、不同阶段的职业教育。上海交通职教管理体制改革的基本做法是:

一是坚持中高职教育的分层与分类管理。如在专业建设上,以课程标准和教材改革为核心,对中高职人才培养目标进行分层和分类的界定,通过师资与教学资源的优化配置与组合,实现中高职教育资源的共享。又如在教学管理上,依据中高职教学管理的不同特点,实施中高职两套质量保证体系。中职执行校颁的 GB/T 19001—2000 质量手册(含程序文件、作业技术文件和记录表单);高职以《高职高专院校人才培养工作水平评估》为标准,执行院颁的教学管理手册。

二是坚持走高职教育集团化管理办学之路。上海交通高职在一体化管理构架下有三大特点:多种体制并存;多层次办学;多校区管理。就组建模式而言,它是一个由四家具有独立法人资格机构构成的职教联合体。就管理体制而言,它针对四个校区教育资源不同归属、多种体制并存的实际,开创了“学院董事会领导下的院长负责制”的管理模式。就管理原则而言,它在学院内部与校区之间,采用了“三个不变”、“两个统一”的原则,即隶属关系、经费渠道、人员编制不变:学院管理制度(行政管理、教学管理、学生管理)和办学标准(专业开设、人才规格、招生计划、场地设备、师资条件、教学环节、毕业发证)统一。

这些改革措施促进了上海交通职业教育的整体发展。其主要成效:

一是使中职实现了跨越式发展。

“十五”以来,交通中职通过了上海市百所中职校重点建设评估和国家级重点中专评估。先后被评为“上海市文明单位”(连续 8 年至今)、“上海市职业教育先进单位”和“上海市安全文明校园”。被交通部评为“先进教育集体”;开设的“汽车运用与维修”专业是国家示范性专业,“现代物流”是上海市重点专业。学校毕业生已成为人才市场“抢手货”,每年就业率在 98% 以上。

二是使高职开创了大交通之路。

"十五"以来,交通高职顺利通过了高职高专院校人才培养工作水平评估,并获得专家组的一致好评。学院建院以来,依托行业优势,坚持走综合大交通联合办学之路,建立的海、陆、空(综合交通)的专业体系,首开上海乃至全国高职院校人才培养工作之先河。高职毕业生的就业率保持在95%以上,在上海高职高专院校毕业生就业排行榜上处于前列。

三是使培训发生了质的飞跃。

"十五"以来,交通职教集团坚持职前与职后并举的办学方针,积极拓展职后培训和继续教育的资质,建立了较完善的海、陆、空综合交通和现代物流职后培训、考核和职业资格鉴定体系,每年职后培训约25000人次。多层次、多种类的办学方式和办学成果,促进了职业教育的横向沟通与纵向衔接。

三、组建职教集团情况介绍

在总结现有改革成果的基础上,笔者所在课题组编写了"组建上海交通物流职业教育集团的申报材料",内容包括集团组建方案、集团组建可行性报告、集团章程、加盟协议书、集团五年发展规划。现简要介绍如下:

1. 集团性质

在上海市教委和上海交运(集团)公司指导下,由上海交通中高职为发起单位,以专业为纽带,联合本市交通物流业相关院校、企业集团和行业协会共同参与,以实现资源共享为目的而建立的职教联合体性质的非独立法人组织。

2. 发展定位

坚持"专业化、品牌化、连锁化、市场化、国际化"的标准。所谓专业化,主要是指以交通物流专业建设为纽带;品牌化,主要是指以打造集团的品牌专业为目标;连锁化,主要是指以一种或多种办学形态进行连锁发展;市场化,主要是指以合作共赢与契约经济方式进行运作;国际化,主要是指加强同国际职业教育的紧密联系合作。

3. 运行机制

坚持"契约合作、民主议事、集体决策、例会监督"的运行机制。四个运行机制中,重点是契约合作。所谓契约合作,主要指集团相关成员单位,在开展的职业教育各类合作项目与活动时,均以合同、协议等契约形式建立法律关系,以确保该合作项目或活动的正常进行。

4. 组织机构

职教集团实行理事会制。集团设立理事会、常务理事会和秘书处,下设三个指导机构,即专业指导委员会、教育教学指导委员会和就业指导委员会,并设立六个办事机构,即集团办公室、集团财务部、集团人力资源部、集团市场信息部、集团技术业务部和集团研究发展中心。理事会为集团最高决策机构。

5. 品牌建设

坚持以交通物流专业为主攻方向,在巩固和完善功能性、枢纽型、网络化的综合交通专业的同时，重点建设以报税物流为特征的口岸物流。以第三方物流为标志的制造业物流，以电子商务为导向的城市配送物流等专业。通过以专业为纽带的职教集团的组建，力争在交通物流类专业中做到“六个连锁”，即人才标准连锁、课程开发连锁、师资培训连锁、资源共享连锁、产学合作连锁和评价标准连锁。

（本文发表于《中国职业技术教育》2008年第18期）

积极探索职教集团建设的可持续发展之路

——学习十七大报告心得体会

党的十七大把“优先发展教育，建设人力资源强国”放在“加快推进以改善民生为重点的社会建设”的首要位置上，把“大力发展职业教育”作为党和国家的大政方针，进一步强调“教育是民族振兴的基石，教育公平是社会公平的重要基础”。落实到职业教育的具体实践中，就是要以邓小平理论和“三个代表”重要思想为指导，深入贯彻落实科学发展观，以服务为宗旨，以就业为导向，以提高质量为重点，深化校企合作，积极推动职业教育又好又快地发展，实现全面协调可持续发展。

交通学院作为综合大交通人才培养的基地，必须坚持“立足交通办教育，融入市场求发展”，充分利用上海交通物流职业教育集团的优质平台，在政府“大力发展职业教育”的政策推动下，以专业为纽带，以实现资源共享为目的，努力开拓职业教育的新领域。上海交通物流职业教育集团为学院打破围墙，建立校企更紧密合作的办学机制创造了良好机遇，学院将以此为契机，努力在今后的办学中积极推进三方面工作。

一、创新技能型人才培养模式要做到三个“关注”

十七大报告指出：“科学发展观，第一要义是发展，核心是以人为本。要全面贯彻党的教育方针，坚持育人为本、德育为先，实施素质教育，培养德智体美全面发展的社会主义建设者和接班人，办好人民满意的教育。”这就要求我们在人才培养上，要坚持以人为本，创新人才培养模式，建设学习型组织，做到三个“关注”。

一是关注人的发展的多样性。

多样性具体表现在人在社会生活中能充分发挥自己的多方面能力，并尽可能多地为社会的发展作贡献。这种能力是通过人的综合素质反映出来的。胡锦涛同志指出："全面实施素质教育，核心是要解决培养什么人，怎样培养人的重大问题，这应该成为教育工作的主题。"因此，在人才培养的过程中，我们更应关注人的综合素质的培养。对职业院校来说，就是在培养高技能人才的同时，更要努力把学生培养成为高素质的社会主义未来建设者。要以形式多样的素质教育载体，强化学生的职业能力教育；增加任意选修课比例，达到课程总量的10%以上；促进第一课堂与第二课堂的有机融合，努力把学生培养成"一专多能"的高技能人才。同时处理好两对矛盾，即学生职业生涯发展与行业发展的关系，家长或学生的期望与企业用人单位的需求之间的关系，关键是要培养好学生的学习能力。

二是关注人的终身学习。

温家宝同志强调："只有职业教育才是面向人人的终身教育。"学习是发展的潜力所在，终身学习是人的发展多样性的重要基石，因此要在广大师生中牢固树立终身学习的理念。对教职员工来说，就是要更新教育理念，进一步加强对自身专业能力、教学能力、服务能力、创新能力等职业能力的培养。对人才培养来说，就是要以职业生涯为目标确定课程改革方向，以工作任务为引领确定课程设置，以职业能力为基础确定课程内容。学院作为紧紧依托行业办学的教育实体，更应关注社会及行业企业员工的继续教育和岗位培训，为企业构建学习型组织作出自己应有的贡献。

三是关注专兼职"双师"结构队伍建设。

提升职业院校的人才培养水平，关键在教师。职业院校的性质决定了职业院校的教师必须具备"双师"素质。"双师"是指能说会做、能做会说、进课堂能教学、下企业能做事的教师。专业理论教师和实习指导教师是"双师"队伍的基本构成，这是职业院校适应人才培养模式改革的需要。世界上一些发达国家的高职教育体系中，兼职教师占较大比例，如德国为60%～80%，美国为60%以上，加拿大高达90%。行业企业的"名家"、"能手"将企业先进的理念和生产技术带到学校，学校的专业教学始终与企业的发展保持同步。因此，学院每年将有不少于20名的专业教师下企业挂职锻炼，同时要积极吸收企业的能工巧匠组成兼职教师队伍，使"双师"团队中兼职教师比例达到30%以上。当前存在的问题是，如何从按教师特长安排课程转向按课程来聘请教师，如何从满足教师的需要转向满足课程的需要。

二、开拓职业教育服务功能要做到三个"并重"

十七大报告指出："优化教育结构，坚持教育公益性质，发展远程教育和继续教育，建设全民学习、终身学习的学习型社会。"这就要求我们在办教育的过程中，必须努力遵循教育公平的基本原则，进一步拓展教育服务功能；努力维护社会主义和谐社会的建设与发展，面向人人，做到三个“并重”。

一是学历教育与非学历教育并重。学院要不断加强专业内涵建设，努力提升课程开发能力，加强校本教材建设。学院的几个公共实训中心要充分发挥教育、培训、鉴定、技术服务“四位一体”的功能，积极投入产教合作项目的开发，将实训中心转化为生产性实习基地，通过生产实践，强化学生动手能力培养，以产补学，搞活实训中心办学机制，不仅为职前学历教育服务，还能满足社会和行业企业职工非学历教育和岗位培训的需要，并为企业提供经营管理、操作规程等方面的技术咨询。

二是职前教育与职后培训并重。职后培训在为行业企业提供教育培训服务的过程中，除了坚持开展各类继续教育培训以外，还要积极拓展与职前学历教育开设专业相匹配的各类岗位培训。面向职后培训市场，依托学院综合交通专业在师资和实训方面的优势，在现有基础上，进一步拓展职业技能培训鉴定资质，形成不可替代的特色和优势，不断完善职业技能培训鉴定体系。职前教育保持现有规模，职后的社会人员、企业员工学历进修、继续教育、岗位培训等方面，年培训规模保持每年递增10%以上。

三是普通教育与成人教育并重。这是教育公平进一步突显的具体表现。在认真抓好普教办学的同时，积极开展成人教育，努力为社会和行业企业培养高技能人才。高职业余大专班拟开设“汽车检测与营销”、“报关与国际货运代理”等专业；北京交大远程教育拟招收“交通运输管理”、“物流管理”、“汽车运用技术”三个专业、3～4个班。此外，学院还将积极筹建技师学院，面向职前学历教育学生，开展职业能力训练和专业等级工培训，保证“双证书”通过率达到90%以上。

三、推进现代职业教育体系构建要做到三个“转变”

十七大报告指出：“大力发展职业教育，提高高等教育质量。更新教育观念，深化教学内容方式、考试招生制度、质量评价制度等改革。”这就要求我们持续加强内涵建设，努力提升人才培养质量和水平；积极推进现代职业教育体系的构建，努力做到三个“转变”。

一是从量态扩张转变为质态提升。规模扩张来自于量的积累，量的积累是容易的，从量变到质变则需要付出几倍甚至几十倍的努力。“质态”的核心内涵是“质量”，对学校而言就是要不懈追求好的教学质量。怎样才算好的教学质量？关键在于解决学生的一技之长和综合素质提高之间的关系。我们培养的学生要具有良好的职业道德、熟练的职业技能，满足学生胜任岗位需要的综合素质。通过全面提升学院的人才培养水平，努力争创上海市重点建设和特色高职院校。毕业生就业率保持在95%以上，签约率努力达到75%。

二是从外延扩大转变为内涵建设。提升职业院校的办学质量和办学水平，关键在于加强内涵建设。内涵建设的具体内容在于积极推进教学模式的改革创新。组建上海交通物流职教集团为深化校企合作搭建了优质平台，并将获得政府的大力支持。今年我们将首先在“物流管理”和“汽车运用技术”两个专业对三校毕业生实行自主招生。加强内涵建设还要努力适应四个转型，积极推进教学场所转型，教学由课堂逐步转向实训场所，全面实施专业理论与实践一体化教学；积极推进教学制度转型，实施校企合作、工学交替、半工半读的教育培养模式和多元评价方式；积极推进课程模式转型，加大精品课程建设力度，推动专业教学向“任务驱动”模式转型；积极推进师资队伍转型，努力构建优良的“双师”素质教师团队。

三是从硬指标达标转变为软指标领先。六年来，在全院上下的共同努力下，学院的办学取得了良好效果，各项办学指标均实现达标。在此基础上，我们要逐步朝着软指标领先的方向努力。“软指标领先”就是要创特色、打品牌。特色是不可替代的，品牌有着巨大的社会效应。因此，软指标领先才是提升人才培养水平的关键要素。要实现软指标的领先，一要更新观念，牢固树立“开放办学、面向人人”的大职教观；二要加强教育教学综合管理，深化教育教学改革；三要继续增加教学投入，打造更多的精品课程，开发更多的优秀教材；四要继续加大师资引进和培养力度，培养更多的教学名师。参加各类技能大赛不仅要得奖，还要力争得金奖。

总之，努力使全体人民学有所教，是推动和谐社会建设的首要标志。要进一步推动教育公平、社会公平，就必须坚持深入贯彻落实科学发展观。对学院来说，就是要以“十年磨一剑”的勇气和信心，聚全院之力，卧薪尝胆、加倍努力，充分利用上海交通物流职教集团建设与发展的独特机遇，坚持“立足交通办教育，融入市场求发展”，加强产教结合，推动学院突显品牌特色，做优做强做大，努力为行业企业的发展、为社会的进步提供强有力的人才支撑，进而推动学院又好又快的发展，并实现全面协调可持续发展。

（本文发表于《上海交通职业技术学院学报》2008 年第 2 期，并于 2008 年 10 月获中国交通教育研究会职教分会第十三届优秀论文评选二等奖）

上海职教集团化办学的实践及相关问题思考

随着我国职业教育向着"以就业为导向"方向的深入发展，重建产教联系、构建职教集团成为职业教育发展的一种内在需求。各地应运而生的职教集团，在探索产教结合方面走出了新路，成为职业教育主动适应经济发展和自身发展需要的一种努力。经过十多年尤其是近几年的实践探索，上海职教集团呈现出良好的发展态势。职教集团化办学对职业教育体制的创新、职教人才培养模式的创新和职业教育体系的建设对促进职业教育的内涵发展展现出积极的效用。

一、上海职教集团化办学的发展

1. 上海职业教育集团化办学发展的基础形态

自20世纪90年代，顺应职业教育发展的内在需求，上海市一些职业学校通过合并、重组等方式积聚资源和实力，通过与企业建立各种灵活有效的合作关系，提高职业学校生存和发展能力，促进办学水平提高，形成了上海职业教育集团化办学的初期规模和形态。

2000年，上海市卢湾区对全区职校布局进行调整，将原有4所职校合并，进行资产重组，组建了卢湾区职教产业集团。该集团将政府、学校、企业、外资等多种办学力量通过股份制、董事会等形式有机结合起来，形成以多方投入为主体的职教产业运作模式。该集团创新教育经营机制，以市场为导向，构建合理的产业结构和专业群；探索民办转制、中外合作、股份制等多种办学形式；引入了部门领导负责制、岗位责任制、动态聘任制、课薪制等产业化的管理方式。

2001年，松江职业教育集团、上海交通职业技术学院等成立。松江职业教育集团是一个事业股份制教育集团，实现了职业教育由单一行政管理转变为行政与企业管理相结合的管理模式,办学体制由单一的国有制转变为股份制,由国家投资办职教转变为国家、社会、个人多元化投资办学,由政府独立办学转变为社会实体办学的四个转变。上海交通职业技术学院则是以专业为纽带,由民航、铁路、港口、交运等院校自发合并组建成交通职教集团。四个校区分属于上海市交通行业不同的主管局和集团公司,职教集团内部既有事业办学,又有行业办学和企业办学。这种"校区教育资源不同归属,多种体制并存"的办学实体,使教育资源配置效率明显提高,综合办学优势大大增强。

同期成立的还有上海杨浦职校、上海建峰职业技术学院等。

这一时期的职教组织体现出的特色有中、高职联合结构的,有以区域性为发展核心与区域经济互动发展组建的,有依靠学校原有特色和行业背景与相关企业组建的,这时期的职教组织没有冠以集团的名称,但实际上已经具有集团的规模和形态,总体上反映了上海的职业教育在整合、集约方向发展趋势,也反映了上海职业教育在新的经济背景下建立的新型产教联系。

2. 上海职业教育集团化办学发展现状与特征

2005 年,《国务院关于大力发展职业教育的决定》及《教育部 2006 年职业教育工作要点》均正式提出要探索发展职业教育的新机制,进一步推动各地、各行业在整合和重组职业学校资源的基础上,组建区域性或专业性职教集团,开展规模化、集团化、连锁化办学。2005 年以后,以高等职业院校为牵头单位组建的职教集团进入了快速发展期,上海市提出将国家示范性高职院校建设与推进职业教育集团建设的工作结合起来,以国家级及上海市级示范性职业院校为龙头,联合社会办学单位、实训基地、企业或行业组织,在电子信息、机电数控、交通物流、建筑、轻工、化工、旅游、现代艺术、现代护理和现代农业等十个领域组建职业教育集团。在看到区域职业教育集团巨大的发展潜力后,上海市有了一个新的构想:2008 年选择 1 ~ 2 区县探索"区域集团"组建工作;2009 年组建 3 ~ 4 个"区域集团";到 2010 年,在上海市建成若干个区域职业教育集团。组建面向区域经济社会发展的职教集团也成为上海一个重要的战略选择。

2007 年 10 月,上海现代护理职业教育集团成立,标志着"职业教育集团建设计划"已经取得突破性成果,上海市的职业教育集团化办学也随之步入一个新的发展阶段。上海现代护理职业教育集团以上海医药高等专科学校和交通大学医学院附属卫生学校为组建牵头单位,首批成员来自卫生类职业院校、医疗部门等 20 余个单位。

2007 年 12 月,上海交通职教以专业建设为纽带,联合本市相关职业院校、企业集团和行业协会,以契约方式,打破职教产业"围墙",组建了具有跨系统、跨行业、跨产业和跨区域特征的上海交通物流职业教育集团。

2008 年 11 月,上海商贸和电子信业教育集团举行了揭牌仪式。

2009 年 3 月,上海旅游职业教育集团和上海市的两个区域性职业教育集团——上海嘉定职业教育集团、上海市徐汇区—漕河泾新兴技术开发区产业和职业教育集团(简称徐汇职业教育集团)相继正式成立。

上海旅游职业教育集团是由上海师范大学旅游学院、上海市商贸旅游学校 、上海市旅游培训中心等上海部分旅游院校、上海部分旅游企业及行业协会等在平等、自愿的原则下,以协议的方式形成的职业教育办学联合体。

区域性职业教育集团上海嘉定职业教育集团是在互惠互利的基础上,以区域为载体,以专业项目为纽带,以实现资源共享为目的,由嘉定区政府搭台、区教育局牵头,联合区域内各级职业院校、高等院校、成人院校、相关企业共同参与举办职业教育的非独立法人组织。

徐汇区依托漕河泾新兴技术开发区的企事业单位,以建设人力资源强区,服务徐汇的经济社会发展为目标,以促进人力资源的终身发展为抓手,以地方政府牵头,形成政府、学校和企事业单位三位一体、相对紧密的区域性的职教集团,构建“职前职后一体化”的合作共同体。徐汇职业教育集团的成立标志着一个联结企业和职业院校的服务与资讯平台在开发区建立。

现阶段,上海职教集团发展的新趋势是规模化发展、资源聚集和产教紧密合作。从类型上看主要有上海现代护理、交通物流、上海商贸和电子信业等职教集团等以行业为纽带组建的职教集团和嘉定职教集团、徐汇职教集团等区域性职教集团。两类职教集团均是在校企广泛合作的基础上形成的,其组建模式基本是松散型的,总体而言,各职教集团都具备共建、互补、共享、双赢四个特征。上海行业性职教集团的具体特征主要表现在:各种跨实体的联合都是松散型的,学校和企业原隶属关系不变,产权性质不变,教职工身份待遇不变;集体成员之间的教育和经济业务往来,以协作、转让、托管、租赁等多种方式进行,实现更合理的市场化配置;各种形态的联合呈现了一定复杂性。区域性职教集团的具体特征主要表现在:集团与区域经济的联系较为紧密,专业设置、培养目标、办学方式较为合理;受区域政府的指导较多;企业对集团基本没有资金上的实质性支持。由于是松散型的联合,在协调发展、利益分配、合理互补等方面有许多尚待探讨的问题。

二、上海职教集团化办学展现的功效

1. 促进了职业教育体制的创新

职教集团的建立,对实现职业教育办学体制从单一形式到多方灵活,管理体制从条块分割到协议组建,从高度集中到相互链接拓展,投资体制从一元化到多元投入等方面都进行了一系列的实践与探索,开辟了职业教育体制创新的路径。主要体现在:一是集团可涵盖职业教育的中高职教育,职前、职后教育,学历证书、资格证书教育等,形成人才培养、培训的链接互补。二是依靠集团拥有的教育资源、专门技术、对口信息以及互补的弹性教育结构,可以较宽口径、较大平台、较多接口,满足人才市场多样化、个性化、小批量的需求,实现人才培养与市场就业的有效对接。三是有效解决单个院校无法覆盖人才培养专业链上所有环节的不足，在更大的领域和时空内对企业人才需求的难以预测性进行调节，使分层次、阶段和专业方向的学习制度成为可能。

2. 创新了职教人才培养模式

职教集团化办学在推行工学结合、校企合作的现代职教模式，建立和完善半工半读制度、企业接受职业学校学生实习制度等方面收到了明显成效。职教集团化办学，相对固化了学校与企业的联系，在一个更高的层面上解决了职业学校师生到企业进行实践锻炼和顶岗实习的问题，有效提高了教师的专业实践能力和学生的职业技能。如：上海交通物流职教集团成立后形成了各学校特有的综合办学优势。政府和上级主管单位对事业、行业、企业的扶持与投资，使学院享受到了多渠道的政策优惠；宽阔的行业背景给学校带来了全方位的信息资源，与交通行业的200多家大中型优秀企业建立了较密切的合作关系，与其中60多家企业签订了产学合作协议书，建立了稳定的校外实习基地，与美国通用、日本丰田、浦东机场等大企业开展联合办学。行业与企业的参与，增强了人才培养的针对性。学校积极推行双证书及订单式、模块式教育。提高了人才的就业质量与数量，也提高了自身的知名度和美誉度，多层次、多种类的办学与培训，促进了职业教育的横向沟通与纵向衔接。

3. 促进了职业教育的内涵发展

组建集团的一个重要目标就是在新的平台上重建校企合作的纽带。合作的核心是促进职业院校与企业之间形成企业与职业院校人才资源优化和集聚机制，共享培训条件、实训岗位和教育培训师资；院校与企业进行科研和产品开发等方面的合作，推动院校和企业共同发展。上海职教集团化办学为形成多方合力搭建了舞台，一批研究所、学校和企业的专家和学者、工程技术人员、能工巧匠来到学校任教或参与管理，给学校带来了新的理念和活力。通过扩大校校之间、校企之间的合作，学校拥有了丰富的校外实训基地。

在专业设置与课程建设方面，职教集团可根据集团内企业对人才规格的要求，校企双方共同制订培养方案，把产业优势转变为专业优势，把专业优势通过教学环节具体实施变为教学优势。各职教集团都在不断提高课程开发水平，各集团均有多门课程被确定为高职高专精品课。

在教师队伍建设方面，以上海现代护理职教集团为例，集团成立后由于有校企合作的基础，使临床兼职教师参与课程教学的比例逐渐升高。其中，专业课程中临床师资占全部师资的比例，由原先的20%提高到52%，临床师资承担的课程由原先的11%增加到43%；“双证”师资任教课时占专职专业教师课时比例由原来的55%提升到64%。职教集团化办学为优化教师队伍找到了一个很好的平台。

在联合招生方面，上海交通物流职教集团10所中高职院校所开设的物流专业（含专业方向），以专业建设为纽带，瞄准本市现代物流业迅猛发展的人才市场，以交通物流职教集团的名义，参加了上海第五届教育博览会，打一套品牌，定一套标准，向社会进行联合招生，在中高职生源相对减少的情况下，2008 年集团 10 所职业院校，计划招生物流专业（含专业方向）1528 人，实际录取报到 1662 人。

三、职教集团化办学发展的相关问题及思考

上海市职教集团化办学经历多年的实践探索与发展，集团化办学的重要意义和积极效应已经初步显现。随着集团化办学的进一步深化，集团成员之间的合作从初步聚合走向深度聚合，以外部联合走向内部联合，从单纯公益结合走向公益与利益双重结合，一些深层次问题逐渐显现出来，许多问题尚待探讨。

1. 集团化办学中政府推动作用与自主发展

职教集团的创建与发展，政府的地位和作用至关重要。政府要将隶属不同部门的学校整合到一起，架构集团的组织体系和运行基本规则，并保持一定的政策、资金激励。上海市政府进行职教集团的组建中，采取全程引导型管理模式，确定上海职业教育集团化发展的目标，搭建起政府引导职业教育集团化发展的制度框架，给予集团“四个优先”的政策支持：给予优先安排招生计划，优先落实学生奖、助学金资助，优先开展校长职级制和教师评聘制度改革试点，优先开展与外省市合作办学和国际交流合作等方面的政策支持。政府的推动作用是举足轻重的。职教集团是由若干个具有独立法人资格的职业学校、相关企事业单位，以契约或资产为联结纽带的非营利性组织。就其本身来讲，是学校与企业自主发展的协调性组织。当前学校与企业自主发展的意识不深，企业自主合作发展的紧迫感不强，对集团建设的活动和工作参与不够主动与积极。集团化办学既需要政府持续有利地推动，更需要注意发掘和培养集团各个学校与企业集团自主发展的内生要素。政府需要对集团化办学、集约化发展减少一些行政干预，逐步在集团内院校专业设置的优先权与自主权，实行多种形式的中高职教育融通，在鼓励集团内实现校企双方资源效益的互利互惠等方面，扩大学校办学的自主权。

2. 集团化办学中学校与企业合作

尽管职教集团已初步建立了较为科学的管理体制和相对规范的运行机制，基于集团为跨区域、跨行业、多层次的松散型组织，成员类型多样，合作企业主要由原来集团内牵头学校与骨干学校分别推荐，他们与集团内其他学校接触程度低，合作也比较少，尚未形成企业群与学校群之间的整体联动的合作。具体表现为：个别政府机构参与集团活动的表层化，少数行业组织参与集团工作的被动性，部分企业成员、院校成员参加集团建设的滞后性等。集团范围内职业教育资源整合空间有待进一步拓展，校企深度融合、院校紧密合作、校政互动发展尚待有效实现。推进职业教育集团化办学进程，关键是要增强企业参与职业教育的动力。政府部门应推动相关主管部门为企业参加职教集团、参与职业教育，出台支持企业参与职业教育集团发展的优惠政策，如减免税收，允许企业盈利等，激发企业的参与热情。集团也要通过有效运作，以校企、院校间深层次的合作成果，企业

和院校的实质性获利，来推动部分成员的观念更新，使其将参与集团活动不仅作为对职业教育的公益性帮助，更作为实质性获益的实践方式，从而从根本上解决集团互惠互利动力机制的完善问题，推动更多的企业、行业组织参与集团活动，形成大职业教育的生动局面。

3. 集团化办学的中、高职教育衔接

中等职业教育与高等职业教育同属于职业教育，同样是培养技能型人才，同样需要密切结合企业和市场办学，但又分属不同的层次，招生对象、培养目标不同，研究的问题、关心的重点也不同。建议在当前体制上，中高职衔接应以专业和人才培养为纽带，以“双赢”为基本准则，集集团群体优势和各自特色于一体。各集团把工作的重点定位在“规划、引导、服务、协调”上，使各职业学校在职教集团的统筹规划下逐步形成从招生、专业培养方案设计、教学实施到就业一体化的中、高等职业教育相衔接的职教体系，中、高等职业学校相同专业在专业培养目标、教学管理、学籍管理、招生、就业等方面实现有效衔接。要分别赋予高等职业学校辐射服务中等教育的责任，在师资队伍建设、课程改革等方面给予中等职业教育必要的指导和帮助。

4. 集团化办学中质量保证与评估机制

要客观公正地评价职教集团化办学，必须建立相应的评估机制，推动全面质量管理，通过质量标准和系统服务来实现对各成员单位的管理，确保形成整个职教集团知识品牌，提升整体竞争力。在强化职教集团质量管理上要不断加强以下方面的建设：一是制定集团的中长期发展战略；二是确定集团的质量目标；三是保障质量所需各类资源；四是健全管理程序以及预警系统；五是按标准进行课程开发与评价；六是有效组织各个环节教学活动；七是建立起质量保证和评估体系；八是实施督导、反馈与奖惩条例。

5. 集团化办学中教师队伍建设

教师队伍建设既是一个难题，又是一个热点问题。首先要建立比较完善的职教教师培养基地，其次是要处理好中高职教师交叉上课、“双师型”教师认定、工程师兼课、师资任教资格、同工不同酬、任教水平考核等一系列问题。教师队伍建设必须有政府政策和经费上的支持；要建立双师型教师队伍素质教育的综合保障体系；建立以财政资金投入为主，学校和教师分担部分成本的高职教育“双师型”专业骨干教师培训投入机制；建立互惠互利的校企合作长效机制；建立培训培养与聘用晋级相结合的人才成长机制；建立有效的项目运行监测机制和效益评估机制。

（本文发表于《中国职业技术教育》2009 年第 33 期，作者：鲍贤俊、孙梅、吴国伟，为上海市教育评估院项目[沪评研 200813]“上海职教集团管理体制、运行机制和绩效评价研究”阶段性成果。2011 年 11 月，获上海中专教育研究会第十六届论文评选二等奖）

现代职业教育体系构建赋予集团化办学内涵建设的思考

站在我国教育改革发展新起点上，十八大报告提出要“加快发展现代职业教育”，这与五年前十七大报告提出要“大力发展职业教育”，我们的理解，增添了“现代”两字，有学者认为这是一个新提法，也有人认为这并不是新提法，不管是新与不新，这两字的切入，它至少赋予十八大后我国职业教育改革发展的新的目标与内涵。围绕国家和上海中长期《教育规划纲要》对职业教育发展确立的构建具有中国特色的现代职业教育体系，注重职业教育集团化办学内涵建设的两个战略目标，本义从“理解、挑战、思考”三个方面，提出上海交通物流集团化办学内涵建设的探索路径，以全面助推新形势下的现代职业教育体系建设。

一、现代职业教育体系的理解

首先，需用目前最有代表、最权威的《国家中长期教育改革和发展规划纲要(2010—2020年)》三句话加以界定，即：所谓“现代职业教育体系”，就是指“适应经济发展方式转变和产业结构调整要求、体现终身教育理念、中等和高等职业教育协调发展”的职业教育系统。

其次，理应按教育部提的“适应需求、有机衔接、多元立交”进行解读。①适应需求，就是适应经济发展方式转变、现代产业体系建设和人的全面发展要求，遵循技术技能人才成长规律，实现各级各类职业教育的科学定位和布局；②有机衔接，就是统筹协调中等、高等职业教育发展，以课程衔接体系为重点，促进培养目标、专业设置、教学资源、招生制度、评价机制、教师培养、行业指导、集团化办学等领域相衔接，切实增强人才培养的针对性、系统性和多样化；③多元立交，就是推动职业教育与普通教育、继续教育相互沟通，实行全日制教育与非全日制教育并重，搭建职业教育人才成长“立交桥”。

第三，还可借用“外部适应性、内部适应性、系统协调性”加以归纳。①外部适应性，即“适应经济发展方式转变和产业结构调整要求”，它是体系构建的逻辑起点，新时期经济社会发展要求这个体系必须是开放的，需要统筹，需要合作，需要通过教学标准与用人标准的融合，实现专业建设与产业发展对接；②内部适应性，即“体现终身教育理念”，它是体系构建的根本目的，或者说要求这个体系应该以育人为本，强调人的终身发展，既要重视培养学生的学习能力，也要强调面向人人，坚持全日制教育与各类职业培训并举并重；③系统协调性，即“中等和高等职业教育协调发展”，它是体系构建的重要实现手段，或者说要求这个体系既能系统培养技能型人才，又能突破培养层次的局限，因此，具有十分丰富的内涵。

第四，就我们的理解，“开放性、全程性、贯通性”或许更能从推进集团化办学目的，来理解体系构建的本质特征。因为：①开放性，既能基本涵盖“外部适应性、适应需求、适应经济发展方式转变和产业结构调整要求”的基本要求，又能体现我们集团化办学内涵建设，注重“校企合作、工学结合”，注重“大职教”、“破围墙办学”、“跳出学校办教育”的基本思想；②全程性，既能基本涵盖“有机衔接、内部适应性、体现终身教育理念”的基本要求，又能体现我们集团化办学既关注终身教育的“学校教育、企业教育、社区教育、家庭教育”，更强调学校教育与企业教育的并举并重；③贯通性，既能基本涵盖“多元立交、系统协调性、中等和高等职业教育协调发展”的基本要求，又能体现我们集团化办学纵向贯通、横向衔接的体系建设，满足企业需要人才培养的内涵建设，以及资源整合、资源共享的校企合作。

二、体系构建背景下集团化办学内涵建设面临的挑战

无论是体系构建的宏观层面，还是集团化办学内涵建设的中观层面，或者是我们一个点上的微观层面，课题组以为，目前，就体系构建背景下集团化办学内涵建设面临的挑战，或存在较典型与突出的问题：

首先，是办学理念的不适应问题。或者说是左右我们办学理念确立所遇的一些矛盾，大的方面主要是：①教学与岗位“无缝对接”的功利性与学生终身发展育人性矛盾；②以就业为导向的职业教育办学方针与中高职衔接带来的就业和升学的矛盾；③首岗能力胜任要求的针对性与增强学生发展潜力和岗位迁移能力的矛盾等。

其次，是管理能力的不适应问题。或者说是用什么管理方式或举措来提升集团化办学内涵建设，大的方面主要是：①如何充分运用好各种社会资源，建立起密切稳定的校企合作关系；②如何保证各项资金收入的正确使用和资产的科学合理运用，提高其利用率和使用效率；③如何采集、发布、管理、维护及分析好各类数据，促进人才培养质量的持续提升。

第三，是师资队伍的不适应问题。或者说是我们目前的师资队伍与体系构建存在差距，大的方面主要是：①教师的科研服务能力普遍欠缺，为企业发展提供的研发服务非常有限；②行业企业认可的专业带头人更是凤毛麟角；③专业教师追踪产业发展的意识比较淡薄，知识更新和技术进步还跟不上行业发展对高素质技能人才培养的要求；④随生源结构和教学模式发生变化，教师的教学能力、教学手段和教学方法还不能适应培养模式的转型要求。

三、关于上海交通物流集团化办学内涵建设的思考

现代职业教育体系构建赋予集团化办学内涵建设，需要思考的问题很多，从我们一个点上存在的问题与面临的挑战切入，课题组以为，目前上海交通物流集团化办学的内涵建设，重点需从以下"纵向贯通横向衔接的子系统建设、满足企业人才培养要求的内涵建设、资源集聚优势互补的校企合作"三个方面加以突破，力求为本市乃至全国职教集团化办学内涵建设提供有参考价值、指导意义和借鉴作用的探索路径，以全面助推新形势下现代职业教育体系建设。

(1)把"纵向贯通横向衔接的子系统建设"融入于现代职业教育体系构建之中，不断完善职教体系与产业体系互相融合的体系建设。具体试验举措是：①以专业为纽带，探索纵向贯通的职前体系建设。第一，是聚焦本市中高职教育贯通培养模式的改革试点。首先是进一步完善集团化办学一所高职对一所中职"点对点"贯通的改革试点，并不断完善"点对点"贯通培养的规范管理；其次，是探索集团化办学一所高职对若干所中职"点对面"贯通的改革试点，不断创新与探索基于学分互认的中高职课程衔接等更加灵活的"点对面"的改革试点。第二，是聚焦本市中高职自主招生技能考试贯通的改革试点。充分发挥本集团现代物流综合技能训练平台的优势，开发与拟定自主招生的考核评价标准，在本集团范围内推出综合技能训练平台考核等级合格，与中高职自主招生技能考试合格互相融通的改革试点。②以适应需求为逻辑起点，探索横向衔接的职后体系建设。第一，是瞄准创新驱动与转型发展的企业需求，构建管理人员培训体系。系统包括：任职基础培训、任职资格培训、法律法规培训、管理者领导力、在职研修等。第二，是构建技术业务人员培训体系。系统包括：职业素养培训、专业深化培训、专业拓展培训、应用研修等。第三，是构建技能人员培训体系。系统包括：岗位能力提升培训(含本集团正在成员企业开展成人中专培训)、职业能力等级培训与鉴定(含本集团推出的56项菜单式服务、高级工技师和成人大专培训)、专项资质培训等。

(2)把"满足企业人才培养需要的内涵建设"作为现代职业教育体系构建的基石，不断完善以提高质量为重点的集团化办学内涵建设。重点实施举措是：①进一步完善与开发适应交通物流行业发展需要的专业人才培养方案。开发的依据为：在宏观上，对交通物流行业进行国内外(广泛)和所在区域(重点)的产业政策、发展现状、发展趋势和人才

供求状况的调研与分析；在微观上，通过企业岗位需求和工作任务分析，获得专业职业岗位（群）面向（专业培养目标）和岗位素质、知识、能力结构（专业培养规格）。开发的承担者为：行业企业专家、院校骨干教师；开发的标准为：院校与行业对接，专业与职业对接，课程与岗位对接。②进一步完善与开发适应行业发展需要的专业教学标准与课程标准。尤其在标准开发上，作为交通教育教学指导委员会高职物流专业教学标准与课程标准的组长单位，以及上海中职物流专业教学标准与课程标准的组长单位，就课程标准的完善与开发，我的新思考为：a. 课程开发，分析岗位、融合标准、突出特色；b. 课程结构，以精品课程为标准，建设校本教材；c. 课程模式，针对特点、灵活多样；d. 课程管理，有序性、稳定性、持续性。③进一步完善与健全适应行业发展需要的校企双师双向交流的专业教学团队。就扩大聘用企业兼职教师的问题上，将重点落实两项举措：a. 有效利用政府投入集团化办学的专项经费，逐步在集团成员企业建立起一批校企专兼结合的"师资培训基地"；b. 不断发挥集团已建的企业特聘兼职教师"资源库"作用，推进企业特聘兼职教师资源库一个"点"服务于集团所有成员院校一个"面"的企业兼职教师队伍建设。

（3）把"资源集聚优势互补的校企合作"融入于现代职业教育体系构建之中，不断推进教产两个体系融合的集团化办学的改革创新。重点推进举措是：①进一步发挥校企合作和校协联手的集团化办学优势，持续不断地在集团成员企业建立类似交运日红、世图物流的"学习中心"，为企业人员知识更新服务；同时，持续不断地在集团成员企业建立"双师型"教师挂职锻炼基地，为师资队伍知识更新服务等。②进一步深化校际联合和校企合作集团化人才培养模式的改革创新，积极探索课程跨校学分互认的改革试点，探索综合技能训练平台合格证、就业准入、优先录用的改革试点等。③进一步创导校企合作集团化办学的"两个为荣"。第一，是交通物流职教集团成员企业以接受集团成员院校学生就业，并积极支持企业教师到集团成员院校兼职为荣；第二，是集团成员院校以积极为集团成员企业服务，并支持和鼓励学生到集团成员企业就业为荣。

结论：把"现代职业教育体系构建"与"职教集团化办学内涵建设"这两个《教育规划纲要》提出的战略目标柔性融合，兼容并包，相信对我们加强集团化办学内涵建设、服务于现代职业教育体系构建，以及现代职业教育体系构建、促进我们集团化办学内涵建设，都具有十分重要的指导意义和推进作用。

（本文发表于《上海交通职业技术学院学报》2012年第2期，并在2012年京津沪交通职教集团化办学高层论坛上作专题交流，课题组成员：鲍贤俊、吴国伟、孙梅等）

中外职业教育比较与职教发展篇

- 澳大利亚TAFE的几点启示
- 《英国利兹城市学院战略规划（2010.8—2013.7）》引发的思考
- 美国精英式高中教育的启示与借鉴
- 有感于菲利普斯埃克塞德学校的三种意识
- 新时期中等职业教育的作用及人才培养规格和培养模式的研究
- 优化资源　把握机遇　坚持创新　不断发展
- 大力推进产学研联盟　加快培养技能型人才
- 交通高职发展中的定位与特色问题
- “联合体”型中高职教育的理论研究与实践探索
- 职业教育规模化、集团化、连锁化办学的背景研究与动力分析
- 以特色办学推动学院科学发展
- 推进中高职“立交桥”建设　开通“五年制高职”办学渠道
- 追求教育卓越　建设一流教育
- 以职业能力为核心　推进中高职教育衔接

澳大利亚 TAFE 的几点启示

一、概况

经上海市政府有关部门批准，由上海市教委组团的“上海市职业技术教育师资培训团”，由市教委职成教处处长张持刚同志担任团长，团员由上海第二工业大学、市有关中专、职校等单位的19名有关校长和教学管理人员等组成。

培训考察团于2001年11月18日～19日进行了国内阶段的专业培训，由上海第二工业大学负责培训工作，主要开设了《加入WTO后的中国职业技术教育》、《职业技术教育的国际比较》、《澳大利业昆士兰及TAFE体系介绍》等专题讲座，同时接受了安全保密纪律和外事纪律教育。

2001年11月24日～12月9日职教师资培训团按照预期日程赴澳大利亚培训考察，在澳大利亚的培训课程与考察活动由昆士兰TAFE(Technical and Further Education，即技术与继续教育)集团中的开放教育学院负责安排，主要开设了《与企业挂钩的课程开发》、《培训和评估方法》、《教学方法与企业的合作》、《远程教育手段和方法》、《IT信息技术专业的开发》、《研究和开发网上教育》等专题培训讲座。结合课程内容考察了昆士兰TAFE学院中的开放教育学院、南岸学院、北点学院、叶洛格学院、莫里顿学院、怀德贝学院、布里斯本学院7所学院。参观了布里斯本、黄金海岸和悉尼的城市交通网络建设，加深了影响。

二、培训考察体会

1. 面向全民，开放教育，灵活办学

澳洲的TAFE学院是面向全民，不分民族，不分国籍，也招收国外学员，不分年龄，

全面开放。本次赴澳，由于昆士兰 TAFE 集团对中国教育市场的开发，促进了经济工作，开放教育学院得到了昆士兰州政府的嘉奖。另外，印象最深的就是每所 TAFE 学院的 Information Centre，其实就是咨询中心，你想学什么专业，了解课程设置等有关学习的任何情况，你都会受到热情接待，得到满意的答复，并能拿到全套而详细的资料，据我了解我们国内还没有一所学校能如此重视这个招生环节，这可能与我们的招生制度不同有关。他们每所学校都非常重视这个环节，如我们一到北点学院，步入其宽畅明亮的大厅，映入我们眼帘的第一个部门就是他们的 Information Centre，你总能看到有几个工作人员在计算机旁边工作，外面摆放着各种专业的招生简单、专业课程介绍的资料。还有很多 TAFE 学院都开设有弹性学习课程（Elexible Learning），就拿怀德贝和开放教育的 TAFE 学院为例，该学院目前开设弹性课程的专业有：财会、儿童服务、环境保护、管理学、市场营销、多媒体、园艺、办公室与管理等。他们随时随地接收学生，学生可以按自己的学习进度学，可在校园学，也可在家里学，可以自由选择对学习科目的测试评价、什么时候学完、什么时候毕业，为学生学习提供了非常方便的条件。这种灵活的办学方式，给学习者很多选择的机会，无疑使学校的办学更具有活力。

2. 面向市场，以适应社会需求为目标，全方位地设置专业

澳大利亚的职业教育实实在在，就是面向市场，社会需要什么人才，他们就开设什么专业。他们非常注重多样化，按照企业的需要，一切按企业的要求，全方位地开展职业教育培训。在开设专业时，首先倾听企业行家们的意见，满足企业的职业能力标准。他们开设的课程包括：农业、艺术、人文、建筑、经济管理、计算、设计与图形、经济学、电器、汽车工程、卫生保健、科学技术、旅游与酒店管理等。比如很多 TAFE 学院都有园艺、汽车、酒店管理等专业，目的是面向社会经济的发展和劳动力的需求。且专业设置宽窄并举，呈拓宽趋势。如布里斯本学院的信息技术专业，将对计算机设备的维修要求也放在课程设置的模块中，而在我国，实际上这又是一个职业领域。由于他们这一专业涵盖面较广，加之实训设施先进完备，毕业生受到用人单位欢迎，就业机会广，非常适用。

3. 面向岗位，以培养学生的实际能力为目的，设立实训基地

澳大利亚的 TAFE 学院非常重视实际操作能力，重视实践环节，理论课占的比重很小，很少单独开理论课，都是结合实际讲解。他们的课堂就是实践场地。比如我们参观北点和莫里顿 TAFE 学院的汽车修理专业时，看到学生上课的地点就是汽车修理厂，学生的指导教师都是机械师、工程师，他们既是课堂理论教师，又是车间实训带教老师。他们在校外均有固定的实习修理厂，修理厂对社会开放，设备齐全。由于澳大利亚汽车工业比较发达，平均家庭拥有汽车数量也比较多，该专业办得很红火。我们还参观了南岸 TAFE 学院的酒店管理专业，这个专业办得更有特色，该专业实训场所设在校园，是一家对外的酒店。昆士兰 TAFE 集团还专门在此宴请我们，并由州政府部长为我们每人颁发培训证书。

当我们参观南岸学院的医疗护理专业时，令我感到惊讶的是，该学院竟然把我们孔夫子的话译成英语贴在墙上，上面写着"I hear and I forget. I see and I remember. I do and I understand."即我听到的会忘记，我看到的会记忆，我做过的会理解。可见 TAFE 学院对能力实践的重视。

4. 面向学员，以学生为中心，一切工作的着眼点都放在学生身上

澳大利亚 TAFE 学院的教学坚持一切从学生的实际出发，在教学中，根据学生的实际水平分班，如南岸学院的语言中心，经入学考试后分班，每班人数 5 ~ 15 人。坚持因材施教的教学方法，我们听了北点学院的一堂公开课，课上教师和学生是平等的、沟通的讨论式的，老师讲一个问题后，学生们 3 人一组进行讨论，如老师讲到如果你到了原始部落，必须应具备的哪些知识、技能和态度，要求学生当场画表格填充，气氛相当融洽。我们在叶洛格等各所学院还参观了他们的学习资源中心和学生的独立学习中心，其实就是图书馆，但我觉得他们改名为学习资源中心更确切，意义更深刻。这体现了他们在指导思想上、观念上的转变，图书馆不再是单一的借阅功能，而是面向学生，为学生广泛而有效的利用资源提供最佳场地。他们配备了大量的计算机，学生可以上网，直接获取信息。学生自己成了主人，是直接获取信息知识的主人。独立学习中心就是为了帮助那些学习上有困难、独立完成作业有困难的学生，该中心配备有可供学生自学的图书馆、教材及有声资料和计算机。学生可以随时随地去中心学习，如果你需要其他校区的图书资料，学院可以快递的方法为你及时送到。

三、几点启示

1. 教师必须保持与产业界的联系

TAFE 学院认为，决定教育培训质量的唯一决定因素是教师的质量。学校在聘用和开发教师方面遵循以下原则：具有大学本科学历，从事本专业实际工作 5 年以上，须学过教育学、教育心理学等课程；专职教师每月安排几天，每年安排一段时间离开学校到行业或企业内专业岗位实践，保持与产业界的紧密联系。兼职教师要求补学教育学、教育心理学等课程。

2. 课程内容必须按社会需要设定

至于实际开设哪些课程则依生源情况和社会需要而定。课程内容涉及广泛，具有较强的针对性、实用性。无论学生的择业方向如何，或已从业人员出于提高其专业技能的需要，都可以选择适合的课程进行学习。各 TAFE 学院尽可能采用已在全国范围内认可的课程，这样，当一个人在某个州学习完这门课程后，其获得的知识与技能在其他州效果相同。为了使课程内容能切实满足就业的现实需要，凡在全国性开发的课程每五年全部修改一次，平时还有常规、短期和临时的修改，以便跟上技术发展的步伐。

3. 教材使用必须及时补充新的内容

对于已开设的课程，其教材的采用分两种情况：一般课程，其内容更新周期较长，则采用现有的通用教材，而对于专业性强、内容更新快的课程，则采取学院（与社团、企业合作）编制教学大纲，由教师自编讲义辅以大量参考资料进行教学的方式。之所以能做到这一点，正是因为教师的能力强，对新工艺、新技术、新产品等心中有数，能够向学生提供最接近现实需要的参考资料，并据以实施教育培训。

4. 实习环节必须硬件和软件同步

课堂教育和实习是职业教育培训必不可少的两个环节。澳大利亚联邦政府及各州政府十分重视 TAFE 学院学习条件的改善与优化，投巨资建设实验室、实习工场，配备先进的仪器设备，并不断淘汰更新，以满足教学的需要。实习（验）指导教师不配专人，由理论教师兼任。

5. 校园建设必须以人为本

良好的校园环境是每所 TAFE 学院倍加重视，且处处为每个学生着想的体现，TAFE 学院的价值观是更好地为顾客（学生）服务，其教育理念是成为服务的领先者。

（本文 2002 年 3 月发表于《交通职业教育》，《上海交通职业技术学院学报》2003 年第 2 期，并获中国职业技术教育学会“全国优秀职教文章”评选二等奖）

《英国利兹城市学院战略规划(2010.8—2013.7)》引发的思考

2010年11月14日至12月5日,我有幸参加了教育部、中国教育国际交流协会主办的"高职院校领导海外培训项目(VELT)",前往英国学习研修。

在英国期间,我们访问了英国文化协会、中国驻英使馆教育处、EDEXCEL总部,参观了伦敦大学、帝国理工学院等院校。此次"高职院校领导海外培训项目赴英团"共20人,被分成三个研修小组,我在第二组利兹组,在利兹城市学院进行了集中研修,对英国职业教育的历史、现状及发展趋势有了较为深入的了解,对英国职业教育的体制和特色、英国职业院校的管理机制、决策机制、组织架构、人才培养模式、师资队伍建设等方面有了较为全面的认识,开阔了视野,增长了见识,在办学理念上获得了新的提升,对我院今后的建设与发展,对加强和促进学院的国际交流与合作有良好的借鉴作用。

一、利兹城市学院概况

利兹城市学院是英格兰第三大职业学院,有五个校区(Thomas Danby校区、Horsforth校区、South Leeds校区、Technology校区、Park Lane Keighley校区),员工1800人,学生约6万人。

利兹学院的办学始终贯穿"卓越、诚信、责任、尊重、支持、效率、进取、应变"的文化理念,以"办最优秀的职业院校,为学生提供改变社区生活的知识和技能"为目标,充分发挥教学资源、政府资金、课程的作用,实现核心价值和学院战略规划目标。

学院创设了充满活力的多元文化学习环境,开设全日制和非全日制的学术和职业资格课程,等级从基础技能到学徒式培训,从中学高级水平到大学预科学位。课程涵盖16~18岁的学生、成人、雇主及各行业所需专业,为学生提供优质且富创新性的教育,支持和鼓励学生发展。学院体育发展、创意及文化技能、餐饮及管理、酒店管理、零售、金融服务、体育及健身等专业享有国际技能委员会地位,是学院重点优势专业,所有专业都有通向高等教育的路径。

学院有一支专兼结合的教师队伍,教师的流动量每年在10%左右。大量的兼职教师从企业和大学来,必须具备教师和职业技能资格,有的教师在相关专业领域具有优秀的资格。学院根据自身发展及专业教学要求,为每位教师制订了系统化、个性化的发展培训计划,教师每年接受不少于30学时的能力提升培训,使教师具备适应、应对变化的能力和自我发展的能力。学院对教师考核的最重要指标是成功率,即学生的毕业率和保有率。

利兹城市学院的职业课程优势在于:运行机制灵活,课程价格具有竞争优势,个性化课程符合不同企业需求,有定期向企业反馈的制度等。其课程组织形式大致分为三种:一是职业技术教育课程,分为高级水平课程和中级水平课程两类。高级水平课程相当于我国的高职教育层次,中级水平课程相当于我国的中职教育层次。课程形式有全日制、工读交替制、部分时间制和夜间制等。二是现代学徒制,分为基础、高级两类,为16~24岁的青年人直接提供"工作本位"的学习路线,实行工读交替的教学模式,学徒期一般为4~5,课程包括关键技能课程、国家职业资格(NVQ)课程和技术证书课程,学生完成学业后可获得相应的职业资格证书。三是雇主培训计划,鼓励雇主为雇员提供免费的国家职业资格(NVQ)课程或其他基础技术资格课程培训,以获得有价值的职业资格,主要是NVQ2级资格。该项目培训期一般为一年。

利兹城市学院办学的一大亮点是建立了功能健全的学校数据库系统,包含学校的质量管理系统和学生学习系统,充分体现了学院的办学理念。

作为本地区的一所大型机构,利兹城市学院实施董事会领导下的校长负责制,年收入近8000万英镑。由于办学质量决定了政府拨款的额度,利兹城市学院建立了一套科学的质量监管体系,严格课程程序,积极开展专业项目申请,确保政府每年有拨款给学院。为保证教学质量,学校的内审员负责监督教学过程,外审员评估教学质量。为保证学院的财务运营质量,学院特聘政府公务员担任顾问,由相关机构、志愿者审计员协同监督,通过学院的数据库,接受政府的监督考核评估。

学院在教学上、生活上充分体现"以学习者为中心"的办学理念。教学上实施模块教学,教师将学生完成任务目标的全过程记录下来,计入学生数据库。学校通过定期审查学生数据库,跟踪学生学习情况,确保学生平衡发展,努力使每个学生取得成功。生活上以学生为本,建立学生援助中心,确保学生福利;召开学生代表会议,听取学生意见,关注安全,特别是网络安全等。学院还与企业、知名机构、欧盟相关机构等保持了良好的合作关系,为学生提供良好的学习和就业机会。

二、《英国利兹城市学院战略规划》的主要内容

《英国利兹城市学院战略规划》(以下简称《战略规划》)阐述了利兹城市学院从2010年8月到2013年7月的战略目标、任务和价值观。

《战略规划》的总体目标是:以追求卓越、提升卓越度为目标,满足个人、企业、社会团体等各方面需求,为利兹市以及偏远、贫困地区的民众创造受教育的机会,确保学习者获得最佳的学习机会。以核心价值观引领校园文化、专业标准和学院发展方向,持续关注学生个人能力的发掘,为学生提供改变生存方式的技能、经验和创新意识,提升学生的竞争能力。建立强大的团队,把利兹城市学院建设成为社会广泛认可的一流学校,为利兹市2011年至2030年的远景发展做出积极的贡献,促进经济社会的繁荣发展。

学院的核心价值观是:卓越,做任何事都要不懈地追求卓越;诚信,任何时候都力求有尊严、公正、诚实;责任,以忠诚和自豪感尽可能做到最好,无论是学生、员工,还是管理者;尊重,身先垂范,尊重每个人,爱惜学校的资产;支持,提供安全、健康、友好、好客的环境;效率,有效利用资源,确保具有偿付能力,努力完成工作任务;进取,学院的一切活动都具有前瞻性和创新性;应变,对内部和外部环境的需求能快速反应。

《战略规划》确立了七项战略目标,并据此确立了发展规划。

战略目标一:做任何事都不懈地追求卓越。

具体体现在:持续改进教学,确保学院所有政策、体系和教学过程都体现“卓越”精神,使“追求卓越”深入人心。确立具有挑战性的目标,加快学院建设步伐,让学院成为支持所有服务和所有客户的,具有进取心和鼓舞人心的一流学校,成为人们心目中首选的学校。深化质量改进战略,建立一个独立、透明的数据库,提供最高标准的服务平台,确保学校达到最高的服务标准,学习者获得杰出成效。促进学习型大学建设,通过导师制,支持、共享最佳实践机会,以对客户的需求负责,确保开设的课程能满足经济社会需求,使学生和雇主达到最佳满意度。把教育事业规划看作学院战略运作管理体系的一个整体部分,努力在学院的各个领域寻求发展,实施详细有效的客户服务投递标准,并力求加强学院、校区、部门之间的沟通协调,进一步增强追求卓越的意识。

战略目标二:建立高质量的、广泛的、多层次的课程体系。

具体体现在:课程设置符合工商业、传统的公共社会组织、国内国际需求。创设富有进取精神和创新精神的校园文化氛围,致力于发展、提供一个具有挑战性的课程体系,将它设计成既高效又灵活的课程体系,使学院成为跨区域性的引领专业技能、专业培训发展的学校。积极寻找新的资金来源,促进学院多元化发展。利用本地和国内市场的智力资源,加强市场需求调研分析,确立和拓展新的课程体系。建立网络学习战略。建立新的合作伙伴关系。支持表现不佳的团体取得进步。通过倾听学生及股东的声音,建立一个以需求为中心的课程体系。

战略目标三:建立并发展一个安全、高效、友好、激励性的内在可支撑的校园文化体系。

具体体现在:由教职工协商确立服务标准,为学生个性化发展提供帮助,并贯穿学生学习的全过程。开展丰富多样的教育教学活动,为学生每个阶段有重点的学习提供负责任的服务,推动学生广泛深入的学习,促进学生全面发展。建立一种机制来倾听学生的声音,并贯穿学生学习的始终。营造公平教育的文化氛围,确保每一位学生都得到平等受教育的机会。“学生宪章”明确规定了利兹城市学院期望从学生那里得到什么,学生可以从利兹城市学院得到什么,采取人性化、激励性的措施,促进学生提高学习积极性,遵章守纪,行为规范。建立电子媒介(包括电子文件夹)记录评定制度。

战略目标四:提供高质量、激励性、可持续的学习环境,同时长期保持发展的视野,进一步拓展学校的土地资源。

具体体现在:2010年9月,学院的凯利(Keighley)校区正式开放,在改善学习环境方面具有划时代的意义。该校区有先进丰富的教学资源,在财政预算内完成建设。完善空间管理计划,继续拓展学院的土地资源,有利于课程体系的发展,有利于改善教育教学环境,提供高质量的教学设施,满足学习者的学习需求,支持学院的高效运转。为支持未来课程体系的变化发展,进一步改善教学环境,对现有土地资源进行评估,充分考虑环境污染因素,制订短期、中期、长期的土地开发计划。同时,继续发展与股东的有效战略合作,积极寻求并争取新的投资机会,进一步支持学院的可持续发展。

战略目标五:审核、确立和发展有效的校外合作伙伴关系。

具体体现在:进一步确立市场发展的优先事项,以支持不同的客户和利益相关者。根据不同市场的独特要求,通过制订市场发展战略,建立合作性伙伴关系或者优化组合,以成功地与市场相衔接。加快发展学院各方面业务的营销策略,确立学院的品牌价值,扩大收入来源。进取、创新和企业孵化仍然享有优先权。计划通过审核,加强学院创新、进取的校园文化建设,并与私营或公共组织合作,创立伙伴关系网络,在本地区开展商业孵化活动,支持经济再生计划。进一步加强与合作伙伴的交流沟通,提升学院的社会声誉。开展有效的市场调研活动,对主要市场进行综合分析,制订公共关系策略,开展富有影响力的交流活动。确立学院“市场引领者”的地位,提供高质量的产品和服务,提升学院的社会声誉。

战略目标六:吸引、发展、保持一支高质量、高技能的专业团队,加强团队合作,共同努力,出色完成教学工作。

具体体现在:建立学院年度培训计划和教职员工个人发展机制,为教职员工制订个性化培训方案,支持员工定期参加专业培训,提升可持续发展的能力。建立优秀员工评定奖励机制,制定一个适当的薪酬和奖励政策来吸引高素质的员工,继续用一种透明和公正的方式管理员工,让员工切实感受到在学院工作有公平、公正的条件保障,自己的付出能够得到回报。建立员工对话机制,定期听取教职员工的意见和建议,对员工参与学校的建设发展给予鼓励和积极回应,实现员工福利年年提高的目标,确保员工是富有成效的、安全的、健康的和有参与权的。建立公平、透明的用人机制,打造一个多元化的、综合性的、友好的和激励人的团队。

战略目标七:确保学院的财务健康,有偿还能力;通过资源的有效利用,确保投资任务成为可能。

具体体现在:在充分考虑自身资金有限的前提下,致力于确保学院的财务健康和偿债能力。培养效益观念,支持学院的战略和经营,建立财务责任制,提高资金利用率。努力减少学院对环境的影响,实现适当的盈余和经济利益最大化,以便重新投资于更有效的学习环境中,推动学院的可持续发展。以效益和效率来支撑学校资源的有效利用,在学校事务的各个方面和课程体系建设方面设置检测目标,加强差异分析和反馈,实施效益管理。

三、《战略规划》引发的思考

(一)开门见山,求真务实

认真阅读利兹城市学院的《战略规划(2010.8—2013.7)》,我的感触很深。它实实在在、理念清晰,《战略规划》的第一页即写明从2010年8月至2013年7月学院的战略目标、任务和价值观,开门见山、直入主题,战略目标紧扣学院的核心价值观。它目标明确,有近期目标,也有中长期目标,既有可操作性,又有战略眼光。关键在于领导真抓实干,将《战略规划》贯彻落实执行好。利兹城市学院实施董事会领导下的校长负责制,设有校长一名、常务副校长一名、副校长四名,其中常务副校长除协助校长负责学院的全面工作外,专门负责利兹城市学院《战略规划》的管理。这种管理是具体、到位的。常务副校长会定期分别询问四位副校长《战略规划》的运作情况,诸如有没有举措,工作路径是什么,抓手是什么,近期工作目标完成情况等,再总结经验教训,进一步完善落实《战略规划》,从中可以看到利兹城市学院管理的严谨和一丝不苟。结合自身实际,我院近期正在编制《教育事业"十二五"规划》,利兹城市学院的《战略规划》正好给予我们的一种很好的借鉴,使我深刻认识到我们编制落实《"十二五"规划》,必须改变工作方法和工作作风,做到有内容,有落实,有专人负责,有阶段性检查,这样才能真正体现它的可操作性。

(二)"以学习者为中心"的理念贯穿始终

教育的根本是让学生通过受教育,增广知识,身心健康成长。所谓"为了一切的学生"、"为了学生的一切",其核心就是"以学习者为中心"的理念,就是"ALL FOR ONE"。它在《战略规划》里是贯穿始终的核心,举重若轻。《战略规划》紧紧围绕"学习者",开展教学、数据库、战略和业务规划、沟通、公平、多样化、质量提高、提供支持、健康安全、伙伴关系、资源等十个方面的工作,为学习者提供全方位的服务。其课程开发紧贴社区和雇主需求,知识和技能满足未来岗位需要;实施模块化教学,因材施教,量身定做,使学生的自学能力、协作能力、钻研精神、科学精神得以提升,为社会服务的能力自然得到提升。其学制灵活,短期、中期、长期有机结合,全日制、工学交替制、部分时间制、夜间制课程有机结合,满足了学习者的个性化学习的需要。尤其利兹学院在校内设立了学生服务中心,为学生提供帮助、福利、资源、拓展训练等服务,更进一步充分体现了教育公平。

(三)重视建立"伙伴关系"

"伙伴关系"在职业教育领域里具有突出地位,是因为职业教育离开了行业企业,就好像无本之木、无源之水,失去了生命力,迷失了方向。在利兹城市学院研修期间,我们参观了谢菲尔德印刷厂、利兹国际电影节等企业和有关机构,利兹城市学院与众多的企业和机构建立了良好的"伙伴关系"。在其《战略规划》里,"伙伴关系"是其七大战略目标之一,占据了很重要的位置。利兹城市学院不仅为学习者服务,与企业及其雇主也建立了良好的合作关系,对区域供应商、政府提供专门服务。利兹学院不仅为企业输送劳动者,还从企业聘请优秀人才到学校兼职任教,增加了教师的流动性,保证了授课教师的专业知识技能与行业的发展基本保持同步。伙伴关系促进了校企之间的互动,促进了学校更好地为学习者服务。利兹学院就在企业设立了学习中心,为"学习者"中的一个群体——企业员工送教上门,打通了职业教育的又一个渠道,为学习者的终身发展提供了支持。

(四)对课程体系建设描述细致

《战略规划》从微观的角度对课程体系的描述十分细致深入,注重市场需求分析、课程职业性强、与学校的质量监督体系紧密结合,成为利兹学院的一大办学特色。这是因为"课程"即学校的产品,课程的优劣直接影响到一所学校办学质量,影响到学习者的学习成就。利兹城市学院在课程体系建设方面持审慎态度,对课程设置、课程内容的确定需开展市场调研,以明确市场的职业需求,确保将经营的课程建设成学院的重点课程。利兹学院在课程制定的过程中,十分注重培养效益观念,开发教学大纲时,课程开发专家需以雇主协会制订的职业资格标准为基础;教学过程中,教师还需将预定单元内容与当地实际情况相结合;以职业活动为线索来组织自己的课程内容,使课程在更大程度上满足职业的现实需求,学生能满足行业企业的实际需求。这样广泛性、针对性、多元化的课程体系充满活力,使不同的学习者能各取所需,取得了良好的教学效果。而就"课程描述"这一点而言,我院在制定《"十二五"规划》时需更细致深入一些。

(五)经营学校的意识强烈

利兹城市学院是英格兰第三大职业学院,论资排辈的依据是学院的年收入,其2010年收入达到了7600万英镑。学校要发展,必须有更多可利用的资源,利兹学院作为英国的一所公立学校,能够做到有投入、有产出是难能可贵的,说明它的管理者不仅注重社会效益,也非常重视经济效益。一方面,有了资金,可以推动学院的可持续发展;另一方面,利兹学院每年如期完成政府机构指派的任务,又能得到政府的财政补贴,更有利于学院的发展。可见,利兹学院十分重视成本意识和投入意识,学院的价值理念始终以学习者为中心,使其牢固树立文化价值观、效益的理念,为社会培养了众多的优秀劳动者。为了更好地经营学校,利兹学院建立了一套市场营销的运作体系和适应市场变化的快速反应机制,建设了营销、创意、公关、学习者服务等一系列团队,目的在于更好地经营和运作。这就是职业院校良性循环的典范,对我们来说有着更多的借鉴作用。

(本文发表于《交通职业教育》2011年第3期,《上海交通职业技术学院学报》2010年第2期。2011年8月获中国职业技术教育学会职教期刊编辑专业委员会第八次全国优秀职教文章一等奖)

美国精英式高中教育的启示与借鉴

2011 年 7 月 18 日至 8 月 1 日，我有幸作为“卓越校长培训”学员，参加了“中美人文交流——中国 500 名大中小学校长和教师赴美研修计划”，随导师刘彭芝校长率领的教育代表团，前往美国的芝加哥、波士顿、华盛顿等地的名校访问、学习。其间，我们访问了美国伊利诺斯州理科高中、哈佛大学、菲利普斯埃克塞德学校、菲利普斯安多福学校、托马斯杰弗逊理科高中等名校，近距离感受美国精英式高中教育的核心价值观及其精髓，深深体会到：教育无国界，它为每一个求学者创造学习的机会和条件；教育的实质是大同的，即任何一个重视教育的国家，都以培育有社会责任感和创新精神的人才为己任，传承国家的社会文化精神，并不断创造出新的文化和精神。结合我所从事的职业教育事业，其作为异构同支的高中阶段教育，教育的要素和培养目标，即“实践能力”和“创新精神”是一致的，这是任何领域的教育工作者的共识和责任。

一、美国精英式高中教育的办学特色

1. 注重培养学生的实践能力和创新精神

我们访问的这几所名校，都以培养学生实践能力和创新精神为办学理念和教学目标。著名的伊利诺斯州理科高中致力于培养具有创造性、学习能力、领导力和美德的顶尖人才，在“挑战、探究、创新、整合、应用”理念的引导下，十分重视科研和实验，激发学生的好奇心和探究精神，提高学生了解、分析和解决问题的能力。托马斯杰弗逊理科高中的一个核心特色是理科教育，学校对学生的基本技能要求有四项：思考力、问题解决能力、知识上的好奇心和社会责任感，学校为此创设了具有挑战性的学习环境，鼓励学生发现自己的兴趣，培养他们的创新思维。

2. 注重培养学生的社会沟通能力

美国的学校奉行教育家杜威的"教育即生活"的思想。学校与社会建立了广泛的联系，通过组织学生参加一系列社会活动，培养学生的社会沟通能力和社会责任感，为学生未来职业生涯的终身发展奠定了坚实的基础。伊利诺斯州理科高中每周三专门设立了一堂科学实验课，让学生自己体验，自己探究。探究的内容要求源于理论，基于生活，能解决真的问题。学校要求学生自己到校外聘请指导教师，学生通过这种形式的学习增强了主动与社会沟通的能力。托马斯杰弗逊理科高中设有一个名为"第八阶段"的科技普及特色计划，让学生帮助当地社区的小学生学习科技，参与社会和提供服务。菲利普斯安多福学校采取独特的社区型教学方式，安排学生居住在大型社区里，要求学生为社区提供必要的服务，为学生搭建了通往社会的桥梁。

3. 注重课程设置，充分满足学生个性发展

美国没有全国性的课程标准，各州、郡甚至学区都可自行制订课程标准。学校的课程设置一般分必修课和选修课两大类。必修课内容广而不深，重在对学生实践能力、认识和解决问题能力的培养。选修课种类繁多，学生可根据个人兴趣或未来发展的实际需要自由选择。排名全美第一的托马斯杰弗逊理科高中80%以上的学生在完成必修课学习方面都超过了校方的要求，同时，学生至少要花一年时间学习科学技术方面的选修课程，高年级学生还要参加包含13个学科的学术研究会议。美国的学校大都采用互动、探究和交流的方式来组织教学，教师充当引导者的角色。具有230年历史的菲利普斯埃克塞德学校建立了一种独特的教学方法和理念——圆桌教学，倡导"问题比答案更重要"。该校的每间教室里都有一张椭圆形桌子，师生围坐在一起，共同成为参与者、讨论者和倾听者。学生有独立思考的空间，学习的效果更为显著。

4. 注重学生综合素质和领导力的培养

美国的社会竞争激烈，美国的学校教育更注重对学生综合素质的培育。这种综合素质具体体现在实践能力、独立思考能力、创新能力、领导组织能力、社交能力、合作能力、体育音乐特长、参与社会的积极性等方面。在学校里，各类学生组织、社团活动、社区服务活动极大之丰富，培养了学生的社会责任感，满足和激发了绝大部分学生的兴趣爱好，发展了学生的特长，充分锻炼了学生的自律、自治能力和领导力。学校尤其重视音乐课和体育课，尽可能为学生创造优越的条件，要求学生修满规定的学分。我们参观的几所学校都有设施齐全的运动场所、专业剧场和排练厅等，而在这些区域总能看到各种团队参赛、获奖的集体照，有些甚至已年代久远。这些照片突显了美国学校所倡导的团队合作精神和集体荣誉感。

二、美国精英式高中教育的启示

1. 办好学校要有市场意识

美国的学校无论公立还是私立，都实施市场化运作体系。菲利普斯埃克塞德学校以

“使所有角落学生都能进入学校学习”为办学宗旨，除了积极吸纳本国的优秀学生以外，更放眼国际，面向全球招生。值得一提的是，从1919年起，学校每年组织夏令营，仅2011年就在48个国家招收了782名学生，学习时间五周，每人收费7000美元。即使全球闻名的哈佛大学，同样要求学生协助学校做好招生工作，例如要求其海外留学生完成100小时的“义工”服务，主要负责联系海外生源。这些举措既给予全球的青少年以求学的机会，使他们增长了见识，又强化了学校的品牌宣传，促进了学校市场化运作的健康有序发展，更使学校的教育教学资源得以充分利用。

2. 办好学校要有效益意识

所谓效益意识，就是要增加效益的投入和产出，即学校在经费的筹措和投入上，要精心安排，良性运作，不图眼前利益，舍得投入。例如菲利普斯埃克塞德学校拥有9.5亿美元基金，聘有专人团队为其进行项目投入和资金运作，使之产生更大的效益。除了显见的效益，学校还应进一步关注和挖掘潜在的效益。菲利普斯埃克塞德学校的学费收入是每生每年4.2万美元，而支出却高达每生每年7.5万美元，这种只为把学生培养成才的理念，使学校能够不计成本，以昂贵的教育方式产生优异的教学质量，培养出一批又一批的社会精英，而这些社会精英感恩于母校对他们的培养，纷纷向母校捐款，投入和产出之间的巨大差额得到了补充。学校的高投入产生了人才辈出和经济效益的双重回报，这或许就是学校能从广大校友这里获得大量捐赠的秘诀所在。据了解，菲利普斯埃克塞德学校的校友发展会有48名员工，除了校友联谊交流等活动，主要职能是组织开展校友10万美元以上捐赠，其校友每年的捐赠金额在全美名列前茅。

3. 办好学校要加快课程改革步伐

学校的产品是课程，学校以学生为主要服务对象，则课程的设置、课程的内容都要满足学生的个性发展需要，进而满足经济社会的发展需要。菲利普斯安多福学校为广大学生提供了超过300门课程，其中包括150余门选修课程。托马斯杰弗逊理科高中强调“知识上的自由”，其课程不受外在结构控制或原始课程设置的限制，校方鼓励广大师生把自己的能力、经验和思考带进课堂，因此每节课都有15%的内容是与以往完全不同的。为培养学生对文化的创新思维，该校还有意识地将一些人文课程与科学学科整合在一起，形成新的课程，如科学政策、科学史等，体现了一种跨学科的课程设计理念，旨在考量学生综合运用知识的能力。内涵丰富的课程不仅为学生开启了探索新知识的大门，拓宽了学生的视野，激发了学生对生活的热情，也为学生将来更好地服务于社会奠定了坚实的基础。

4. 办好学校要以学习者为中心

教育的根本是让学生通过受良好的教育，增长知识，身心健康成长，将来回馈社会，推动人类社会的进步与发展。所谓“为了一切的学生”、“为了学生的一切”，其核心只有一个，即“ALL FOR ONE”的以学习者为中心的理念。学校的一切，诸如课程内涵建设、教学设施、场地布局、环境氛围都应紧紧围绕“学习者”展开。在访问学习期间，给我留下最深刻印象的是美国的学校在硬件和软件上都为学生创造了非常优越的学习环境，充分做到了为学习者提供全方位的服务。硬件上学校建有各种学习、活动设施，软件上学校有优秀的教师，课程的内涵建设方面紧贴社会和雇主需求，知识和技能充分满足学生未来的职业生涯发展。学校做到了因材施教，为学生量身定做，学生的自学能力、协作能力、钻研精神、科学精神得以提升，为社会服务的能力自然得到了提升。

三、我校职业教育的改革思路和实践

1. 打造产业对接、校企互动的专业及专业群

依据上海产业结构调整的总体目标，优化专业设置和专业结构，构建以交通物流为核心的专业布局，打造汽车、物流、水运特色专业群。积极推进精品课程建设，加强校企合作的校内外实训基地建设，完善专业教学资源库及其综合技能训练平台建设，形成各专业相互依托、各有所长、有序发展的专业新格局。

2. 深化校企合作、工学结合的人才培养模式改革

建立校企合作长效机制，依托上海交通物流职教集团，在我校现有校企合作项目的基础上，拓展与知名企业的深度合作，如建立校企合作对话机制、专业指导委员会例会机制、校企人力资源共享机制、学生顶岗实习管理机制、校企多元化评价机制等，在专业建设、课程改革、教材开发、校内外实训基地建设、人才评价等方面逐步实现校企合作专业全覆盖。

3. 构建专兼结合的“双师制”教学团队

重视师德教育，使教师牢固树立“以人为本、重德强技”的育人观。积极推进“教学名师”培育工程、“企业兼职讲师选聘”工程、“专业学科带头人”工作室培养工程、校企合作项目导向的教学团队建设工程。积极推进专业教师“双师”素质提升，建立一支高水平的稳定的企业兼职教师队伍。

4. 改革创新专业教学模式

构建“基于工作过程”的课程体系，完成新课程标准的评审，不断深化做学一体的专业教学模式。开发60本“项目引导，任务驱动”的专业教材，在上海中职系统起引领示范作用。建立“以学生为主体”的教学体系，实现专业教学与职业资格证书的无缝对接。

5. 完善教学质量监控体系

以ISO质量管理体系为依托，进一步完善教学质量监控体系。具体体现在：建立一套质量信息反馈体系，将质量监控体系贯穿于整个教育教学过程中，保证人才培养质量。搭建教学质量监控平台，修订完善各项教学管理制度，加强教学评估体系建设，实现对教学过程的动态管理。

（2011.8）

有感于菲利普斯埃克塞德学校的三种意识

美国菲利普斯埃克塞德学校于1781年创办,目前在校生1100余人,是一所私立学校。在埃克塞德进入第三百个年头的今天,我们在导师刘彭芝校长的带领下走进了该校。一天的参观学习,时间紧凑,内容丰富,收获巨大。所见所闻使我强烈感受到埃克塞德学校的三种意识。

第一,市场意识。菲利普斯埃克塞德学校以"使所有角落学生都能进入学校学习"为办学宗旨,除了积极吸纳本国的优秀学生以外,更放眼国际,面向全球招生。值得一提的是,从1919年起,学校每年组织夏令营,仅2011年就在48个国家招收了782名学生,学习时间五周,每人收费7000美元。这些举措既给予全球的青少年以求学的机会,使他们增长了见识,又强化了学校的品牌宣传,促进了学校市场化运作的健康有序发展,更使学校的教育教学资源得以充分利用。

第二,效益意识。所谓效益意识,就是要增加效益的投入和产出,即学校在经费的筹措和投入上,要精心安排,良性运作,不图眼前利益,舍得投入。例如菲利普斯埃克塞德学校拥有9.5亿美元基金,聘有专人团队为其进行项目投入和资金运作,使之产生更大的效益。除了显见的效益,学校还应进一步关注和挖掘潜在的效益。菲利普斯埃克塞德学校的学费收入是每生每年4.2万美元,而支出却高达每生每年7.5万美元,这种只为把学生培养成才的理念,使学校能够不计成本,以昂贵的教育方式产生优异的教学质量,培养出一批又一批的社会精英,而这些社会精英感恩于母校对他们的培养,纷纷向母校捐款,投入和产出之间的巨大差额得到了补充。学校的高投入产生了人才辈出和经济效益的双重回报,这或许就是学校能从广大校友那里获得大量捐赠的秘诀所在。据了解,菲利普斯埃克塞德学校的校友发展会有48名员工,除了校友联谊交流等活动,主要职能是组织开展校友10万美元以上捐赠，其校友每年的捐赠金额在全美名列前茅。

第三，以学习者为中心的意识。在学习上，80年来埃克塞德学校建立了一种独特的教学方法和理念——圆桌教学。俗话说"耳听为虚，眼见为实"，去年在人大附中举办的国际论坛上，我们聆听了埃克塞德学校校长作关于圆桌教学的演讲，这次我们身临其境，近距离观摩常态化的圆桌教学。在这种教学方法里，每个教室都配有一个椭圆形桌子，约12位学生围坐在桌旁充分讨论学习内容，整个教学过程教师和学生融合在一起，共同成为参与者、讨论者和倾听者。圆桌教学把学生作为学习过程的中心，而不是以教学内容作为中心，其效果是不言而喻的，因为圆桌教学倡导的原则是"问题比答案更重要"，这亦是埃克塞德办学精神"热爱学习"真实具体的落实和表现。

（2011.8）

新时期中等职业教育的作用及人才培养规格和培养模式的研究

——交通运输行业个案调查报告

一、交通运输行业个案调查概况

按照总课题组的布置，我校课题组对交通运输行业的35个企业进行了实证研究调查。这35个企业均是长期与我校关系密切，多年来接受了我校毕业生的分配或近年来招聘了我校相当多的毕业生；不少单位实力很强，还有不少和我校建立了共建实习基地关系。我校的“汽车运用工程”、“国际货运代理”、“交通经济管理”、“交通运输会计”、“物流管理”、“涉外经济管理”、“涉外会计”、“物业管理”、“市场营销管理”以及“船舶驾驶”、“船舶轮机”、“内河航政管理”等专业的历届毕业生在这些单位中占有相当的比重。这35个企业有国有独资企业、集体企业、中外合资企业、中外合作经营企业等多种类型的企业，有有限责任公司、无限责任公司、股份制公司、股份有限公司、上市公司等形式的企业；有大型企业（人数超过10000人，资产数亿人民币），也有小型企业单位。他们虽以交通运输行业为主，但涉及民用航空、建筑工程、海洋运输、货运代理、旅游观光、内河航运及汽车修理等，分属不同的委、办、局领导和管理。这35个企业目前职工人数达39386人，调查的企业平均为1000人以上。问卷调查情况在相当大的程度上是真实反映。

二、实证调查问卷基本情况(数据统计)

(一)企业近几年录用员工最主要渠道(表1)

表1

项目	录用员工渠道	单位数	%	排序	备注
A	高校应届毕业生	15	42.9	2	
B	中职校毕业生	32	91.4	1	
C	通过劳动市场	8	23.5	3	
D	引进外省市劳务人员	2	5.7	4	
备注:含第1渠道,第2渠道,均计入;合计:35个企业					

(二)企业生产及经营第一线人员的主要学历层次(表2)

表2

<table>
<tr><th>项目</th><th>主要学历</th><th>单位数</th><th>%</th><th>排序</th><th>合项%</th></tr>
<tr><td>A</td><td>本科及以上</td><td>0</td><td>0.0</td><td>4</td><td>0.0</td></tr>
<tr><td>B</td><td>大专或高职</td><td>3</td><td>8.6</td><td>3</td><td rowspan="2">60.0</td></tr>
<tr><td>C</td><td>中职</td><td>18</td><td>51.4</td><td>1</td></tr>
<tr><td>D</td><td>初、高中</td><td>14</td><td>40.0</td><td>2</td><td>40.0</td></tr>
<tr><td colspan="2">合　计</td><td>35</td><td>100</td><td></td><td>100</td></tr>
<tr><td colspan="6">备注:</td></tr>
</table>

(三)企业各类人员中中职学历约占比例(表3)

表3

项目	类　型	单位数	%	排序	备注
A	行政管理人员		34.0	2	
B	技术人员或业务人员		40.2	1	
C	市场营销人员		26.5	4	
D	技术工人或技术服务人员		27.8	3	
E	一般操作人员或营业、服务人员		21.9	5	
备注:各企业差异极大,比例悬殊,企业规模不同,技术密集,教育人员状况差别很大					

（四）未来五年，企业对中职人才需求态度（表4）

表4

项目	主要学历	单位数	%	排 序	合项(%)
A	不需要中职人才	1	2.9	4	8.6
B	对中职人才需要逐渐减少	2	5.7	3	
C	对中职人才需要逐渐增加	11	31.4	2	91.4
D	至少是中职人才	21	60.0	1	
合　计		35	100		
备注：					

（五）企业中职生总满意程度（表5）

表5

项目	类　型	单位数	%	排 序	备 注
A	很满意	0	0.0	3	
B	满意	32	91.4	1	
C	不太满意	3	8.6	2	
D	失望	0	0.0	4	
合　计		35	100		
备注：					

（六）中职人才在企业中的作用（表6）

表6

项目	主要学历	单位数	%	排 序	备 注
A	综合管理	4	11.4	3	
B	科技开发	0	0.0	4	
C	第一线生产与经营	30	85.7	1	
D	一般操作与服务	8	22.9	2	
备注：其中有7个单位选填2项					

（七）中职生在企业生活经营发展中作用（表7）

表7

项目	类　型	单位数	%	排 序	全项%
A	很大	1	3.0	3	45.5
B	较大	14	42.5	2	
C	一般	18	54.5	1	54.5
D	较小	0	0.0	4	
合计		33	100		
备注：					

（八）中职人才各方面的满意程度（表8）

表8

项目	内容	个数%	满意程度				排序	备注
			满意	较满意	不满意	很不满意		
A	文化基础	32/%	5/15.6	23/71.9	3/9.4	1/3.1	3	
		%	87.5		12.5			
B	专业理论	32/%	4/12.5	23/71.9	4/12.5	1/3.1	4	
		%	84.4		15.6			
C	操作技能	33/%	7/21.3	23/69.7	3/9.0	0/0.0	2	
		%	91.0		9.0			
D	职业道德	30/%	6/20.0	23/76.7	1/3.3	0/0.0	1	
		%	96.7		3.3			
E	人际交往	34/%	2/5.9	25/73.5	7/20.6	0/0.0	5	
		%	79.4		20.6			
F	现代技术 外语+计算机	32/%	0/0	18/56.3	14/43.7	0/0.0	6	
		%	56.3		43.7			
G	市场意识	33/%	4/12.1	12/36.4	14/42.4	3/9.1	7	
		%	48.5		51.5			
合计	单项 人数%	226/%	28/12.4	147/65.0	46/20.4	5/2.2		
	单项 排序		3	1	2	4		
备注	项目排序为“满意+较满意”； 单项排序系满意、较满意、很不满意、百分比大小							

（九）企业对我校学生及毕业后需求（表9）

表9

项目	需求内容	需求情况	单位数		比例	项次排序	合项比例		备注
			合计	分计					
A	接纳实习	十分需要	30	3	10.0%	3	23.3%	90.0%	
		很需要		4	13.3%	2			
		可以接受		20	66.7%	1	66.7%		
		不需要		3	10.0%	4	10.0%	10.0%	
B	实习后留用	十分需要	30	2	6.7%	4	13.4%	86.7%	
		很需要		2	6.7%	3			
		可以接受		22	73.3%	1	73.3%		
		不需要		4	13.3%	2	13.3%	13.3%	

续上表

<table>
<tr><th rowspan="2">项目</th><th rowspan="2">需求内容</th><th rowspan="2">需求情况</th><th colspan="2">单位数</th><th rowspan="2">比例</th><th rowspan="2">项次排序</th><th colspan="2" rowspan="2">合项比例</th><th rowspan="2">备注</th></tr>
<tr><th>合计</th><th>分计</th></tr>
<tr><td rowspan="4">C</td><td rowspan="4">留用后聘用</td><td>100%</td><td rowspan="4">30</td><td>1</td><td>3.3%</td><td>3</td><td rowspan="2">46.7%</td><td rowspan="4">100%</td><td rowspan="4"></td></tr>
<tr><td>绝大部分(90%)</td><td>13</td><td>43.4%</td><td>2</td></tr>
<tr><td>少部分(40%)</td><td>16</td><td>53.3%</td><td>1</td><td>53.3%</td></tr>
<tr><td>基本不聘</td><td>0</td><td>0.0%</td><td>4</td><td>0.0%</td></tr>
<tr><td rowspan="4">D</td><td rowspan="4">聘后培养骨干</td><td>30%以上</td><td rowspan="4">30</td><td>4</td><td>13.3%</td><td>3</td><td rowspan="2">66.6%</td><td rowspan="3">93.3%</td><td rowspan="4"></td></tr>
<tr><td>20%左右</td><td>16</td><td>53.3%</td><td>1</td></tr>
<tr><td>10%左右</td><td>8</td><td>26.7%</td><td>2</td><td>26.7%</td></tr>
<tr><td>没有</td><td>2</td><td>6.7%</td><td>4</td><td>6.7%</td><td>6.7%</td></tr>
</table>

(十)企业中职毕业生能力情况(表10)

表10

<table>
<tr><th rowspan="2">项目</th><th rowspan="2">项次</th><th rowspan="2">能力内容</th><th rowspan="2">单位数</th><th colspan="4">能力情况</th><th rowspan="2">项目内排序</th><th rowspan="2">项次总排序</th><th rowspan="2">项目排序</th></tr>
<tr><th>强</th><th>较强</th><th>一般</th><th>差</th></tr>
<tr><td rowspan="7">A 解决问题能力</td><td>1</td><td>了解本岗位技术要求</td><td>34</td><td>2/5.9</td><td>27/79.4</td><td>5/14.7</td><td>0/0.0</td><td>1</td><td>1</td><td rowspan="7">3</td></tr>
<tr><td>2</td><td>寻找和发现问题原因</td><td>32</td><td>0/0.0</td><td>14/43.7</td><td>18/56.3</td><td>0/0.0</td><td>4</td><td>15</td></tr>
<tr><td>3</td><td>和同事协商解决方案</td><td>33</td><td>0/0.0</td><td>14/42.4</td><td>17/51.5</td><td>2/6.1</td><td>5</td><td>17</td></tr>
<tr><td>4</td><td>能寻找资料帮助</td><td>30</td><td>0/0.0</td><td>14/46.7</td><td>16/53.3</td><td>0/0.0</td><td>3</td><td>14</td></tr>
<tr><td>5</td><td>运用知识工具解决问题</td><td>33</td><td>2/6.1</td><td>14/42.4</td><td>16/48.5</td><td>1/3.0</td><td>2</td><td>12</td></tr>
<tr><td colspan="2">小计</td><td>162</td><td>4/2.5</td><td>83/51.2</td><td>72/44.4</td><td>3/1.9</td><td></td><td></td></tr>
<tr><td colspan="2">按能力排序</td><td></td><td>3</td><td>1</td><td>2</td><td>4</td><td></td><td></td></tr>
<tr><td rowspan="6">B 团队精神</td><td>6</td><td>独立完成日常工作</td><td>33</td><td>4/12.1</td><td>20/60.6</td><td>9/27.3</td><td>0/0.0</td><td>1</td><td>3</td><td rowspan="6">1</td></tr>
<tr><td>7</td><td>有合作精神</td><td>34</td><td>1/2.9</td><td>23/67.7</td><td>9/26.5</td><td>1/2.9</td><td>2</td><td>5</td></tr>
<tr><td>8</td><td>能向同事学习并帮助同事</td><td>35</td><td>3/8.6</td><td>16/49.7</td><td>15/42.9</td><td>1/2.8</td><td>4</td><td>9</td></tr>
<tr><td>9</td><td>完成班组集体工作</td><td>33</td><td>3/9.1</td><td>18/54.5</td><td>12/36.4</td><td>0/0.0</td><td>3</td><td>7</td></tr>
<tr><td colspan="2">小　计</td><td>135</td><td>11/8.2</td><td>77/57.0</td><td>45/33.3</td><td>2/1.5</td><td></td><td></td></tr>
<tr><td colspan="2">按能力排序</td><td></td><td>3</td><td>1</td><td>2</td><td>4</td><td></td><td></td></tr>
</table>

续上表

项目	项次	能力内容	单位数	能力情况				项目内排序	项次总排序	项目排序
				强	较强	一般	差			
C交往能力	10	阅读技术文件能力	34	0/0	17/50.0	17/50.0	0/0	2	11	4
	11	口读交往能力	34	1/2.9	12/35.3	16/55.9	2/5.9	4	18	
	12	书写技术文件、报告	34	0/0	9/26.5	20/58.9	5/14.6	5	21	
	13	企业内同事交往	33	1/3.0	20/60.6	11/33.3	1/3.0	1	8	
	14	企业外客户交往	34	4/11.8	12/35.3	15/44.1	3/8.8	3	13	
	小计		169	6/3.6	70/41.4	82/48.5	11/6.5			
	按能力排序			4	2	1	3			
D进取精神	15	主动提高工作质量	31	1/3.3	21/67.7	9/29.0	0/0.0	3	6	2
	16	有效分配工作时间	31	0.0	16/51.6	15/48.4	0/0.0	4	10	
	17	自觉完成工作	32	5/15.6	21/65.6	6/18.8	0/0.0	1	2	
	18	勇对困难与挑战	31	1/3.2	12/38.7	18/58.1	0/0.0	5	16	
	19	不断学习，提高能力	29	4/13.8	17/58.6	8/27.6	0/0.0	2	4	
	20	关心企业，提出建议	30	1/3.3	8/26.7	19/63.3	2/6.7	7	20	
	21	经得起打击挫折	30	0/0.0	11/36.7	18/60.0	1/3.3	6	19	
	小计		214	12/5.6	106/49.5	93/43.5	3/1.4			
	按能力排序			3	1	2	4			
备注：项目排序“按强+较强”百分比大小										

中职毕业生能力排序表(强+较强)见表11。

表11

排序	项次	能力内容	强(%)	较强(%)	合计(%)	备注
1	2	了解岗位技术要求	5.9	79.4	85.3	
2	17	自觉完成工作	15.6	65.6	81.2	
3	6	能独立自主完成日常工作	12.1	60.6	72.7	
4	19	不断学习,提高工作能力	13.8	58.6	72.4	
5	7	有合作精神	2.9	67.7	70.6	
6	15	主动提高工作质量	3.3	67.7	71.0	
7	9	完成班集体工作	9.1	54.5	63.6	
8	13	同企业内同事交往	3.0	60.6	63.6	
9	8	能向同事学习并帮助同事	8.6	45.7	54.3	
10	16	有效分配工作时间	0.0	51.6	51.6	
11	10	阅读技术文件能力	0.0	50.0	50.0	
12	5	运用知识工具解决问题	6.1	42.4	48.5	
13	14	同企业外客户交往	11.8	35.3	47.1	
14	4	寻找资料帮助	0.0	46.7	46.7	
15	2	寻找和发现问题的原因	0.0	43.7	43.7	
16	18	勇对困难与挑战	3.2	38.7	42.9	
17	3	和同事协商解决方案	0.0	42.4	42.4	
18	11	口语交往能力	2.9	35.3	38.2	
19	21	正确对待挫折和打击	0.0	36.7	36.7	
20	20	关心企业提出建议	3.3	26.7	30.0	
21	12	书写技术文件和报告	0.0	26.5	26.5	

中职毕业生能力排序见表12。

表12

排序	项次	能力内容	%
1	12	书写技术文件、报告	14.7
2	14	同企业外客户交往	8.8
3	20	关心企业,经常提建议	6.7
4	3	和同事协商解决问题	6.1
5	11	口语交往能力	5.9
6	21	经得起挫折、打击	3.3
7	5	运用知识工具、解决问题	3.0

能力大小满意度(强+较强)比较见表13。

表13

排序	项目	内　容	强(%)	较强(%)	总(%)	差(%)
1	B	团队工作	8.2	57.0	65.2	1.5
2	D	进取精神	5.6	49.5	55.1	1.4
3	A	解决问题能力	2.5	51.2	53.7	1.9
4	C	交往能力	3.6	41.4	45.0	6.5

三、实证分析与讨论

(1)中职毕业生在目前企业员工中占有相当比例,企业近年录用员工主要渠道是中职。在被调查的35家企业中,有32家企业直接从中职校录用毕业生;有15家企业从高校毕业生中录取员工有扩大趋势,后者反映了企业生产经营中技术含量在提高,不少企业正从劳动密集型向技术密集型转变,原中职毕业生已不能适应某些高级技术工作的需要。通过劳务市场录用员工有8家,从外省市引进劳务人员的只有两个企业,均为部属企业。

企业的大多岗位属于中级技术岗位,企业需要适应这些岗位的中级人才。

(2)中职生主要分布在生产一线,从事技术岗位的工作,如技术人员、业务人员,也有技术工人或技术服务人员。

生产一线人员中,中职生占首位(51.4%),初、高中毕业生占第2位(40%),高职、大专毕业生占第3位,本科生基本没有。一些以招聘初、高中为主的企业技术含量较少。

高职生、大专生在生产一线的比例占8.6%,这些岗位技术含量较高,反映了企业实际需要。

(3)中职生在企业的各种类型人员中也有相当数量。由于企业结构、产品、规模、差异较大,比例数难统计,但一般而言,中职生在行政人员中占30%左右,在技术人员中占40%左右,在技术工人中约占30%,在一般操作和服务人员中占20%以上。说明中职毕业生在各种岗位、各层次仍有一定适应性。

(4)中职毕业生在总体上受到企业欢迎。企业对中职生感到满意的占91.4%,而不太满意的只占8.6%,对中职生失望的也没有(至少对我校来说)。据了解,很满意的并非真正没有,而是很满意的中职生经过深造培训,已成为高职生、大专生、大学生。不太满意的比例不小,说明中职在教育质量上存在某些缺陷和问题。

(5)中职生在企业的作用首先表现在生产一线和经营,比例占85.7%,它表明中职生培养规格定位准确;其次表现在一般操作与服务占22%,说明有1/5的中职毕业生从事了与专业层次不相符的工作,究竟是什么原因?是教育质量还是生产结构调整,有待进一步研究。中职生在企业中的作用大小,反映了中职专业的培养规格符合企业需求的程度。

(6)中职生在生产经营发展中作用不够理想。认为作用很大的占3%,认为较大的只占42.5%,,而认为一般的却占54.5%。企业自然希望中职生在一线起较大作用。然而起很大和较大作用的总共只有45.5%,离企业的要求有相当的差距。学校有许多工作要做,至少应将这一比例提高到80%左右。这和学校对中职生培养规格有关和毕业生就业后工作态度、敬业精神都有一定关系。

(7)企业对中职生各方面素质分解评价表明,毕业生的市场意识、现代技术(即外语、计算机运用及人际交往方面)尚不尽如人意。对是否有市场意识,满意、较满意的只占48.5%,而不满意、很不满意之和却达51.5%。满意数较高的第一位是职业道德(96.7%),第二位是操作技能(91.0%),第三位是文化基础(87.5%),第四位是专业理论(84.4%)。从最满意情况看,第一位是操作技能,第二位是职业道德。说明中职教育的专业技能教学已有了自己的特色,值得发扬和坚持,但要进行更多的市场经济理论教育,树立强烈的市场意识,开展更多的大型学校活动和社会活动,开展心理健康辅导,锻炼学生人际交往能力。

(8)能力培养需要加强。

①从总体看,认为能力强的项次总和只占4.9%,认为能力较强的总和为49.4%,认为一般的占42.9%,认为差的占2.8%,虽然差项百分比较低,但一般项近1/2。

②从项目看,以强、较强并项看,第一位为团队精神(65.2%),第二位为进取精神(55.1%),第三位为解决问题能力(53.7%),第四位为交往能力(45%)。人际交往能力确系中职学校素质教育的薄弱环节。

③从单个项次看,最差项次为书写技术文件、报告,其次为同客户交往,再次为关心企业和同事协商解决问题及口语交往能力。说明应用文写作仍要加强,公共关系、礼仪等课程有待设置或改进,活动课、实习课应走向社会、走向企业。

(9)中职生今后仍是企业录用的主要对象。尽管企业的人才需求层次高移、结构变化,但中职在相当长时间内仍应稳定发展,专业对路、质量好的毕业生在人才市场、劳务市场仍被看好。企业十分关心中职生的实习,90.0%的单位表示愿接受学生实习,78.0%的单位表示经实习观察可留用毕业生,62.2%的留用学生将被聘用,18.5%的被聘用学生有望得到培训成为骨干。聘用也就是就业上岗。而这又与学校开设的专业、毕业生的学习质量、学校的知名度相关,要求学校和社会各方面建立广泛的联系,特别是要依托行业、企业界,让企业参与专业设置、课程开发、生产实习、师资建设、招生指导、就业咨询等全过程,使学校培养的人才能最大限度地满足行业、企业的需要,使学生的规格更符合职业导向的要求。

(10)中职教育人才培养模式与当前经济建设和社会发展既有相适应的方面,也有不相适应的问题。后者主要是人才培养的结构与数量,人才培养规格与质量。

职教发展的根本动力是各种需求,包括经济社会需求、企业用人需求、个人求学需求。表现形式是培训市场与劳动力市场及人才市场关系。学校要寻求与两个市场之间的平衡,即缩小供求关系的差距与纠正自己的错位,不断形成新增长点。不断更新培养模式,从结构与数量、规格与质量上满足社会各种需求。

四、基本结论

(1)职业技术教育的战略地位不可动摇,应坚持积极发展职教的方针。

职业技术教育是现代经济发展,特别是人力资源开发的重要手段,承担着为经济建设提供数量充足、结构匹配、质量合格的高素质劳动者的任务。我国在经济建设、社会发展的相当长时期内需要研究型人才、工程型人才,同时也需要技能、技艺型的应用型人才,因此与经济结构、产业结构、技术结构、劳动组织结构相适应的职业技术教育不可缺少。

(2)中等职业技术教育的作用不可替代,应稳定发展。

我国的经济水平决定了教育发展的低重心。在人口、资源、环境三重压力下,实现经济低代价(可持续)发展,发挥中等职业技术教育作用是最经济、最现实的途径。我国需要发展知识密集型产业,同时仍要发展技术密集型及劳动密集型产业,人才需求总是多样化的,都需要高素质的劳动者,都需要生产第一线应用型人才。中等职业技术教育尚有很大发展空间,作用不可替代。

(3)中等职业技术教育人才培养规格应准确定位。

中等职业技术教育要培养技能型、技艺型、应用型的中级技术工人和业务人员,主要提供学习者某一职业岗位所需的技能和知识,培养广泛意义上的个人素质与能力。中职人才的规格会随着科技发展而提高,但必须防止随意拔高人才培养规格的倾向。为高职提供后备人才,只是中职培养目标之一,而并非是主要目标,更不是唯一目标。

(4)中国式的中职模式应肯定、完善和发展。经过改革的以地方政府为主体,政府、行业、企业、国有民办、股份制、合作制、租赁制等多种形式办学体制适合我国国情。中职学校作为教育产业的主体,应主动与各行业、各企业联系,争取支持帮助,实行“产教结合”、“产学结合”,面向社会自主培养人才的模式与我国现阶段经济发展阶段特征相匹配。政府要规范中职办学和教学条件及标准;行业、企业要在教育管理、专业设置、课程开发、经费收入、咨询指导、发展研究方面积极参与;学校要针对企业、行业、社会需求寻求自身发展,争取认同,通过改革机制,完善机制,适应企业需求自主办学。

(5)中等职业技术教育的规模、质量、结构、布局应随着经济结构,产业结构调整而调整,实行资源优化组合,资源共享,优势互补,提高整体办学效益,力求规模、质量、结构、效益的统一。

(6)中职教育人才培养规格要从适应某一职业的某一岗位向某一职业的某一岗位群方向发展。要开拓设置与地区主导产业、优势产业、新兴产业相关的专业，适应产业结构对人才结构的要求，适应新兴产业不断出现的要求，适应职业岗位，行业趋向融合、复合的变化。

(7)中职学校应进一步扩大办学规模，改善办学条件，加强管理，深化改革，提高学校的竞争力。学校要重视主干专业、特色专业、新兴专业均衡协调，形成多种专业互补发展的有利局面。要加强德育、加宽文化基础、强化技能训练。在健全教育、教学质量标准体系过程中，不但要制定毕业生的质量标准，还必须制定教育、教学过程以及足够的能适合和保证教学质量的设备、设施的质量标准；并制定行之有效的质量评估制度。学校要建立一支高素质的教师队伍，改革人事制度和分配制度，不断提高学校的竞争能力。

五、我校教育改革方向及具体措施

(1)找准发展定位，确定一流目标。

以上海建设一流城市、一流教育为契机，走立足企业(集团)、背靠(交通)行业、依托社会、面向社会的办学道路，把学校建设成以中等职业为基础，多种功能办学，多种模式教学。提供多渠道、多层次职业教育培训的自主办学，自力发展的充满活力的办学实体，办成上海市及全国交通职教类，具有专业特色的、现代化一流职业技术学校。

(2)适应市场需求、合理设置专业、优化专业结构，形成主干专业、特色专业、新兴专业均衡协调，多种专业优势互补，以行业岗位能力为目标的专业群。

继续确保主干专业“汽车运用工程”专业的重点发展，保持骨干地位和领先优势；抓住机遇建设特色专业“物流管理”专业，主动适应行业融合的趋势。尽快开发“电子商务”、“汽车营销”、“网络技术”等适应新兴行业的专业；继续办好目前已开设的其他专业。最终，使学校经常性开设的专业数达到12～15个，使各专业长短结合，宽窄并存。

(3)以素质为核心，能力为本位，大力改革课程。

专业课要尽快向技能型、技艺型、应用型转变和发展，设立与技术职务证书和专业岗位相关的课程，增加与职业技术岗位群相关的专业知识内容。继续改变“三段式”传统的教学模式，采用不同的教学模式，以适应不同专业的特点，例如“理论和实践一体化模式”，“教学、产业、市场相结合模式”，“岗位技能模块式模式”，以及“单项技术—综合仿真模拟—现场岗位新三段式模式”等。提高实践性教学的课时比例，重视实习教学质量和动手能力的培养。要在加强思想教育基础上，加强道德教育和心理健康教育，要使学生掌握牢固的基础文化知识、扎实的专业理论知识和相关的学科知识，突出综合能力，特别是基本能力和关键能力，学会生存、学会学习、学会创造、学会发展。

(4)运行机制灵活，行使学校办学自主权。学校要在政府的宏观调控下，主动参与社会人才规划，做好市场调研和市场预测，根据市场需求和学校办学能力，自主确定招生规模、招生次数，做到规模适度、集约发展。要创造条件进行不同程度的学分制改革，逐步做到学生可以选专业、选课程、选时间；允许学生工学交替，分阶段完成学业；有条件的允许转学和承认学分；可实行宽进严出或免试入学，实行注册生制度，学生可不受学制限制提前毕业或延迟毕业，可跨专业选修其他课程，成绩合格可增发专业证书和相关职业技术证书，毕业时达到“一专多能”、“一专多证”。各专业还将尽可能按国际惯例，即国际公认的教育质量标准和职业资格进行运作，同时大胆探索教育运行方式和操作手段的市场创新，率先抢占教育市场、职教市场的制高点。要做好学校同国外教育、培训机构进行国际合作教育的准备，引进国外职业教育思想、先进的方法和必要的资金。

(5)强化学校管理，确保教学质量，以建立学校的ISO9002质量认证体系为契机，进一步树立正确的教育观、质量观，认真履行对学生、对家长、对社会的承诺，贯彻学校的质量目标、质量方针，执行质量管理程序和各项作业技术规定，使学生的成绩合格率、优秀率、毕业率、就业率逐步提高到先进水平。大力提倡为学生服务，使学生真正成为学习的主体，克服重智轻德的现象，改变只传授知识忽视创新精神和能力培养方式，努力开发每个学生的特长和潜能，使素质教育贯穿于学校工作的全过程。

(6)积极筹措资金，完善设施、装备，满足教学需求。学校要依靠政府，依托行业、企业，多元化投资，不断完善设施设备，确保主干专业实验、实训、实习室的建设，按专业要求不断地换型、配套。做好“新”、“齐、“全”，即以新型先进的设备替代传统的过时设备，满足学生分组操作的需要。要加快校园网、多媒体教室建设，实现电化教学系列化、教学手段现代化。

(7)狠抓师资队伍建设，造就一支德高身正，为人师表，任教能力强、一专多能的结构合理、相对稳定的，掌握现代职教思想理论、现代教学技术、精通理论、善于实践的一流师资队伍。要特别注重培养、选拔学科带头人和教学带头人，重视青年教师成长及“双师”型教师培训。

中等专业教育在我国经济建设和社会进步中不可缺少，中职教育发展任务很重。我们要继续贯彻大力发展职业教育的方针，充分利用现有的教育资源不断改革，使我校的中等专业教育与高等职业技术教育与初等技术培训相衔接。

（本文发表于《教育发展研究》2001年职教项目专辑）

优化资源 把握机遇 坚持创新 不断发展

一、认真学习,明确发展方向

在2002年11月举行的中国共产党第十六次全国代表大会上,我们党确立了“三个代表”重要思想为党的指导思想并写入党章,把“三个代表”作为立党之本、执政之基、力量之源,进一步提升了“三个代表”思想在党内的重要地位。“三个代表”重要思想既是对过去中国共产党的革命、建设和改革道路的准确概括,又是我们党作为执政党在新世纪新的历史时期继续走对外开放、发展社会主义市场经济之路的宣言书和航标灯。在学习了党的“十六大”精神和“三个代表”重要思想的同时,结合自身实际,我们深深体会到作为以行业发展为依托的职业教育正日益成为行业提升竞争力的基础与关键,正如“十六大”报告中所指出的:“教育是发展科学技术和培养人才的基础,在现代化建设中具有先导性全局性作用,必须摆在优先发展的战略地位。”职业教育作为教育中一种特殊而重要的门类,在为行业输送专门人才的同时,也决定了人才的素质乃至行业的兴衰,因此,只有重视和加强自身建设,努力练好内功,做到坚持创新、不断发展,才能起到在提升自己的过程中推动和促进行业发展的作用。

当前职业教育的发展形势可谓喜忧参半。可喜的是,全国职教工作会议和上海职教工作会议的相继召开为职业教育今后的发展指明了方向。党和国家政府将继续加大对职业教育的投入,大力发展职业教育,鼓励社会力量办学,充分体现了我们党“教育优先发展”的思想。随着世博会的申办成功,上海的城市建设将突飞猛进,上海城市交通经济的发展也将产生质的飞跃,数十万人将得到就业机会,那些拥有一技之长的专门人才将受到社会的广泛关注与青睐,职业教育将面临更大的机遇,并大有可为。所忧的是,随着城市人口出生率的持续走低，上海生源的逐年递减将导致中、高等职业院校面临资源重新整合调整的危机，形势不容乐观。如：今年上海高职、高专院校共有68所被批准招生，按照上海市教委的规划，在今后几年内调整至30余所，中等职业学校将控制在100所以内甚至更低。9年后初中毕业生由现今的18.4万人递减至8.5万人，而今年中职将招生8.1万人。所以，留给职业院校的余地将越来越小，另外，对硬件和软件的配置要求却越来越高，学校在发展过程中遇到的困难和问题亦越加突显，职业教育将面临前所未有的严峻挑战。

然而，任何事物都存在两面性，做任何事都存在机遇与挑战的辩证关系。作为拥有中、高等职业教育等多种教育形式的职业院校，如何牢牢抓住机遇，勇于面对挑战，战胜困难，敢于胜利，其重点与关键始终是发展。因此必须居安思危，把发展作为学校建设的第一要务，不仅满足现在的教育教学需要，更要未雨绸缪，从长远出发，多考虑学校未来的生存发展和提升，利用当前职业教育的大好形势，把握机遇，抓紧建设，为学校未来的发展提升奠定良好基础。这是上海城市建设发展的需要，是交运集团公司对人才培养的需要，是学生家长对职业院校寄予厚望的需要，也是学校不断提升自我、提高核心竞争力的需要。那么，如何发展、如何建设？通过学习并总结近两年学校的工作，我们认识到必须努力使学校“做大、做强、做优”，其关键是提高学校的核心竞争力。

二、开拓创新，加快发展步伐

（一）发展的基础是做大，做大的关键是“横向联合，纵向提升”

(1)横向联合的根本目的是促进中、高职教育的联动发展，形成职前与职后并举的办学模式。

首先，要努力提升办学档次，提高核心竞争力。具体表现在：根据市场需求，积极寻求校企合作、校校联合的新途径，努力争取新的培训资质，实现学历教育与非学历教育同步发展。经努力，学校近两年先后同上海工程技术大学、上海交通大学联办高职班，与海港职大、民航中专、铁路学校联合创建了上海交通职业技术学院，丰富和拓展了高职的办学层次和办学规模。学校成为北方交通大学上海交通教学中心，于2002年秋季实施招生，招收本科班学员22人，大专班学员36人，这些学员均来自集团及其下属企业。实施了高职“汽车商务”与“国际货运代理”两专业成人班的招生报名工作，取得了现代物流和物业管理培训资质，取得了驾驶员从业资格培训资质，并成为唯一一所覆盖交通类全部培训项目的学校。

其次，要面向两个市场，抓好招生与就业工作。要用足资源，扩大职前学历教育与职后培训生源市场。2002年高职共招收五个专业学生358人，与2001年同比增长50%，使高职在校生总数达到669人。交通学校招生录取率为101%，实际招收中专生620人，目前在校生总数为2804人。目前总校设有57个教学班，创历史之最。2003年，学校继续调整、优化交通学校在校外的14个分部设置，在上海市区设立了西南校区，在保证教学质量的同时，方便学生就近入学。我们还要继续抓好培训市场的巩固和拓展，开辟多渠道、多层次、多元化培训模式，使全年培训量超过5000人次。对市场的准确把握和培养特色人才的办学思想使学校在学生就业推荐方面处于主动地位。学校采取有偿推荐和鼓励升学相结合的形式，多管齐下，努力提高就业率。几年来，学校与几百家用人单位已经保持相对稳定的联系，学生就业率始终保持在90%以上，其中汽车专业学生就业率达到95%以上。截至目前，今年高职毕业生已基本落实了工作单位，交通学校中汽车专业学生已全部落实了分配去向，学生就业形势良好。

再次，校企紧密结合，加强实践教学环节。尤其是要与大集团、大企业联合。学校先后与上海大众等20余家单位建立了合作关系，使之成为汽车专业和物流专业的校外实训基地。特别是由于去年12月学校成功主办了“丰田杯”全国汽车TEP学校技术技能比赛并获得较好名次，在今年2月学校自行组团前往日本丰田公司总部参观时受到了丰田公司的热情接待，丰田公司高层领导小野董事亲自接见，并赠送学校一套先进的带有ABS装置的威驰发动机和整车车身。

(2)纵向提升的重点是练好内功、塑造形象，它包括思想观念、办学理念、硬件与软件等方面的提升。

首先，牢固树立“适应、服务、结合”的思想意识，强调“思想观念、专业建设、管理水平、教学质量、育人环境、办学资质”的“六个提升”，通过着力改善学校总体办学条件来提升办学水平。2003年行政工作计划中，我们又提出了“六个同步”的思想，进一步强调了发展在学校工作中的突出地位，即巩固和拓展生源市场，使招生培训与市场变化同步；加强和提升专业建设，使课程开设与社会需求同步；提高和优化员工素质，使师资建设与科技发展同步；完善和创新学生管理，使德育工作与时代要求同步；加快和调整硬件投入，使设施配置与硬件换代同步；强化和规范学校管理，使运行机制与学校发展同步。

其次，加大对硬件建设的投入，以适应学校专业建设和现代化教学的需要。几年来，学校通过财政拨款和自筹资金想方设法先后投入近千万元进行了硬件设施改造，完成了70多个改造项目，更新了大批实验实习设备。新教学楼工程在集团领导和有关部室的关心和支持下，工程进展顺利，预计今年9月可交付使用。2003年学校将投入1200余万元进一步加大对基建改造项目的投入，进一步加大重点专业实验室建设力度，满足新专业和新技术课程开设的需要。

再次，加大师资引进力度，加强教师继续教育培训，师资队伍的整体素质不断提高。我们认识到，只有拥有最好的教师，才能办出最好的学校。几年来，学校共引进教师和专业技术人员37名，其中具有硕士学历和高级职称的占了一半。教师历年参加继续教育培训和学历进修占员工总数的三分之二。2003年还将引进10名师资，专任教师本科率将达到100%。学校还重点抓好了教师授课质量的稳步提高，举行教学法和教案评比，鼓励教师进行双语教学，培养双师素质教师。

（二）发展的核心是做强，做强的关键是“办出特色，创出品牌”

所谓特色就是不可替代性，即在学校发展和专业建设上以是否具有不可替代的独特的办学定位，是否具有独特的服务领域和服务对象，是否具有超越别人的优质管理和发展潜力为衡量标准。所谓品牌，我们认识到，对企业是产品，对学校来说就是专业建设。2003 年行政工作着重突出特色化、优质化、规范化的要求，即以特色化推进教学改革的创新，以优质化提高各项工作的质量，以规范化完善学校的基础管理，坚持创品牌效应，走特色之路。

（1）抓好专业建设。坚持“以市场为导向，以能力为本位，以质量为核心”，不断加大改革创新力度，专业建设充分体现交通行业特色，逐步形成老专业优势突出，新专业特色明显的特点。2002 年，高职“国际贸易（国际货运代理）”专业成为上海市高职高专教学改革试点专业。“汽车运用技术”专业成为教育部示范性教学改革试点专业。交通学校“现代物流”专业通过市教委评估认定为上海市重点专业。去年年底，“汽车运用与维修”专业成为全国首批教育部批准的 176 个国家示范专业点之一，并成为先期投入资金的 25 个示范专业之一。2003 年我们还将新增“物流管理（口岸信息网络管理专门化）”、“特种车辆使用与维护”等高职专业，使高职专业数达到 7 个。

（2）抓好教材开发。2002 年 9 月全面完成了中职“10181”工程“汽车维修”专业 18 门课程的教材编写工作，学校有 29 名教师参加了编写，其中有 11 名主编，14 名参编，4 名主审。全国交通运输管理学科委员会物流教材编写会议明确了由我校担任部分教材主审、主编和参编，由人民交通出版社组织出版，并将成为全国交通职教类中高职院校通用教材，学校有 10 名教师参加了编写，并将于 2003 年上半年完成编审。

（3）抓好教学科研。积极参与并完成了交通部“创建新型物流管理专业”及“汽车新技术教具示教台”等两个课题的结题，于 2002 年 12 月通过了交通部专家评审。承接了教育部下达的中职“汽车发动机构造与维修”课程的多媒体课件制作任务，接受了中期审定。完成了上海市教委下达的《经济转型期间职业道德教育的特点及应对措施》课题的调研报告，上报市教委总课题组，并获三等奖。制定并通过了学校《学术委员会章程》。教师教学论文数量和质量有明显提高，最近已考虑编辑出版交通学院的学报。2003 年我们还将强化教科研工作，完成市教科院下达的教育部职成教司的立项课题“职业教育教材质量评价的研究”。

（三）发展的重点是做优，做优的关键是“提高质量，全面创新”

我们紧紧围绕“六个转变”，即“办学方向、培养目标、发展策略、办学内容、发展形势、服务策略”的转变来全面创新我们的相关工作，同时以严格管理和加快教学技术现代化步伐来提高工作质量。

（1）强化管理，抓管理水平的提升。学校的 ISO9002（94 版）质量管理体系将于 2003

年11月到期，通过历时三年的贯标工作，全面提升了各个层面的管理水平，2002年荣获集团公司优秀企业质量奖荣誉称号。94版质量体系即将在2003年结束，学校现正抓紧2000版转版的培训和调研、质量手册和程序文件的修订等工作。

(2)加快信息化建设步伐。校园网的建成加速了学校信息化管理进程。2002年，学校在职成教在线保持了点击率前十名，并荣获上海市职成教信息工作先进单位。2003年学校将全面完成校园网站建设和网页制作，实施全面的信息化管理，做到校园网与集团公司网站、职成教育在线连接并使用。

总之，我们认识到，只有认真学习、深入领会党的"十六大"精神，不断出好思路，并积极落实，化为行动，抓住一切机遇加快发展，不断提升学校的核心竞争力，才能实现办学水平的提升。在今后的工作中，我们要以"三个代表"重要思想为行动指南，积极贯彻全国职教工作会议和上海职教工作会议精神，坚持背靠行业，立足集团，服务社会，通过发展，把潜在优势现实优势，把一般优势转变为独特优势，努力实现"行业特色明显，专业优势突显，交通企业欢迎，社会美誉度高"的建设目标，为交运集团的发展培养和积聚更多人才，为社会培养更多高素质劳动者，进一步开创学校发展的新局面。

(2003.3)

大力推进产学研联盟　加快培养技能型人才

二〇〇四年教育中心将全面完成《新三年发展规划》。学校将在邓小平理论和"三个代表"重要思想的指导下，坚持以发展为主旋律，以服务为核心，继续"做优高职，做精中职，做大培训，做活校产"，在交通学校成为国家级重点学校的基础上，做好交通学院办学水平评估的准备，设立学校发展的新起点，努力适应市场新需求，积极创建教育新高地，大力推进产学研联盟，加快培养技能型人才，为学校的新一轮发展打下坚实的基础。

教育中心作为集团经济发展的人才储备基地，是集团核心竞争力的组成部分。上海的大发展、人们教育需求的持续增长，为我们实现跨越式发展提供了难得的机遇。我们要把"行业特色明显，专业优势突显，交通企业欢迎，社会美誉度高"作为发展定位，把"以能力为本位，以就业为导向"作为工作的出发点，以规范化服务学生，以特色化打造品牌，以优质化取信社会。继续在加大职前学历教育和职后培训市场的拓展力度方面有所作为，做到对内求实，深化教育教学改革创新，对外求活，积极拓展职业教育培训市场，使培养的学生就业有出路，升学有希望，终身学习有基础，努力实现办学质量高、专业技能硬、品牌特色亮、示范作用强的办学目标。

一、塑造校园形象，持续加强学校建设，提高学校核心竞争能力

(1)完善基础设施建设。继续投入600万元用于教学基础设施、生活后勤设施的改善。建立安全防盗监控系统，完成校门改造、扩建，建成具有标志性的校园雕塑，完成883号用电改造工程，同时逐步改善学生住宿条件，完成食堂扩建、实训楼外墙粉刷、实训楼四楼改建成标准教室，行政楼改扩建成培训楼，1号、2号教学楼连接天桥等工程。做好两个工程预案的启动准备，即在奉贤培训中心实施高职一年级基础段教育方案的准备和

883号新建学生公寓的方案准备。

(2)继续优化教学装备。加强重点专业实训设施建设。将52座电子阅览室扩容到80座,从国外引进先进的汽车实训仪器装备汽车实训中心。完成汽车维修检索室改建扩容工程,新建成汽车仿真实训室;物流实训中心添置GPS物流卫星跟踪定位系统;对形体房、音乐室、书法、美育、科普教室内部设施装备到位。增加多媒体教室数量、容量,分期分批地对教室进行改造。

(3)持续加强师资队伍建设。拟订人才引进的有关待遇规定,为引进更优质的人才创造条件。完成年度人才引进计划,拟引进10人,其中5人为紧缺型人才,5人为成熟型人才,要求研究生以上学历或副高级以上职称。制定教师下企业调研的切实可行的办法,将之列为对教师考核的刚性要求,教师须带课题下企业调研,以学生就业为导向,切实了解市场的需求是什么,学生应有什么能力应对,通过什么途径可以快速提高学生适应社会的能力,并提交课题研究报告,把握企业需求,培养适用人才。按专任教师10%的比例聘请有丰富基层实践经验的专业技术人员兼职授课,把企业最新的专业知识和技术带进课堂,让学生了解所学专业的发展变化。积极促进教师知识更新,继续抓好教师学历进修和继续教育培训,年培训量在80学时以上,研究生学历、双师型教师以每年5%的速率递增。

二、坚持以就业为导向,深化教育改革创新,促进毕业生充分就业

(1)调整教育目标。加强社会调研,以社会需求为前提,全面审视和滚动式调整修改完善现行的专业教学计划、大纲及所设置的课程标准内容和要求,删除与社会需求不相适应的课程,补充新技术课程。积极探索"汽车运用与维修"人才作为国家紧缺型人才的培养模式,探索学历教育与职业资格鉴定的沟通与衔接,建立专业技能标准。交通学院建设国家级重点专业1个,上海市重点专业1~2个,上海市精品课程3个,做好骨干专业试办本科段教育的准备。交通学校要成为上海一流、全国知名的学校,建设国家级重点专业1个,上海市重点专业1~2个,力争成为国家级重点中专。

(2)加强专业建设。紧密结合产业结构的调整需求,调整和设置现有专业,提高毕业生与劳动力市场的适应度。交通学院"电子商务"专业暂停招生,做好"汽车保险与理赔"专业开设的准备。在交通学校新设"汽车装潢"专业并实施招生。专业内涵建设更扎实,积极开展国家级、市级命名专业教育改革试点,充分发挥汽车、物流等国家级、上海市示范、重点专业优势,开展专业建设试点,努力为国家培养紧缺人才。通过与兄弟学校的经验介绍和交流,将学校的影响力和示范作用辐射出去,全面提升学校的社会知名度。

(3)创新培养模式。针对生源水平的下降,采取分层、分类教育模式,大力推进弹性学分制教育管理模式和灵活多样的教学管理制度,大力推行双证书和多证书制度,增加学生受教育的机会,促进对学生一专多能的培养。保持较高的就业、升学率。中、高职毕

业生就业率保持在90%以上，其中汽车专业达到95%以上。交通学校升学率保持在85%以上。

(4)加强校企合作。建立产学研结合的长效机制，促进校企间更紧密合作，与集团下属各企业开展合作，加强学生实习实训。在继续与日本丰田汽车有限公司合作办学的基础上，尝试开展定单式培养全程合作，与云峰集团等大型企业开展合作办学，实现校企间利益双赢。

三、积极拓展终身教育的人才培养市场，构建人才成长的立交桥

(1)扩大职前学历教育规模。加大对外宣传力度，确保中、高职招生计划圆满完成。按计划，交通学院招收484人，交通学校招收765人，技校招收150人，在校生总数达到4000人以上，学校本部达到60个教学班。

(2)拓展职后培训市场份额。各级各类社会继续教育、等级工、职业技能鉴定等培训人数在2003年的基础上递增10%，达到6000人次。驾驶培训达到700人，交通法规培训达到2500人，党校达到600人次。继续办好北京交大远程教育。争取与上海工程技术大学合作开设专升本和汽车专业自学考试。力争取得开办汽车营销等紧缺型人才的培养与考核资质，并成为上海市十佳职工培训示范基地，进入交通类职业技术技能鉴定前三名。

四、坚持抓好教育科研，加强精品课程建设，积极投入教学法改革，提高教学质量

(1)加大教育研究力度。继续办好交通学院《学报》、《交通教育》校刊。专任教师每学期至少撰写一篇论文，并按发表级别评定等第，与教师授课情况考核挂钩。有关课题的论文建立项目申报制、中途检查制、结果审核制。

(2)开展精品课程建设。根据上海市教委要求，重点在交通学院开展，实行321，国家示范专业达到3门，市重点专业达到2门，其他专业达到1门，使学校的精品课程数达到10门。对已上报的课程在通过申报审批后建立跟踪制，争取1~2年内有3门或以上达到市级申报水平，促进师资、教法、课程标准、教材、教育管理达到一流水平。

(3)提高教育教学质量。积极参加第4届教学法评比的复评工作，借此契机推动新教法的研究和实践。充分利用教学信息化平台，在教师中推广电子教案、多媒体教学手段，进一步提升教学水平，提高教学质量，让教材、教法更贴近学生，让知识和技能更能满足市场需求，让学生素质更符合社会发展需要。积极参加新一轮市教委课改和教材建设，开发实验实习教材、校本教材、多媒体教学课件，形成具有明显特色的教材体系。继续修订完善《教学质量考评办法》。

五、坚持德育为先，加强学生综合管理，全面推进素质教育

（1）加强职业指导工作。根据不同年级确立“四结合”的指导方针，即把职业理想教育与理想信念教育相结合，把职业道德教育与实践实习教育相结合，把职业纪律教育与行为规范养成教育相结合，把职业指导教育与一专多能多证书制度教育相结合。进一步让学生找到合适的岗位，让用人单位找到合适的学生，使学生的职业生涯得以终身发展。

（2）全面推行教导合一。在汽车专业科试行的基础上，在经济管理专业科全面推行教导合一，在推行过程中，进一步完善、巩固、创新这一学生管理模式，通过专业科室的直接管理，使学生管理深入到基层，管理更扎实、有效。

（3）开展形式丰富的素质教育。以爱国主义教育为主旋律，以职业道德、创业教育、就业指导为重点，以丰富多彩的实践活动为载体开展形式多样的素质教育，围绕学生就业的导向，培养学生学习能力、工作能力、思维能力。进一步延伸劳育课内涵，加强劳育课考核，使学生确实劳有所获。加强心理健康教育。加强第二课堂、选修课的教学，搞好舞蹈、音乐、书法等学生社团组织。继续搞好艺术节、运动会、技能节三大节，使学生有施展才能的天地，全面提高综合素质。

六、坚持严格科学管理，加强信息化研究网络建设，促进学校取得跨越式发展

（1）进一步深化质量管理体系。将ISO9001（2000版）的服务理念贯彻到工作的各个方面，充分领会让我们的顾客，即社会、用人单位、家长和学生满意的内涵，使各项工作持续改进，既体现规范化，又有创新性。

（2）进一步建立教育信息化平台。编制完成学校《信息化工作规划（2004～2010）》。在学校的内部全面实施办公信息化管理，加速无纸化办公进程。构筑三大网络，即教育教学信息化研究网络，办学信息化研究网络和就业出口研究网络。继续在职成教育在线上保持点击率前十名，并力争进入信息量排行榜前十名。

（3）进一步加强国际化合作。努力开创开放性、合作性办学道路，与加拿大玛拉斯比纳大学、日本神野学院下属中日本自动车短期大学等国家的教育机构加强紧密性联系，走联合办学道路，派遣师生互访学习，促进汽车、物流等重点专业在国内的领先地位。

（4）进一步加强产教结合。加强校产开发力度，结合学校专业建设发展有步骤地搞活校产经营，既实现经济效益的增长，又解决学生专业实训的问题。配合“汽车商务”和“电子商务”专业的教学实训，拟在沿街铺面开设超市；配合“现代物流”和“国际货运代理”专业的教学实训，拟创建物流与国际货运代理营业网点；配合新开设的“汽车装潢”专业的教学实训，拟开设电脑调漆中心对外开展业务，为汽车维修行业服务。

（5）进一步加强各项管理。全面做好交通学院2005年办学水平评估的有关准备工

作，加快后勤社会化进程，引入竞争机制，引进餐饮经营实体，提高服务质量。加快人事制度改革，合理设置部门及岗位，调整、理顺部门职责，实行岗位竞聘，人员择优聘任。大力推行民主管理，加强民主监督，全面落实校务公开制度，全心全意依靠广大教职员工办教育。加强学校安全管理，做好“人防、物防、技防”的三防工作。提高财务管理水平，加强审计工作力度，进一步降本增效，厉行节约。做好财产清点核实工作。办好教师节20周年庆典活动。继续为教职员工提供良好的福利待遇，做好大病保险续保工作，进一步提高生活水平。

我们将在邓小平理论和“三个代表”重要思想的指导下，努力适应发展交通运输事业和提高集团核心竞争力的要求，要抓住机遇，加快发展，推进创新，优化结构，提高质量，如期完成《新三年发展规划》，努力成为打造技能型应用技术人才的摇篮。

(2004.3)

交通高职发展中的定位与特色问题

当前，我国高职教育正处于深化改革的重要发展时期。全国高职教育工作会议提出"我国高等职业教育基本学制将逐步由三年制过渡为二年制为主"以及"高职教育就是就业为导向的教育"的新思路后，在高职院校中引起了所谓"伤筋动骨"的强烈反响。本文结合综合交通的特点，就交通高职发展中的定位与特色等问题，从高职教育的新情况、困扰高职发展的外部环境和内部条件，以及高职发展中的定位与特色等问题进行研究。

一、高职教育的新情况

1. 高职教育异军突起，已成为支撑我国高等教育的"半壁江山"

据教育部资料显示，进入21世纪以来，我国高等职业教育事业得到迅速发展。1998年至2003年，高职院校已达908所（其中，独立设置的学校197所，职业技术学院711所），占普通高校总数的58%。短短的5年时间，高职教育招生数和学生数分别增长3.7倍和3.1倍，分别占全国普通高校招生数和在校学生数的52.3%和42.3%。另据交通部科教司资料显示，全国交通系统，除北京和新疆外，其他各省（自治区、直辖市）均通过"转制改型"建立了交通职业技术学院。高等职业教育事业已经成为我国社会主义教育体系中不可缺少的重要组成部分。

2. 以就业为导向，已成为我国发展高职教育的重中之重

就业是民生之本，它既是高职教育改革的出发点，也是高职教育发展的落脚点。总结上海交通高职的办学情况，从一个侧面分析，学院近年的高职招生，从"毫不起眼"到"异常火爆"。学院2004年招生已名列上海47所独立设置高职高专院校的前茅，尤其是三校毕业生的报考数远大于计划数，热门专业或者讲"出口畅、待遇优"的专业已达到8

取1的程度，究其原由：主要是学院在办学思想、办学模式、办学机制等方面，坚持了“高职教育就是就业为导向的教育”理念和做法。高职教育的实践证明，以就业为导向不仅符合教育要适应社会经济发展的客观规律，而且体现了教育服务于社会经济发展的要求，目前已成为我国发展高职教育的重中之重。

3. 产学研紧密合作，已成为我国发展高职教育的必由之路

高职教育走产学研结合的道路，既是发达国家职业教育发展的成功经验，也是我国高职办出特色、培养经济发展所需要人才的关键所在。以上海交通高职为例，学院四个校区，背靠交运、港口、航空、铁路四大主体行业，现开设的汽车、集装箱、国际货代、物流、空乘、轨道交通等各类专业，其中两个专业已评为教育部高职高专教学改革试点专业，一个专业评为上海市高职高专教学改革试点专业，短短几年努力，通过产学研紧密结合，学校、企业互惠互利、优势互补为核心的运行机制，使学院近两年进入了快速发展的轨道。

二、困扰高职发展的外部环境与内部条件

近年来，我国高职教育事业实现了跨越式发展，改革取得了阶段性成果，但由于多种因素和各种原因，交通高职和其他高职一样，发展虽有空间，但外部环境和内部条件方面仍存在一些困扰发展的问题。

1. 外部环境

地位不高，存在被歧视现象。我国高职与普通高校地位不能相提并论，高职仍存在被歧视的社会现象。仅从高职生源情况分析，招生对象目前还是“清一色”的本科落榜生，致使部分高职院校在定位问题上发生偏差，有意或无意地发生追求“学科型”普通本科教育的偏差。在WTO成员国中，特别是发达或较发达的国家，高职教育广受推崇，常有读完普通高校再进高职院校学习的情况。

经费不足，严重制约高职的发展。近年来，高职在我国得到了一定的重视，但远未达到应有的程度。目前政府对高职经费投入还远远不够。资料显示：我国财政预算内职业教育经费占整个财政预算内教育经费的份额呈下降趋势；教育费附加中用于发展高职的经费很少；企业承担高职经费的机制没有普遍建立起来；经费的严重不足，严重制约高职的健康发展。

政出多门，使高职定位无所适从。近年来，各级政府围绕高职发展，颁布了一系列方针、政策和规定，积极为高职健康发展创造较良好的政策环境，但有关部门从不同的视角出发，缺少联系，缺乏沟通，颁布了一些难以操作的规定，使高职院校较难把握。如中宣部、教育部联合发文，强调“两课”教育；体育法规定，所有高等院校一、二年级都必须开设体育课；教育主管部门规定，高职学生的大学英语PET或CET、高校计算机课程必须考核达标，诸如此类，给高职专业教学带来了理论教学与实践教学、专业课教学与实践能力培养学时总量严重短缺的矛盾（三年制只有1600～1800学时，两年制只有1100～1200学

时),也给高职由三年制过渡为两年制为主后的专业教学计划的制订和组织实施,以及人才培养目标的实现带来了诸多不便。

学历教育与职业资格之间,未建立有效的沟通、协调机制。《职业教育法》规定:"实施职业教育应当根据实际需要,同国家制定的职业分类和职业等级标准相适应,实行学历证书、培训证书和职业资格证书制度。""国家实行劳动者在就业前或者上岗前接受必要的职业教育的制度。"目前国家职业资格的类型相对单一,主要适用于操作型工作岗位,而且划分较细,面向较窄,职业资格标准与学历教育要求之间整合不够,相当多的职业还没有相应的职业资格证书,有的职业资格证书合格率仅 12.5%,部分学生毕业时取得相应的职业资格证书有一定困难,国家职业资格体系有待健全。国务院关于大力推进职业教育改革与发展的决定指出:"部分教学质量高、社会盛誉好的中等职业学校和高等职业学校开设的主体专业,经劳动保障和教育行政部门认定,其毕业生在获得学历证书的同时,可视同职业技能鉴定合格,取得相应的职业资格证书。"而这一决定还尚未得到有效执行。

2. 内部条件

(1)教学资源方面反映出的问题。

师资队伍:各交通高职大部分出自原中专学校的转型改制。改制后,亟需加快和加强教师队伍的高等职业教育新理念和新要求的教育和培训。另外,在双师型师资建设中,出现了有双师资质的"本本族"。

教学设施:部分交通高职院校办学条件改善步伐跟不上发展步伐,必要的教学设施得不到保证,必要的教学环节得不到保证,特色或骨干专业以外的专业实践训练条件缺乏,缺少具有真实(仿真)的职业氛围,缺乏学生实训、实习的校内外实践教学基地。

(2)在职业教育基本学制将逐步由三年制过渡为二年制的政策导向下,要推进高职教育的健康发展,办让人民满意的高职教育,必须从改善高职外部环境和提高内部条件,尤其从高职发展中的定位与特色等方面加以努力。

三、交通高职发展的定位及特色

1. 外部环境的改善,是高职发展的基础

(1)国家要建立健全完善的法律法规体系。包括加大依法治教力度,政府行政做到公平、公正、公开,增加管理透明度,倡导和建立市场经济条件下与融资体制相适应的多渠道筹资办高职的教育资本投入机制,优化高职教育资源结构,实现办学主体社会化、多元化。

(2)全社会要营造良好的政策环境。包括加强对高职教育工作的领导,加强宏观管理与政策调控,制定科学的规则和标准,提供有效的社会服务,加大对高职的经费投入,扩大高职办学自主权,为高职在市场经济条件下创造良好的政策环境和自主办学的灵活空间。

(3)教育部门要科学合理地编制高职的专业目录。包括加强对高职专业设计的指导,要根据产业结构调整对社会职业岗位体系造成的变化,围绕社会所需职业岗位能力,并充分考虑未来职业需求,确定不同专业的不同学制;另根据职业的发展,适时调整专业指导目录的条款,并组织行业和教育专家制定各个专业的指导性教学计划和设定教学内容体系等。

(4)政府要充分发挥行业组织应有的作用。中央和地方机构改革后,多数行业部门不再具有职业教育的举办职能,但职业教育的指导职能只能加强,不能削弱。同时,政府应当遏制行业和企业在举办职业教育中的作用有所削弱的现象。行业组织和企业、事业组织应当依据《职业教育法》履行实施职业教育的义务。

(5)各有关部门、学校和企事业单位要紧密合作。政府和行业有关管理部门要科学地制定社会培训计划、培训标准及有关政策法规,建立就业准入制度,协调社会各方面关系,在经费、技术、人员等方面给予支持,创造有利于高职面向社会开放办学的宏观环境。职业教育主动加强与行业、企业和社会各方面的联系,注意引进先进的技术、设备和内容,实现最佳办学效果。

2. 内部条件的创造,是高职发展的关键

(1)科学定位,是确保高职持续发展的基础。要通过学制改革来推动课程体系和教学内容改革,突出职业教育的灵活、快捷和适应性强的特点。高职学制由三年改为两年,适应经济发展要求,符合群众利益,是件好事,但不能"一刀切"。要根据社会不同需要、三校生与高中生生源不同素质、职业岗位(群)不同要求区别对待。

首先要把握几个重点:一是解放思想、实事求是、与时俱进,创造性地贯彻实行国务院、教育部关于大力推进职业教育改革与发展等一系列文件精神;二是以就业为导向,把培养社会需要和职业岗位需要的人才作为高职人才培养工作的出发点和落脚点,并作为高职院校最主要的办学方向;三是淡化学科性教育,强化职业技能培养和岗位技能培训;四是科学确定高职在经济社会发展中的作用,找准自己的位置,持之以恒,办出特色,办出水平。

其次要处理好几个关系:一是处理好普通高等教育与高等职业教育的关系;二是处理好高职硬件建设与软件建设的关系;三是处理好理论教学与实践教学的关系;四是处理好综合素质与职业技能、职业素质和就业能力的关系;五是处理好公共、基础课与专业、实践课的关系;六是处理好学历证书与职业资格证书的关系;七是处理好毕业就业与继续升学的关系。

(2)创建特色,是确保高职持续发展的命脉。特色就是生命,特色就是质量。特色应体现在高职办学的各个方面,包括区域特色、行业特色、专业特色和院校特色(如治学方略、办学观念、办学思路;科学先进的教学管理制度、运行机制;教育模式、人才特点;课程

体系、教学方法以及解决教改中的重点问题)。创建特色必须从以下几方面加以努力:

一是依靠行业特色指导办学,发挥行业优势。交通高职背靠行业,不仅与本地交通行业有着天然的历史渊源,更有现实的联系。交通高职独特的专业人才和技术优势,能更直接地为地方和交通行业发展服务,更容易调动地方和交通行业办学的积极性。交通高职处于就业教育的第一线,与劳动力市场衔接紧密,容易了解和预测市场,更能适时针对市场变化做出反应。

二是依据专业特点,发挥自身优势。要依据多年来形成的专业优势和具体条件及实际需要,选择自己的服务领域,设置自己的专业,不要盲目地求全求大。在同一层次、同一类型的院校当中,办出一流水平,创出自己的品牌。应采取新举措,使管理更优化,特色更鲜明、优势更突出。以就业为指导坚持走自己的路。不同地区、不同院校、不同学制,包括不同的办学类型,都应办出不同的特色。即使是相同的专业,也要针对当地的实际需要确定不同的教学内容和质量标准,突出人才培养上的特色。领先的专业优势、不同的教育套餐和教育增值服务是我们获得市场优势的基本保证。

三是依托企业特色办学,实施品牌战略。交通高职要着力打造出一批重点专业和示范性专业。紧扣实践性教育和专长能力培养,把提高才艺、能力、操作作为主要考核目标。加强与企业的双向互动合作,开展校企合作办学,把实习、实践由学校为主逐步转变为校企合办、工读结合和职业培训为主。紧跟劳动力市场的变化,了解用人单位的需求,培养适销对路的实用人才。重视学生的职业理想与职业道德教育,加强学生实践能力和职业技能培养,形成其他院校不可替代的风格。实施订单式培养,推行双证书制度,采用灵活的学制和学习形式,积极推动学分制和模块式教学。真正实现高职学制逐步由三年缩短为两年的转变。

(本文发表于《交通职业教育》2004 年第 5 期,《上海交通职业技术学院学报》2004 年第 2 期,获中国职业技术教育学会论文评选二等奖)

“联合体”型中高职教育的理论研究与实践探索

构建“大职业教育”的体系已经成为当前职业教育的首要任务。“大职业教育”的具体形式是现代职教集团的构建,它是将职业院校与企业紧密联系在一起的真正的桥梁与纽带。职教集团属于“联合体”型中高职教育的范畴,具有社会化性质,实施专业化教学,采用企业化管理。那么“联合体”型中高职教育这条道路究竟能否走通?其办学主体是中职,还是高职?笔者通过十年的实践探索,证明了联合体型中高职教育是可以办好的。

一、“联合体”型中高职教育研究的背景

1. 一破围墙——上海交运(集团)公司教育中心的成立

1996 年,原上海市交通运输局转制为上海交运(集团)公司。1997 年,上海交运(集团)公司将其下属的上海交运职工大学(1993 年,经上海市人民政府批准,改建为“上海交通高等职业技术学校”,进行了高职教育的试验和试点)、上海市交通学校、上海交通技工学校、中共上海交运(集团)公司委员会党校、上海福赐机动车驾驶员培训中心五所学校合并成立了“四校一中心”,在交运系统内部名为上海交运(集团)公司教育中心。

五所学校归并一处,五块牌子、一套班子,有企业、事业两种编制。交运集团作为企业办学,根据企业自身的发展需要,打破教育实体内部体制机制的围墙,将中职教育、高职教育、职后培训等资源集中起来加以利用,建立了一个中职高职联动、职前职后并举的综合性应用人才培养基地。这是对“联合体”型中高职教育进行的初步的、有益的探索,既推动了教育资源配置的进一步优化,又形成了人才培养规格与层次的多元化立体结构。

2. 二破围墙——上海交通职业技术学院的组建

2001 年 4 月,在原上海市交通办领导的关心支持下,上海交运职工大学与上海港务

局职工大学,共同组建了上海交通职业技术学院。学院经教育部备案、由上海市人民政府批准建院,属独立设置的高职院校,实行董事会领导下的院长负责制。学院联合民航、铁路中等职业的办学力量,共同参与高职的办学,使学院成为集陆、海、空、轨道交通教育为一体的,培养综合交通类专业人才的高等职业技术学院。

综观当前全国的态势,外省市的绝大多数交通职业院校大都由中职升格为高职校,同时在高职的牌子下部分学院仍然保留了中专部。可见,中高职教育作为同源教育,完全可以集中优势办学,以实现资源共享,形成规模效益,增强适应市场和抗风险的能力。上海交通职业技术学院实施的正是"联合体"型中高职教育的办学模式。学院四个校区的资源隶属关系不一,体制机制各不相同,而校区内仍保持着中高职并存的办学格局。学院的组建正是在综合大交通范围内又一次打破了围墙,为构建职教集团做好了思想上和行动上的准备。

二、"联合体"型中高职教育实践的探索

1. 加强理论学习,明确中高职教育的异同

"联合体"型中高职教育模式的具体实践需要理论上的指导,因此加强职业教育方面的理论学习十分必要。通过学习和实践的探索,我们认识到,中职与高职教育既存在着共性,又有个性上的差异。

共性主要体现在三方面:一是社会性,即方向定位上,都以服务为宗旨,以就业为导向,以社会经济发展对人才的需求为办学前提;二是实用性,即能力定位上,都树立以能力为本位的办学指导思想,着眼于对学生专业动手能力的强化培养;三是职业性,即职业定位上,都以社会的职业需要和学生的职业适应性为取向,注重对学生职业意识、职业理想、职业道德和职业能力的培养。

差异性主要体现在两方面:在目标定位上,中职是为社会培养数以亿计的高素质劳动者,高职是培养数以千万计的高技能人才。在层次定位上,中职培养的是具有一技之长的、操作性、实用性强的劳动者,高职培养的是专业思想和专业技能都十分牢固的应用型高技能人才。

无论是中职还是高职,在培养模式上都十分突出操作性和实践性,所培养的人才的专业技能,应分别达到与专业技能发展对应的基本技能和高级技能两种水平。中职阶段一般侧重职业基本技能训练,而高职阶段则注重综合职业能力训练,培养对复杂问题的解决能力。

2. 实施分层管理,实现资源配置效益的最大化

由于培养目标的不同,"联合体"型中高职教育采取分层管理的模式。

学校"十五"期间的发展策略是"做优高职、做精中职、做大培训、做活校产"。在专业建设上以课程标准和教材改革为核心,对中职与高职的人才培养目标进行界定,通过

师资与教学资源的优化配置与组合，实现中高职教育资源的共享，并谋求资源统筹配置效益的最大化。同时采取学历教育与职业培训并举的模式，搞活校产，促进产教结合、产学研结合。

在教学管理上，分别实施中高职两套质量保证监督体系。只有获得高校资格证书的教师才有资格上高职课。在学生管理上，实施中高职两套管理机制。中职着力于加强学生行为规范养成教育，加强对学生的严格管理与检查，通过丰富多样的形式，提高学生的学习兴趣、学习自觉性和行为自控能力。高职沿用高等院校的学生管理体系，以学生自我管理为主，在加强思想道德教育的同时，进一步加强思想行为的引导，促进学生的全面发展。

三、“联合体”型中高职教育实践的成效

1. 中职实现了跨越式发展

“联合体”型中高职教育模式提升了“联合体”的整体办学水平，促进了中职与高职各自的发展。“十五”期间，上海市交通学校先后通过了上海市百所中职校重点建设评估和国家级重点中专评估；“汽车运用与维修”、“现代物流”专业分别被认定为国家级示范专业和上海市重点专业，并于2005年5月首批成功申报上海市开放实训中心项目建设。学校与日本丰田汽车有限公司合作开展T－TEP丰田技术教育长达11年，被丰田公司授予“中国样板学校”称号。2005年2月，学校与上海通用汽车有限公司及其经销商三方正式开展合作，成为全国首家开展ASEP教育培训项目的学校。学校在承办全国“丰田杯”汽车技能比赛和上海市“星光计划”汽车维修、现代物流专场比赛中，几乎包揽了团体与个人前三名。学校毕业生在企业中屡获殊荣，一名学生获宝马汽车技能比赛中国赛区冠军，并获世界比赛第三名；三名在上海大众特约维修站工作的学生参加全国比赛夺冠。我们的学生成为市场上的“抢手货”，以前是学校推销学生，现在是企业主动上门要，毕业生就业率保持在98%以上。

2. 高职开辟了一条综合大交通联合办学创新之路

一是学院创建的起步期。学院的校区教育资源不同归属、事业、行业、企业多种体制并存的教育模式，在全国1000多所高职院校、30多所同类的交通职业院校中是绝无仅有的。它为“联合体”型中高职模式的研究奠定了良好的实践基础。

二是办学规模的扩展期。学院的教育教学基础设施建设达到教育部规定标准。专业数由2001年的7个拓展至目前的21个，形成“汽车运用、港口集箱、航空运输、轨道交通”四大类综合交通专业体系，在校生数由1339人增至3565人。

三是教学改革的创新期。学院在上海乃至全国首开单一院校陆、海、空、轨道综合交通高职人才培养之先河，在运行机制上首开“多种教育资源优化组合、多校区统一自主办学”的模式，并积极推行双证书及订单式、模块式的人才培养模式。

四是产学研结合的提升期。“十五”期间，学院共完成10项省市级科研课题的研究，共有28篇论文获奖，编写教育部、交通部通用教材33本，与企业共建60余个校外实训基地，同美国通用、日本丰田、浦东机场等大企业开展联合办学。

五是取得办学成效的收获期。2005年12月，学院接受了上海市教委专家组的实地评估，获得好评。招生连续几年名列上海市前茅，毕业生就业率达到95%以上。

3. 职后培训规模不断拓展

学校坚持职前与职后并举的办学方针，积极拓展职后培训资质，充分满足社会需要，为企业员工继续教育培训服务。学校是国家职业技能鉴定所(点)管理网络核心组成员单位、国家技能型紧缺人才(汽车运用与维修专业)培训基地、上海通用和丰田汽车维修服务技能校企合作项目指定教学院校，取得了汽车类国家职业技能鉴定所资质，是上海唯一具有汽车维修技师、高级技师鉴定资质的培训考核单位。每年各级各类职业培训、考核、鉴定的人数达到10000人次左右。

四、“联合体”型中高职教育的办学体会

1. 有利于为行业企业提供不同规格层次的人才，满足社会需求

“联合体”型中高职教育突显办学与企业互动、教学有企业参与的特色，以培养不同规格的应用技术人才为目标。如随着汽车产业高新技术的发展，汽车商务方面的人才要求具有相当高的外语能力，中职层次显然不能达到要求，因此，在高职开设“汽车商务”专业较为适宜。汽车4S店最近几年发展迅猛，中职毕业生能够胜任也比较安心“第一线”操作手的工作，而高职毕业生所具备的上升空间与发展潜力使其成为企业生产车间主任、领班的当然后备。又如“国际货运代理”专业中、高职层次都有，但培养目标不同，中职层次仅限于单证制作等简单的操作，高职层次则可参与货运软件方面的应用。“订单式”人才培养模式受到社会的广泛欢迎。学校根据企业需要量身定做人才，既符合企业要求，又使学生得到了就业保障。

2. 有利于中高职之间的优势互补、资源共享

在职业教育的投入和基础能力的建设方面，“联合体”型中高职教育有利于降本增效，实现师资和硬件设施的优势互补、资源共享，促进中高职教育的共同发展。

如高职教育特别强调产学研结合，就是用理论来指导教学与实践，再把教学、实践中获得的新知识、新技术、新工艺、新方法加以总结，并上升到理论层面，以供更多人研究借鉴。这既是一个教学相长的过程，又是理论与实践互相补充完善的过程。优势互补、资源共享还体现在师资队伍建设上。中高职教育对“双师型”师资的要求是共性的，而对文化基础的要求又有所不同。广大教师通过中高职教育的实践，教科研水平得以不断提高，个人发展的空间得以不断拓展。再者，随着上海初中生源数量的逐年递减，中职招生面临严峻考验，且到2010年，要使全市新增劳动力平均受教育年限达到14.5年，高职教

育在师资设备利用上可以发挥更大作用。

3. 有利于中高职培养目标连续性的衔接

当今广大中职学生除了有就业保障的要求外，也有一部分有升学的要求，希望进一步深造。据统计，我校中职生中有25%升入高职，高职生源的40%来自于三校生。“联合体”型中高职教育模式正好促进了学校对中高职教育培养目标、课程标准的界定，有利于学校探索中高职各自不同的办学规律，有利于探索“五年一贯制”的中高职教育模式，促进专业课程建设与教材建设，避免专业知识点的不必要的重复和资源的浪费。如上海市交通学校就曾与上海工程技术大学联办“3+3”中高职相通班；与上海交通大学联办汽车专业，该校学生最后两年的专业教学和实训由我校承担。

五、三破围墙，形成职教集团——“联合体”型中高职教育的构想

1. 形成大职教观

中高职教育本就属于同源教育，各自为政是不行的，必须树立“大职业教育”的观念，联合形成阵势和规模，实现资源共享、有效衔接、优势互补，才能共同实现可持续发展。“大职业教育”以全社会的职业者和职业准备者为对象，以全部的教育培训机构为实施主体，以职前学历教育与职后培训以及个人生存发展所需要的技能学习相连贯为内容，突破了观念上全日制学历教育的框架，成为国民教育体系的延伸与补充。从这一意义上来说，“大职业教育”是当今时代的必然产物，是历史发展、社会经济发展的必然要求，也是职业教育自身可持续发展的客观要求。

2. 加快发展职教集团

“大职业教育”作为一个开放的系统，不能游离于社会、企业的需求之外而自成体系，必须做到破立结合。“破”仍在于打破围墙，具体来说就是要打破中职与高职、企业与学校、上海与内地、国内与国外、职前与职后的围墙。“立”就是将已打破的体系以全新的方式联系起来，构建以高职为龙头、中职为主体，国内外、市内外企业广泛参与的有机结合、充满活力的开放型现代职业教育体系和终身学习与培训体系。这种体系就是现代职教集团。职教集团必须打破原有的管理体制，实行董事会领导下的成员单位法人代表负责制。在管理机制上试行决策层、执行层、咨询层和监督层“四位一体”的模式。职教集团要实现品牌化、连锁化，就必须进行ISO质量体系的认证，并按照质量手册的要求建章立制，以形成互相闭环的横向多元化、纵向多层次的质量保证组织体系。

3. 推进中高职衔接的教育模式改革

中高职教育是一个不可分割的体系，因此加快推进中高职衔接的教育模式的改革势在必行。它有利于教育资源的合理利用与配置，有利于专业知识体系的有效衔接，有利于优化职业教育结构，促进人才培养目标的针对性与有效性。如积极探索“3+2”五年制中高职衔接的教育模式，积极推进高职院校依法自主招收中职毕业生改革试点，加快

职业教育评价体系的改革等，以造就一大批适应上海产业升级的技能型人才尤其是高技能人才，全面提高劳动者素质。

4. 推进开放实训中心建设

开放实训中心是今后三年上海职业教育落实“以就业为中心”的发展重点。开放实训中心作为构建职教集团、完善教育实践技能培训的有效平台，是教育资源有效整合的具体体现，是职教集团连锁化经营的必由之路，是专业课程改革和教材建设的进一步延伸。开放实训中心以企业的技术力量为支撑，与现代企业的发展基本保持同步，在资源配置上实现效益的最大化，使新一轮课改与教材建设有更强的针对性和有效性。学校针对开放实训中心的资源配置来制订课程改革方案，配备师资，进一步淡化理论教学、强化实践环节；完善专业知识体系，建立知识更新的有效平台。使人才培养更具有效性，学生职业道德和职业能力的培养得到进一步强化，专业技能、专业思想更为牢固，就业后上岗适应能力强、终身学习更有基础。

（本文发表于《上海交通职业技术学院学报》2006 年第 1 期，《交通职业教育》2007 第 3 期，获上海中专教育研究会 2007 年论文评选一等奖）

职业教育规模化、集团化、连锁化办学的背景研究与动力分析

职业教育“走规模化、集团化、连锁化办学的路子”是《国务院关于大力发展职业教育的决定》明确的一项发展战略。然而，我国为什么要提出走职业教育规模化、集团化、连锁化办学的路子？有许多论文与课题踊跃荟萃，研究成果深浅交融。有鉴于此，本文通过对职教集团化办学历史演进的梳理、时代背景的研究、理论内涵的解读和内外动力的分析，试图导出判断我国职教集团化办学成功与否的一些关键问题，以促进职业教育的可持续发展。

一、对职教集团化办学历史演进的梳理

纵观世界各国和地区发展简史，我们发现，境外职教集团化办学的历史起步较早。在20世纪中叶，它以私立学校连锁网络或者大型教育机构的形式出现。进入90年代后，职教集团化办学以更多元化的形式获得了前所未有的发展：美国的技术准备计划（Tech－prep）、青年学徒制（Youth Apprenticeship）、职业生涯教育公司、高级技术教育计划（ATE）、阿波罗集团，英国的现代学徒制（Modern Apprenticeship）、基础学位（Foundational Degree），德国的双元制、跨企业培训中心、技术转移中心，荷兰的农业职业教育集团、鹿特丹航运中心（STC. Group），澳大利亚的学校本位的新学徒制（School based New Apprenticeship）、职业技术教育学院（Technical And Further Education），日本的综合学科、技术教育一体化、日本模式的双元制，印度的NIIT，中国台湾的建教合作、区域产学合作中心等，各种办学模式各具特色，大放异彩。

笔者以为，我国职教集团化办学进程可简分成“自主活动”和“政府主导”两个阶段。

"自主活动"阶段始于20世纪80年代末和90年代初。比较有代表性的:一是以广东信孚教育集团(1989)、浙江万里教育集团(1993)等为代表的"院校集合型"的教育集团,这类集团以"教育集团"冠名,并以民办和普教为主;二是以行业企业系统内多种资源(职大、中专、技校、党校等)整合成"一套班子、多块牌子"为代表的"资源集约型"的集团化办学模式。如笔者供职的集合体,又称"上海交运(集团)公司教育中心";三是以北京西城区旅游职教集团(1993)和河南、天津、江苏等地的职业教育集团为代表的"校企集合型"的职业教育集团,这类集团以"职教集团"冠名,并以公办和职教为主。应该讲,上述集合体职教模式的优势和绩效各有特点,它是我国"政府主导"职业教育走规模化、集团化、连锁化办学路子的基础。

进入21世纪以后,我国的集团化办学由"自主活动"上升为"政府主导"的办学行为。据中国职教学会统计,至2009年,由"政府主导"已建和在建的职教集团数量将达到325个。以上海为例,上海市教育委员会职教处2009年对由市教委批准组建的职教集团的统计数据显示,由市教委批准建立的职教集团就有7个,其组建情况见表1。

上海市职教集团组建情况汇总表(截至2009年10月) 表1

序号	类别	名称	牵头单位	成员单位(家)				成立日期
				院校	企业	协会	其他	
1	行业性的职教集团	上海现代护理职业教育集团	上海医药高等专科学校 上海交通大学医学院附属卫生学校	6	12(医院)			2007.10
2		上海交通物流职业教育集团	上海交通职业技术学院 上海市交通学校	10	7	6		2007.12
3		上海商贸职业教育集团	上海商学院	12	12	5		2008.06
4		上海电子信息职业技术学院	上海电子信息职业教育集团 上海电子工业学校	18	18	5		2008.10
5		上海旅游职业教育集团	上海师范大学旅游学院 上海市商贸旅游学校	21	7	5		2009.03
6	区域性的职教集团	上海嘉定职业教育集团	上海嘉定区教育局	19	23		6	2009.02
7		上海徐汇职业教育集团	上海徐汇区教育局	7	6		4	2009.03

注:表中"成员单位(家)"数,主要来自本市各职教集团网上发布的相关信息,因该数据是动态的,仅供参考。

目前,由"政府主导"建立的职教集团,其数量还在逐步增加。从其运作实践看,不乏成功的案例,更有亟待解决的一些问题。

二、对职教集团化办学时代背景的研究

我国职教集团化办学是改革发展中的新生事物。这项发展战略的提出,既是我国职业教育巩固成果、提高质量、加快发展的必然选择,也是党中央国务院对大力发展职业教育提出的新要求。笔者以为,它不可避免地受到时代背景的影响与推动,其核心要素为:

1."全球化浪潮"的迅猛推动

21世纪以来,全球化已成为国际视野中的主导性话语。正在广泛、深刻、凶猛地影响着世界各国的经济、政治、文化。正如英国政治学家约翰·贝里斯(John Bayhs)和史蒂夫·史密斯(Sieve Smith)所说:"全球化就是世界政治、经济、文化和社会效果越来越相互连接、相互影响的过程。"全球化对我国这样一个后发展大国的职业教育也带来了全方位的强烈冲击。它要求我国职教必须从经济社会发展实际出发,调整单一的办学模式,推动教育制度的创新,使职教管理体制和运行机制更加灵活,更加开放,更加多样。

2."国外集团化办学"的成功范例

纵观世界各国和地区的成功案例,我们发现,职教集团化办学是经济社会发展到一定阶段的产物。按华东师范大学博士生导师、职教资深专家石伟平教授分析,当经济发展走向工业经济的成熟阶段,以及向知识经济过渡的阶段,科技发展需要更多的专门性人才,个体的学习具有终身性特点的时候,集团化办学是各国和地区职教发展的一种理性选择。笔者以为,境外集团化办学的成功范例,将在较长时期内影响和推动我国职教集团化办学的进程。

3.我国"经济社会转型"的内在诉求

从20世纪80年代起,我国开始以建设社会主义市场经济体制为目标的经济体制改革。市场经济的建立与完善,使"市场"这只看不见的手在经济和社会生活中发挥越来越重要的作用。原计划经济条件下形成的职教模式,从90年代起,尽管有较大变革,但现态的职教办学体制、管理体制、教学体制、招生制度、毕业生就业等,依然不能适应市场经济的需要。进一步深化符合市场经济需要的职教办学体制的改革已成为当务之急。

4."半壁江山"的严峻挑战

21世纪以来,伴随着经济迅猛发展,我国的职业教育出现了前所未闻的突变。招生规模迅速扩大。据教育部统计,中等职业教育2005年、2006年连续两年扩招100万,2007年再扩招60万。招生规模已达810万人。与普通高中招生人数之比为49:51,占整个高中阶段教育的"半壁江山";高等职业教育规模也在扩大,2007年招生283万人,约占普通高等学校招生数的一半;各种形式的培训达1.5亿人次。笔者以为,迅猛拓展的职教招生人数,急切呼唤着"质"与"量"统一的集团化办学模式的出现。

5."资源集聚"的迫切愿望

按教育部职教司课题分析,21 世纪以来,我国职教综合实力尽管有了很大发展,但总体而言,仍然是教育事业的薄弱环节,教育资源结构性矛盾十分突出。核心问题是:社会上还存在鄙薄和忽视职教的倾向;职教投入和生均资源严重不足;职教管理体制不顺,统筹力度不够;行业企业积极参与职教机制还没有形成。现行职教的规模、质量、结构和效益还不能适应经济社会发展的要求。

6."发展失衡"的巨大压力

按华东政法大学法学博士、经济法博士后刘厚金副教授分析,长期以来,中国的改革走的是一条非均衡的道路,通过超常规、跨越式发展战略来实现经济的高速增长。我国在经济发展方面取得了令世人瞩目的成就,但是长期片面的经济建设导致了经济社会发展的严重失衡。笔者以为,这种失衡的突出表现是:经济发展了,但社会结构没有相应调整过来。就职教而言,仍未摆脱计划经济体制下办学模式的影响,规模扩大了,但量不能替代质,局部和个别不能替代整体与大局,职教办学模式转型的任务依然十分艰巨。

三、对职教集团化办学理论内涵的解读

教育部"重大课题"对"职业教育集团"、"职业教育集团化办学"的诠释,是现阶段对其"组织"和"行为"的描述性定义。即"所谓职业教育集团,是指以一个或若干个发展较好的职业院校,联合相关的行业企业,以扩大办学规模,提高教育质量和实现双赢、共同发展为目的,以资产联结或契约合同为纽带,以集团章程为共同行为规范而构建的多法人联合体。职业教育集团化办学则是具有职业教育集团特征的多法人联合体的办学行为。"随着改革的深化与实践的深入,该定义会不断完善并趋于成熟。本文以"职业教育规模化、集团化、连锁化办学"为题,旨在延伸和强调集团化办学"规模化"量的要求和"连锁化"质的规定。

对职教集团基本特征的解读,目前学界似乎形成一定的共识。即:职教集团的成立应以扩大职教发展规模,提高教育质量和增加效益、共同发展为目的;职教集团是多个独立法人主体着眼于长期目标的资源整合、责任分担、利益共享的合作联盟;职教集团具有相对稳定的组织机构和运行章程;职教集团具有相对丰富的教育资源、共同的市场和众多的合作伙伴;职教集团具有一定的联结纽带,如资产、契约等,内部各单位合作紧密。当然,这些共识也有待实践的检验和不断完善。

对"实践先行、理论后发"的职教集团化办学,笔者对学界现有研究成果持赞同观点,它有深厚的多学科理论支撑。作为一种体制性和制度化的变革,以及强调规模和质量并举的变革,笔者以为,从"新制度经济学"、"后现代主义"等交叉和边缘学科似乎更易找到一些立身之据,但作为职教集团举办者和参与者,更应对其成熟的理论依据有所把握。

首先,从经济学角度看,集团化办学有"市场竞争理论"、"市场势力理论"、"规模经

济理论"、"资产组合理论"和"交易费用理论"的支撑；其次，从组织学角度看，集团化办学组织结构有"社会化大生产体现了高度专业化分工与更加密切的社会化协作的社会发展规律，庞大的企业集团或大公司是企业组织顺应社会化大生产发展需要"理论的支撑；再次，从系统论角度看，集团化办学有系统的"整体大于部分之和"，"系统是要素的有机集合而不是简单相加"，"系统整体具有不同于各组成要素的新的功能和属性"等理论的支撑。总之，职教集团化办学是我国深入学习、实践科学发展观理论的重大举措。

四、对职教集团化办学内外动力的分析

当前，我国职教办学模式向集团化办学范型的全面转型才刚刚开始。在这个改革攻坚时期，理性地分析职教改革转型的内外动力与阻力，对于构建适应经济社会发展需要的职教办学模式成败攸关。

按历史唯物主义社会发展动力理论分析，任何社会变革都存在两种力量同时发生作用，即驱动力和抑制力。当驱动力大于抑制力时，变革发生并且能够持续下去；反之则不能发生；当两种力量相当，相互抵消时，组织则会维持现状。所以说，变革的过程也就是两种力量相互博弈的过程。作为带有上层建筑属性的职业教育，它的改革动力源于改变职教领域现状，包括完善职教办学模式的需求。

就职教改革转型而言，也存在动力与阻力的问题，其相互博弈的过程也就是职教改革转型的过程。笔者以为，这种改革转型的动力，来自外动力和内动力的影响。

其外动力主要包括全球化浪潮冲击、国外集团化办学的成功范例、经济社会转型的内在诉求和发展失衡的巨大压力等。其中，经济社会全面转型是核心外动力，经济社会发展失衡是直接外动力，全球化浪潮冲击和国外集团化办学范例是外动力的两个侧翼。这是职教改革转型外动力的逻辑结构。

其内动力主要来自政府、职业院校和行业企业自身。因为，作为集团化办学"三位一体"中的政府、职业院校和行业企业自身，他们既是集团化办学的设计者、组织者、实施者和推动者，又是集团化办学的责任者和利益奋斗者。其中，政府主导是集团化办学的核心内动力，职业院校的加入是集团化办学的直接内动力，行业企业参与是职教集团化办学的关键内动力。这是职教改革转型最基本内动力的逻辑结构。

在外动力和内动力的动态作用结构中，笔者以为，值得强调的是党和政府提出的施政纲领。科学发展观和构建和谐社会的提出，正是党和政府在对国内外执政环境作出科学判断，广泛吸纳社情民意的基础上，对中国未来的改革和发展指明的方向。作为党和政府的施政纲领，科学发展观和构建和谐社会的落实必然要求我国职教改革随之转型，也必将成为我国职教改革转型的动力源泉。作为职教改革转型的精神动力，科学发展观和构建和谐社会的落实成为外动力和内动力的关联结点，它能够促进外动力向内动力的转化，进而强化内动力的增长和延展。

职教改革转型的顺利进行应该有效规避阻力的干扰和羁绊。只有正确认识阻力,才能成功克服阻力。与职教改革转型的动力来源不同,职教改革转型的阻力主要来自政府、职业院校和行业企业的体制内部。来源于传统职教理念和既定的利益结构。这种阻力的具体表现,按教育部职教司课题组的分析。即:我国现态的职教集团化办学还处于各地自发探索、各自为战的阶段。职教集团化办学比较规范、明晰、有力的组织体制和运行机制还没有完全形成;职教集团组织比较松散,缺乏能调动各方积极性、集聚多方优势的内部运行机制;吸引行业企业参与的机制不够健全;行业企业深度参与集团化办学问题没有完全解决;职教集团机制、体制创新等深层次方面的问题有待突破。

五、结论

职教改革转型的难点是对阻力的克服,对阻力的克服就是对动力的增强。从改革转型的阻力考虑,以及从改革转型的动力着眼,我们可以导出目前为学界,以及职教集团举办者和参与者所认可的结论。即:职教集团办学成功与否主要取决于"三个关键问题"。

一是企业参与的程度是职教集团化办学成功与否的关键。政府如何调动企业投入职业教育的积极性,如何使得企业在集团化办学中取得效益,如何使得集团化办学效益最大化,这些因素是决定职教集团化办学成功与否的关键。

二是协调职教集团内部相关利益,均衡各实体的社会责任是职教集团化办学之路能走得长远的关键。有些集团能生存和发展几十年,至今还存在,有些集团只能维持很短的时间,其中,最为核心的问题在于是否处理好集团下各实体的利益分配和责任分工。

三是能否吸引游离于集团外的机构加入集团,是职教集团社会效益最大化能否实现的关键。如果政府给予集团内的实体以倾向性的优惠政策和更具优厚的办学条件,就能吸引集团外的机构纷纷提升自己的水平争取加入,这是职教集团化办学良性循环发展的重要驱动力。

最后,笔者以为,要推进我国职教集团化办学的建设步伐。要对我国职教集团化办学的管理体制、运行机制和绩效评价有一个理性的研判,必须以上述"三个关键问题"的解决为集团化办学绩效评价的参考依据。

(本文发表于《交通职业教育》2009 年第 6 期)

以特色办学推动学院科学发展

“特色”是一种有选择的追求卓越。学院的创建，以“特色”开先河，依托行业优势，破围墙，艰难探索，求生存，走综合大交通联合办学创新道路，初具集团化办学雏形。这些都为学院的发展创造了良好的开端，奠定了良好的基础。学院的办学步入了良性循环的轨道，形成了一定规模，提升了办学水平，取得了办学成效，扩大了社会影响。然而，我们当前所面临的形势仍然严峻，要实现可持续发展，就必须做到居安思危、居安思变、居安思进，以特色办学推动科学发展，努力实现学院办学水平的新突破。

一、深刻认识特色办学对提高办学水平的重要意义

（一）特色办学有助于形成鲜明的教育价值导向

高等职业教育作为高等教育的重要组成部分，既有高等教育的特性，又有职业教育的特点。在依循党的教育方针的前提下，高等职业教育要形成鲜明的教育价值导向，需要依靠“特色”来支撑和突显。特色没有既定的模式可效仿，它具有创新性、前瞻性和可塑性的特点，是学生特长的集中表现。高等职业教育所形成的价值导向，是要建构以人为本的特色教育。以人为本，就是既要坚持“以服务为宗旨，以就业为导向”的职业教育理念，又要在实施职业技术教育的同时，赋予“特色”以人文底蕴，将文化与专业糅合在一起，形成本校独特的校园文化。特色办学使校园文化在共性的社会主义核心价值体系的引领下，产生具有本校专业特性的独一无二的内质。它体现了学校办学者的理念，又是广大师生专业素养与人文素养的良好的结合体。这是不可替代的。

（二）特色办学有助于继承和发扬传统，凝聚优势，创立品牌

特色办学的关键要素是不可替代，核心目标是打造优质品牌。品牌不是一朝一夕形成

的，而是在办学过程中长期积淀的成果。积淀的是什么？是办学特色，是传统中优质的一面。因此特色与品牌之间是相辅相成、相互促进的关系。特色经过长久的积淀形成品牌，品牌经过不断的锤炼突显特色。特色是品牌形成的催化剂，反映了品牌从量变到质变的过程；品牌是特色的助推器，推动了特色的不可替代性。品牌是外在的彰显，而特色是内在的体现，两者的功能作用不同。但如果没有特色，品牌也是不可能形成的。可见，关键还在于特色。我们不仅要创特色、打品牌，我们还要创优质特色，打造优质品牌。这就要求我们立足自身的实际情况，发现优势，凝聚优势，传承优势。我们抓特色办学，就是要去芜存菁，继承传统中优质的一面，将其展示出来，发扬光大，成为众所周知的、不可替代的品牌。

（三）特色办学有助于推动学院教育改革与创新

特色与品牌之间的关系还体现在“唯一”和“第一”之间的关系上。通过特色的构建打造而成的品牌往往具有优质的内涵，能充分发挥示范、引领和辐射的作用，经得起时间的考验。如前所述，优质品牌是怎么形成的？是对传统中优质的一面的继承和发扬。那是不是就不要改革，不要创新了呢？事实上，传统与创新之间并不矛盾，创新不是抛弃传统，而是对传统的更好的继承。传统中“优质的一面”就是凝聚了特色的“唯一”，形成的品牌就是凝聚了优势的“第一”。“唯一”不一定能长久地保持下去，但是“第一”却是可以通过不懈的努力而实现的。我们不仅要拥有“唯一”，还要努力争取“第一”。获取第一的唯一途径是常变常新。这就需要我们有勇气、有信心，坚持改革与创新。改革与创新不是要我们另起炉灶，而是要有超前打算和谋划，比别人早走一步，快走一步，多走一步。特色办学为我们创造了保持“唯一”的基础条件，体现了与时俱进，反过来更体现了创新与卓越，因此坚持特色办学很重要。

二、积极构建并不断完善学院的办学特色框架

（一）办学理念特色

学院未来的建设与发展，要牢固树立科学发展的大职教观，以“解放思想、实事求是、与时俱进”为精髓，构建“一心、一体、一流”的校园文化精神。具体而言，就是以观念创新为先导，全面提高教育教学质量；以服务行业为需要，加快专业建设步伐；以素质教育为核心，坚持德育为先、育人为本；以职教集团为载体，构筑校企紧密合作平台；以工学结合为手段，强化学生实践能力培养；以制度建设为基础，提升教育服务管理水平；以基础能力建设为重点，提升办学条件，优化“双师”团队，培养领军人物。

要坚持树立三个“关注”、三个“并重”、三个“转变”的理念，即创新技能型人才培养模式要做到三个“关注”——关注人的发展的多样性，努力培养“一专多能”的高技能人才；关注人的终身学习，努力构建学习型组织；关注专兼职“双师”结构队伍建设，满足人才培养模式改革的需要。开拓职业教育服务功能要做到三个“并重”——学历教育与非学历教育并重，职前教育与职后培训并重，普通教育与成人教育并重。推进现代职业教

育体系构建要做到三个“转变”——从量态扩张向质态提升转变，全面提升人才培养水平；从外延扩大向内涵建设转变，积极推进教学场所、教学制度、课程模式和师资队伍的转型；从硬指标达标向软指标领先转变，努力建立不可替代的特色。

（二）管理体制特色

依托行业优势，走综合大交通联合办学、内涵式发展、集约化办学的创新道路，是学院筹建时就选择的办学道路。在管理模式上，学院根据四校区教学资源归属不同的特性，实施“在市教委和行业上级主管部门指导下、学院董事会领导下的院长负责制”的管理模式，学院董事会由学院各组建单位的上级主管部门党政领导和组建学校领导组成。针对事业办学、行业办学和企业办学三种体制并存的实际，学院实施多种体制并存、四校区独立管理的模式。学院本部与各校区之间保持责权利统一、校区管理相对独立的关系，实施“三个不变、二个统一”的分层管理、分级负责的管理体制。“三个不变”指隶属关系、经费渠道、人员编制不变。“二个统一”指管理制度、办学标准统一。对于师资、设备、设施等教育资源的使用，做到优先、优惠、有偿使用，实现了教育资源的充分利用和共享，体现了公平、互利的原则。学院建立了“共同经费”，用于学院行政、教务、科研、招生、宣传、会务等方面的开支；按照“合理、必须、节约”的原则，加强对共同经费的统一核算与管理。这种“多体制并存、多校区管理、多层次办学”的集团化办学模式和创新管理体制，自建院以来运行良好，形成了独一无二的特色。

（三）人才培养特色

随着上海城市建设的快速推进和上海2010年世博会的即将到来，上海综合交通人才市场将呈现供不应求的局面，这为学院的人才培养提供了有利的支撑。我们要充分利用学院所拥有的深厚的综合交通行业背景，以校企合作机制推动高素质、高技能人才培养。这就要求我们坚持“引名企进校园，融专业入社会”的办学宗旨，继续积聚优势，不断推进校企合作、半工半读、工学结合的人才培养模式向前发展。即在办学思路上，力求人才培养能贴近上海和长三角社会经济发展的需要。在服务面向上，构筑学院为上海、为长三角和中西部地区、为整个社会经济发展服务的平台，尽力满足综合交通作为基础性产业优先发展、高速发展对高层次、应用型人才的迫切需求。在专业方向上，按照“大交通多专门化方向”的专业发展要求，优先发展主干专业，重点建设支撑专业，开拓创建新兴专业，及时调整短线专业；经过一个时期的建设，把现有的6个主干专业打造成学院独有的品牌专业。在发展规模上，按照稳步推进的原则，全日制在校生总量保持在6000人左右的规模，社会培训总量年均增长10%左右，其中高级工、技师约占15%。在人才培养质量上，坚持以规范化服务学生，推行“订单式”和“模块化”教学、“双证书”和“多证书”制度；坚持以特色化打造品牌，加强内涵建设，规范人才培养标准，加强基础能力建设和实训中心建设，加强教育教学质量控制；坚持以优质化取信社会，努力为综合交通事业量身定做人才。

(四)专业建设特色

结合学院的中长期专业结构调整,学院在专业建设上要紧紧围绕“综合交通”这一核心,形成汽车运用技术、交通物流、航空运输和轨道交通四大专业板块,形成四个方面的特色。一是形成主干专业为核心的专业群。即强化主干专业的专业群建设,扩大以主干专业为核心的专业板块,如根据行业发展需要,汽车运用技术专业拟增设汽车车身电器维修、新能源车辆维修等新专业。二是形成大专业多专门化方向。即以大类专业为基础,按照企业岗位要求选择专门化方向。专门化方向的核心课程相对稳定,只根据市场变化增设新的专门化课程。如物流管理专业将衍生四个专门化方向,其中已开设了口岸物流网络管理专门化,即将开设的有交通运输物流专门化、制造业物流管理专门化和城市配送物流专门化。三是打破专业界限,利用现有的教育资源,根据市场需求重新整合建立跨专业的课程门类。如新设的“城市交通运输(交通智能化)”专业涉及机电类、交通运输类和计算机控制三个专业门类的相关课程。四是打造综合交通“多式联运”专业。如利用学院海陆空综合交通专业体系优势而开设的“集装箱运输管理”专业,既包括海上运输,也包括陆上运输和航空运输。这种“多式联运”运作方式将是运输行业发展的方向。

(五)校园文化特色

高等职业技术教育培养的人才不仅仅具有高技能,更要具有高素质,这是第一位的。技能到哪里都学得到,而文化的积淀却需要一个长期的过程。有技能、没文化的人才不是真正的人才。办教育不能只为教给学生谋生的手段,而要给予学生有文化的教育。温家宝总理说得好:“教是为了不教。”这就好比运动员长跑和短跑,要处理好两者的关系。学校教育给予学生的是长跑的准备,培育学生具有职业生涯发展的潜力和耐力,而并不只是培养学生短时的爆发力。这就需要我们进一步加强学生综合素质的培养。

高素质、高技能人才的培养离不开校园文化的濡养与熏陶。我们要努力营造先进、和谐的校园文化。坚持立德树人,塑造学生的优良品格。把学生思想道德品质的优劣作为衡量育人质量的第一标准,使学生牢固树立科学发展观和社会主义核心价值观。坚持养成教育,强化职业道德教育,使学生牢固树立创业意识、诚信意识、忠诚意识和吃苦耐劳的意识,培育坚韧不拔、不放弃、不抛弃、甘于奉献的精神。通过各种载体,组织广大学生积极参与有意义的活动。加强心理关怀,培育学生的完善人格,增强学生成功就业、成功发展的信心和可持续发展的能力。坚持开展帮困助学活动,使学生牢固树立回馈社会、报效祖国的理想信念,进一步营造互帮互助、积极进取、安定和谐的校园文化氛围。

三、以特色办学推动内涵建设,促进和谐发展

(一)坚持一个目标

学院的特色办学要以科学发展观为引领,以建设综合交通类专业为核心,精心打造上海“交院汽车、交院集箱、交院航机、交院空乘、交院轨道、交院物流”六大品牌专业,以

此形成专业群布局，通过中长期的努力，把上海交通高职建设成“国际知晓、国内知名、上海知名”的重点建设的特色高职院校。

（二）创建两个联盟

学院的特色办学一要创建校企紧密合作联盟，发挥集团化办学优势，构建校企匹配机制，进一步推动教学制度转型，推动办学场所的转型，推动课程模式转型，推动师资队伍的转型，推动就业指导的转型。二要创建上海交通高职与普通本科院校的合作联盟，构建高职与本科在专业链上的分工、合作与链接，力争在本市率先创建专业链对接产业链的合作平台。

（三）实现五项突破

在科学发展观引领下，学院要加大资源整合力度，以“五项突破”为抓手，继续谱写集团化办学的新篇章。一是打破校区界限，有效整合交通高职专业办学资源。充分发挥行业办学优势，不断挖掘潜力，精心打造六大品牌专业。二是打破部门界限，积极组建项目引领的教学团队。要加快跨部门、跨学科的教学团队建设，重点加强专兼职教师培训和专业教学标准的开发。三是打破学制界限，有效探索中高职和本科之间的衔接。在当前就业日趋严峻的形势下，要积极探索中高职接轨培养“3+2”复合型技能人才和“2+2”专本连读培养工艺型技术人才的道路，积极搭建中职与高职接轨、高职与本科衔接的教育平台。四是加强校企合作，有效整合交通物流职教集团与学院的办学资源，形成办学层次多元、类型多样的集团化办学特色。五是集聚职教资源，实施大类专业招生小专门化分流，把主干专业打造成品牌专业，把支撑专业改造成强势专业，把短线专业调整成急需专业，加快新专业的开发，形成鲜明的特色。

总之，特色办学的最终目标是实现学院的科学发展、可持续发展、和谐发展。我们要通过加强内涵建设，突显办学特色，以好中求快、又好又快的发展，努力实践科学发展观。这需要依靠学院全体上下同心协力，积极投身到学院改革创新的事业中去。我们要继续坚持正确的办学方针，以保稳定、促发展、树品牌为目标，不断推动学院在科学发展的轨道上再上新台阶，不断推动学院努力抓住机遇，应对挑战，在新的起点上，努力实现学院更长时间、更高水平、更好质量的发展，推动学院为上海综合交通事业的发展作出新的贡献。

（本文2009年发表于《上海交通职业技术学院学报》2009年第1期，并获中国职业技术教育学会期刊编辑委员会优秀论文评选一等奖）

推进中高职“立交桥”建设
开通“五年制高职”办学渠道

上海市教委拟试点推出新“五年制高职”办学模式，其实质是推进中高职“立交桥”的建设。对这种模式的解读，我们理解，新“五年制高职”指的是在集团化办学的宏观背景下，在现有高职办学基础上，开通特色专业中高职互相衔接的渠道，使高职部分特色专业的招生对象延伸到初中应届毕业生，学制五年，以面向生产、建设、管理、服务一线的高素质技能型人才培养为目标，按照国家有关规定，学生完成规定学业后，核发大专学历毕业证书。就我校现有的条件而言，我们有集团化办学的背景，有中高职两种办学层次，实施“五年制高职”的条件和时机均比较成熟。

一、为什么要申办“五年制高职”

(1)交通物流业发展对高素质人才的需求。首先，从社会背景看，“出好人才，快出人才”是科学发展观对现态职教办学模式深化改革的客观要求。目前，上海作为国际大都市的形象已逐渐显现，“四个中心”为目标的经济建设稳步推进，“三港两路两网”(海港、空港、信息港，高速铁路、高速公路，轨道交通网、高速公路网)已成为本市交通物流基础建设的重点。社会经济的迅猛发展，迫切要求现态职教人才培养模式不断创新。其次，从行业需求看，高素质技能型人才的教育培养，在人力资源开发和运用方面，似乎已成为制约交通物流业迅猛发展的“瓶颈”。不断完善本市现态职业教育人才培养模式，开通“五年制高职”办学渠道，已成为把交通物流业建设成上海市产业发展的支柱，建设成本市复合型产业新的经济增长点的内在诉求。再次，从人才结构看，按本市“十一五”期间人才需求的预测，上海交通行业人才缺口将在10万左右，其中，中高级应用型人才约占专业人才总数的23%。另据业内人士分析，本市物流人才缺口逾40万，现不足10万物流人才，已远远不能满足上海急需50万物流人才的需求，上海首次颁布的人才开发专业目录中，现代物流人才已被列为12类紧缺人才之一，其高素质技能型人才的培养目标已成为“五年制高职”所瞄准的目标。

(2)中高职一体化专业属性的客观需求。在职教领域，中高职教育是整个职教体系中两个不可或缺的重要组成部分，它们相对独立又相互联系，是同一类型教育中的两个不同的层次和不同的阶段。中职教育与高职教育既存在着共性，又有个性上的差异。共性主要体现在三方面：一是社会性，即方向定位上，都以服务为宗旨，以就业为导向，以社会经济发展对人才的需求为办学前提；二是实用性，即能力定位上，都树立以能力为本位的办学指导思想，着眼于对学生专业动手能力的强化培养；三是职业性，即职业定位上，都以社会的职业需要和学生的职业适应性为取向，注重对学生职业意识、职业理想、职业道德和职业能力的培养。差异性主要体现在目标定位上，中职是为社会培养数以亿计的高素质劳动者，高职是培养数以千万计的高技能人才。体现在层次定位上，中职培养的是具有一技之长的、操作性、实用性强的劳动者，高职培养的是专业思想和专业技能都十分牢固的应用型高技能人才。就推进中高职“立交桥”建设专业属性客观需求而言，我们以为，至少有两个方面的原则与特点，一是中高职“立交桥”的搭建，既要考虑中高职一体化的专业属性，也要兼顾“五年制高职”专业的自身特点，并不是所有专业都适合“中高职衔接”的；二是这种办学模式适合于实践能力培养时间较长、多种能力交叉复合的专业，也适合于实践能力培养要求较高的专业。

(3)中高职人才培养目标互相衔接的需求。单从近年的中职应届毕业生报考有特色的高职院校“火爆”场面，以及有特色的高职院校招收“三校生”苦于办学资源与招生计划的局限，就可见中高职人才培养目标互相衔接的长处。为了不断满足社会经济发展，以及交通物流业发展对高素质技能型人才的迫切需求，特别是为了规避全球性经济危机对中职毕业生就业的负面影响，当今广大中职学生除了有就业要求外，也有相当一部分学生希望得到进一步深造，以提升自身的就业竞争能力。据统计，在我们交通高职历年的招生生源中，约40%来自于“三校生”。就从这一视角分析，也能导出“五年制高职”，不仅能赢得广大学生和家长的欢迎，更能促进学校依据社会经济发展和企业需求，对中高职人才培养目标、课程标准的准确定位。同时，也有利于学校进一步认识和把握中高职教育的办学规律，进一步探索职业教育集团化办学中高职接轨的人才培养模式，以促进职业教育的专业课程建设与教材建设，避免中高职专业知识点的不必要的重复和资源的浪费。

(4)中高职集约化和集团化办学的需求。为了优化职业教育资源，提升职业院校的整体办学水平，近年来，我国职业教育办学体制出现了一种新的格局，即职业教育集团化办学的发展。这不是一种偶然现象，也不是一种短期行为，而是职教管理体制和运行机制改革创新的结果。作为一所行业企业所办的中高职院校，2007年12月我们以专业建设为纽带，以市场契约为法律依据，联合大型企业集团、行业协会和相关中高职院校，在本市继上海现代护理职教集团之后，率先组建设了上海交通物流职教集团。短短两年时间，集团各成员单位在中高职教育、培养目标、教学团队、实习实训、招生就业、产学合作、工学结合和校企合作等方面，开展了卓有成效的合作，并取得了丰硕的教改成果。职教集团在理事会统一领导下，坚持"一心、一体、一流"的办学理念，以及通过专业指导委员会、教学指导委员会和就业指导委员会来实施集团的教学改革、专业建设、课程建设和教材建设，并努力实现集团内中高职教育一体化的管理。由此可见，申办和实施"五年制高职"是职教集团良性运作和科学发展的内在需要。

二、怎样实施"五年制高职"

"五年制高职"办学成功的关键在于中职教育与高职教育之间能否构建一座直达贯通的"立交桥"，让大批有志成为高技能人才的青年学生用五年的时间，完成原来需要七年完成的学习任务。为推进"立交桥"的建设，现阶段我们设计的"五年制高职"试点方案，其前提为专业的选择，其核心为学制、课程和管理上的"三项衔接"。其中，专业选择是条件，学制衔接是关键，课程衔接是难点，管理衔接是保障。方案策划的思路是：

(1)"五年制高职"的专业选择。它是推行中职高职"立交桥"建设的前提、基础与条件。即：鉴于中高职一体化专业属性的客观需求，从专业选择另一角度进行分析，我们以为，"五年制高职"的专业选择：一要坚持专业的特殊性、适应性和针对性；二要坚持以每一具体的职业岗位和岗位群的特殊需要作为试点专业的基础；三要在专业设置上尽量选择行业交叉、课程交叉、技能复合的专业；四要在标准开发上尽量兼顾横有"延伸"，纵有"拓展"的专业。本次我校向市教委申请的"五年制高职"的汽车技术服务与营销、现代物流管理、航空机电设备维修三个专业的人才培养方案的设计，正是遵循了上述一些基本原则和主要特点，如汽车专业遵循了汽车维修与汽车销售的复合；物流专业选择了上海国际航运中心建设急需的口岸物流专门化方向；航空专业选择了实践能力培养周期较长和能力要求较高的机电设备维修专业。

(2)"五年制高职"的学制衔接。关键在衔接上。即：把现态中等职业教育3~4年学制与高等职业教育2~3年学制互相连接，整合成中高职教育一体化的"五年制高职"，并以高职一年级至五年级和学年学分制的形式组织教学。"五年制高职"可选择在中高职集团化办学或一体化管理的职业院校内进行试点，以有效地实施中高职教育资源的有机整合和特色专业的体内循环。"五年制高职"由中高职集团化办学或一体化管理的高职院校集中统一管理，学生招生可借助集团或系统内的中职"桥梁"，并使用中职的招生计划，按中考要求，向社会公开、公平和公正地招收应届初中毕业生进入"五年制高职"学习。学生到集团化办学或一体化管理的中高职院校入学注册，采用"逐级挂号与先后入籍"和"学年学分制互通"相结合的办法，新生入学先按上海市中等职业教育的管理办法进行入学注册，原则在三年之内达到规定学分值后，正式纳入高等教育管理范畴，并办理教育部高职学生的电子注册，直至完成规定学分值后，核发中专毕业证书和"五年制高职"毕业证书。学习期满，未达到规定学分，发"五年制高职"结业证书；未完成学业，核发"五年制高职"肄业证书。

(3)"五年制高职"的课程衔接。难点在整合上。即：把现态的中等职业教育相关专业与高等职业教育相关专业的理论与实践各类课程，按高素质技能型人才培养的必备要求，进行科学合理的整合。由于"五年制高职"这部分学生所处年龄段的特点，决定了其教育教学工作不同于三年制高职的学生，也不同于中专的学生，与"3+2"的高职也有很多不同的地方。因此，在本次"五年制高职"方案设计时，我校以打破传统的中高职课程设置与课程内容为逻辑起点，组建了校企合作的"五年制高职"方案设计团队，通过深入调研与反复验证，构建了中高职衔接以职业能力为核心的教学体系，建立了具有我们交通物流职教集团独特风格的"以中高职一体化和集团化办学为依托，以学生未成年与已成年的年龄段和身心特征为条件，以职业素质和专业技能为主线，并以通用能力、专项能力和拓展能力为板块的课程结构体系"。由于方案设计风格注重"实"、"精"、"宽"的原则，在课程衔接和课程设置上，坚持把通用能力方面的课程做"实"、专项能力方面的课程做"精"、拓展能力方面的课程做"宽"，并依据学生未成年和已成年的年龄段为界，有序地计划通用能力、专项能力和拓展能力课程的调度，着力强化实践教学，体现能力的职业性、岗位的针对性、就业的适应性。所以，我校整合的中高职课程衔接方案，可从根本上缓解或消除中高职课程设置重复、教学资源互相割裂的矛盾。

(4)"五年制高职"的管理衔接。保障在规则上。即：把现态的中等职业教育和高等职业教育的相关规则，按中高职教育一体化的办学要求重新加以组合，形成具有我们交通物流职教集团特色的以高职为龙头、以中职为基础、以行业为依托的中高职管理制度衔接的"五年制高职"管理规则。这些规则基本属性主要体现在整合性、集约性、统筹性和可控性四个方面。所谓整合是指将中高职公共因素进行有机结合，并在一个统一的管理构架下进行运作；所谓集约是指职教发展重点由外延式向内涵式方向转变，并更强调站在全局高度分析和处理问题，通过建立集中的管理系统和管理机制，有效地降低管理成本；所谓统筹，带有通盘筹划、兼顾全面之义，它渗透"五年制高职"管理的各个方面；所谓可控有两层含义，一层是指运用控制论的方法和手段来解决中高职衔接在管理上可能出现的问题；另一层是指在一个统一管理构架下，对中高职两个以上系统运作的安全隐患进行有效的反应和防范。为此，在管理衔接上，我校将进一步完善集团化办学运行机制，在中高职一体化管理前提下，按"五年制高职"学生未成年与已成年的年龄段和身心特征，实施分层与分类管理相结合的办法，制定交通学院《五年制高职学生学籍管理条例》，并明确实行学年学分制，坚持以人为本和因材施教的原则，加强过程评价管理，每年学生未完成应得学分60%的学生，由教务部门发"学业警示"，并通知家长。所在班级辅导员应联系相关任课教师制订重修计划，由教务处负责组织实施。

三、“五年制高职”可预见的成效

（1）能有效地提高中高职教育资源配置的效能。在中高职教育资源（主要指人力、物力、财力等有形资源）总量有限的前提下，提高职业教育资源配置效能只有两个办法，一是提高中高职教育资源存量的利用率；二是提高中高职教育资源增量的配置效率。对于这两点，现有中高职教育的管理体制和管理模式，无论在观念层面、制度层面，还是物质层面，都存有一定的局限，相当程度制约了职业教育、特别是行业和企业所办中高职院校的可持续发展，完全可以通过一体化管理、集团化办学，以及“五年制高职”的模式来缓解矛盾，以促进职业教育的健康发展。

（2）能有效地促进职业教育办学体制的创新。“中高职立交桥”和“五年制高职”具有横向多元化、纵向多层次的特性，能够为构建“大职业教育”和“终身教育”体系作出贡献。以现代职业教育的标准来分析，应该说上海总体上形成了现代职业教育结构体系的基本框架，但从某一行业或某一企业所办的职业院校而言，为有效地降低中高职教育的管理成本，加强中高职教育之间的衔接与沟通，实施中高职教育一体化管理和开通“五年制高职”是现代职业教育发展的一种趋势，也是国外职业教育发展的一种新动向。

（3）能有效地提高中高职教育人才培养的质量。实施中高职教育一体化管理、构筑中高职“立交桥”和开通“五年制高职”，不但有利于职业院校中高职资源的整合与优化，形成优势互补，也有利于中高职教育专业的规划与改造，有利于中高职教育课程改革、师资队伍建设和职业教育人才培养模式的改革。从培养高素质技能型人才的视角考虑，“五年制高职”沟通了中职与高职两个层次的教育，并将中职与高职的课程统一设计在同一计划内，它使复杂的课程衔接问题转化为同一专业标准的内部衔接，既能化复杂为简约，又能有效地提升职业教育人才培养的质量。

（4）能有效地推动中高职教育的可持续发展。对职业院校而言，无论是宏观管理层面，包括政府、教育主管部门、行业和企业对职业教育的管理，还是微观管理层面，包括职业院校内部的管理，均存在一些阻碍职业教育可持续发展的负面因素。目前的管理体制和运行机制，包括职业院校内部管理体制所存在的弊端，足以成为制约职业院校可持续发展的“瓶颈”。因此，职业院校对职教管理体制、运行机制和办学模式的改革创新呼声较高。我们深信，通过上下一起努力，并通过调研分析，一定能总结和归纳出符合上海职业教育特点和高素质技能型人才培养规律的创新模式，找出或找准行业和企业所办中高职院校在管理层面存在的一些问题，并提出相应的解决方案，以有效推动本市中高职教育的可持续发展。

（本文发表于《上海交通职业技术学院学报》2009 年第 2 期，2010 年 11 月获中国交通教育研究会职业教育分会第十四届优秀论文评选二等奖）

追求教育卓越　建设一流教育

——用关键词来解读本市职业教育中长期改革和发展六大亮点

《上海中长期教育改革和发展规划纲要》(以下简称《规划纲要》)是指导上海未来教育改革和发展的纲领性文件。《规划纲要》的总体框架,包括总体战略、重点任务、体制改革、重大项目、领导和保障五个主要部分。其中,贯穿于《规划纲要》的主线——追求教育卓越,建设一流教育,它既体现于推进上海教育改革和发展的工作方针,也体现于未来10年教育改革和发展的重点任务,更体现于未来职业教育改革和发展的主要方向。

在笔者记忆中,《追求卓越》它是由全球最著名的管理学大师汤姆・彼得斯与罗伯特・沃特曼合著的一本书籍。该书自1982年出版以来,被译成近20余种文字风靡全球,并被誉为世界最畅销的工商管理书籍,美国优秀企业的管理圣经,《福布斯》20世纪最具影响力的工商书籍。在彼得斯大师眼里,"卓越"的标准是指企业除了表现在财务方面的长期的优异业绩外,更重要的是具有高度的创新精神。若用这一"卓越"的标准来解读贯穿于《规划纲要》的主线——追求教育卓越,建设一流教育,似乎有同工异曲、同类相求的特点,前者适用于企业,后者适用于教育。

在《规划纲要》中,提出的"追求卓越",阐述的是在推进上海教育改革和发展的过程中,要坚持"促进公平、追求卓越、推动创新、服务发展"的工作方针。其中"追求卓越"界定的是"确立现代教育理念,瞄准世界先进水平,不断提高教育质量和办学效益,提高培养创新型人才水平,推动各级各类教育办出特色、争创一流。"与"卓越"标准相联系的"推动创新",界定的是"坚持解放思想,率先实现教育体制和发展模式创新"。笔者以为，如果说《追求卓越》一书的出版，创造了以“崇尚行动、贴近顾客、自主创新、以人助产、价值驱动、不离本行、精兵简政、宽严并济”为标志的“彼得斯时代”，那么《规划纲要》的推出，将创造上海未来10年以“形成终身学习的教育新体系，形成激发受教育者发展潜能的教育新模式，形成多元开放的教育新格局，形成均衡协调可持续发展的教育新布局”为标志的“教育现代化时代”。

围绕《规划纲要》的主线——成功从无定式，卓越贵在创新，结合上海教育改革发展的实际，笔者以为，可用《规划纲要》中的六个关键词来解读本市职业教育改革和发展的六大亮点。

关键词一：改革模式

主要亮点：《规划纲要》明确的职业教育人才培养目标是“让学生成为适应工作变化的知识型、发展型技能人才”。未来10年，“改革人才培养模式”的亮点是：①强调实践导向，融教、学、做为一体；②充分发挥和利用行业企业的资源优势；③调整和优化专业结构、课程设置和专业标准；④实施工学交替、任务驱动、项目导向等教学模式；⑤实施学业评价向就业导向和社会评价转化，推进“双证书”培养模式。

关键词二：构建体系

主要亮点：《规划纲要》明确的职业教育重点任务包括“构建现代职业教育体系”。未来10年，构建现代职业教育体系的亮点是：①坚持学历教育和职业培训并举；②促进中等职业教育与高等职业教育衔接；③推动普通教育与职业教育渗透；④实施职业教育示范校和能力建设工程，加强工程类骨干型高等职业院(校)建设。

关键词三：建设队伍

主要亮点：《规划纲要》明确的职业教育重点任务包括“建设现代职业教育师资队伍”。未来10年，建设现代职业教育师资队伍的亮点是：①形成专兼结合的“双师制”教学团队；②中等职业教育来自企业兼职教师比例不低于30%，高等职业教育的比例不低于40%；③建立职业院校教师培训制度和社会实践制度，保证教师至少每3年参加一次专业培训和到企业一次挂职锻炼；④设立职业教育教师专业发展专项资金，鼓励专业教师获得专业技术资格或职业技能资格。

关键词四：校企合作

主要亮点：《规划纲要》明确的职业教育重点任务包括“推动行业、企业和社会参与职业教育发展”。未来10年，推动行业、企业和社会参与职业教育发展的亮点是：①增强政府在职业教育中的统筹能力，鼓励行业、企业通过多种形式参与职业教育，构建起产学合作平台；②完善职业教育校企合作机制，对接受职校生实习的企事业单位进行补贴；③积极筹措和吸纳社会资金发展职业教育，积极调动和寻求各种社会资金投入职业教育领域；④宣传优秀高技能人才和高素质劳动者的劳动价值和社会贡献，倡导新的求学观、择业观和成才观。

关键词五:体制改革

主要亮点:《规划纲要》明确的体制改革,包括"教育公共服务机制创新、教育管理体制改革、办学体制改革、学校内部体制改革、招生考试制度改革"五个方面。未来10年,职业教育健全教育管理体制的亮点是:①完善"政府统筹、行业参与、社会支持"的职业教育管理体制;②加强教育与人力资源和社会保障等部门的协同管理;③建立职业院校与行业企业合作制度;④鼓励和推动社会各方面支持职业教育发展。

关键词六:重大项目

主要亮点:《规划纲要》明确的重大项目,包括"教育综合改革10个重点试验项目,以及10个重点发展项目。未来10年,职业教育重大项目的亮点是:①实施示范性职业学校建设,重点建设若干所国家级示范性和市级特色型高等职业院(校)。其中:市级特色型是我院中长期改革和发展的目标;②重点建设若干与现代服务业和先进制造业相匹配、优质资源共享的现代化实验实训基地,更好地培养适应上海产业发展要求的知识型发展型技能人才;③深化职业教育集团建设,健全中高职院校之间、学校企业之间实验实训等资源的共享机制,完善职业技术人才培养的协作机制;④深入实施上海高等教育内涵建设工程,增强高等职业教育卓越发展能力。

成功从无定式,卓越贵在创新。最后,本文用"关键词"来诠释《规划纲要》的16字方针,即"构建体系"、"体制改革"旨在促进与构建和谐教育,目的是为了"促进公平"。"改革模式"、"建设队伍"旨在推进各类教育办出特色,以"追求卓越"。"校企合作"、"重大项目"旨在"推动创新"以达到"服务发展"的要求,并不断完善教育服务体系,推进教育与科研、产业的紧密结合,增强教育服务上海经济社会发展的能力,发挥上海教育在服务长三角、长江流域和全国中的重要作用。

(2011.6)

以职业能力为核心　推进中高职教育衔接

上海市交通学校"汽车技术服务与营销"专业于2010年4月被市教委批准为首批中高职教育贯通培养试点专业。2010年9月，首批学生入校就读，2011年9月，第二批80名学生入校就读。至今，该专业中高职教育贯通培养试点工作运转已近一年，通过一年多的探索和实践，业已在人才培养方案的完善、课程体系的构建、教学管理制度的建设等方面做了大量的工作，并取得了较好的预期效果，但在试点推进过程中，也发现了一些亟待解决的问题，须在试点期间不断予以优化。

一、中高职贯通实施情况

中高职教育贯通培养试点工作运转以来，学校着力于"六个衔接"，整体设计出了中高职贯通培养实施方案，系统培养高素质技能型人才，在职业教育"立交桥"体系建设方面作了一些探索。

(一)准确定位人才培养目标，着力于学制衔接

上海交通职业技术学院开设"汽车商务"与"汽车技术服务与营销"专业，招生对象是三年制高中生或三校生，毕业的学生主要从事汽车和零部件销售等工作；上海市交通学校开设汽车运用与维修专业，招生对象是四年制初中生，这类学生毕业后主要从事汽车维修工作；而中高职贯通培养选择的"汽车营销与技术服务"专业正是注重错位发展，重新定位人才培养方案，注重文科与理科专业的复合，培养的是既懂汽车维修又会汽车营销服务的汽车售后应用型人才，而不是简单的两个专业的裁剪。

学校在设计培养方案时，着力于学制衔接，把现态的中职四年学制与高职三年学制互相连接，以学分制教学形式整体设计"中高职贯通培养"人才培养方案。新生入学后采

用“逐级挂号与先后入籍”和“学年学分制互通”相结合的办法，新生先按上海市中职教育管理办法进行入学注册，三年取得规定学分后，正式纳入高等教育管理范畴，办理教育部高职学生电子注册，直至完成全部规定学分，核发高职毕业证。

（二）创新贯通培养管理机制，着力于管理衔接

中高职贯通是一个全新的教育培养模式，学校注重“教学管理”与“学生管理”中对学生不同年龄身份“柔性”的把握，注重学生从“学生人”到“职业人”的引导与管理。

1. 教学管理按照“一年甄别，三年转段”原则，认真做好学生甄别工作

学校按照市教委精神，制定了《上海市交通学校、上海交通职业技术学院五年制中高职教育贯通培养学生学籍管理暂行规定》，规定中明确了学生每学年累计未获规定学分的处理办法，包含“甄别”内容，即学生在一年级结束时，累计取得的学分数比教学标准规定学分数少1/2及以上者，必须转入同一年级的中专相应专业学习；学生每学年累计取得的学分数比教学标准规定数少1/4及以上者，学校给予学业警告，并通知学生家长；学生每学年累计取得的学分数比教学标准规定数少1/3及以上者，必须转入下一年级学习；学生在三年级结束时，累计取得的学分数比教学标准规定数少1/6及以上者，必须转入下一年级学习。

贯通培养的工作流程，见下图：

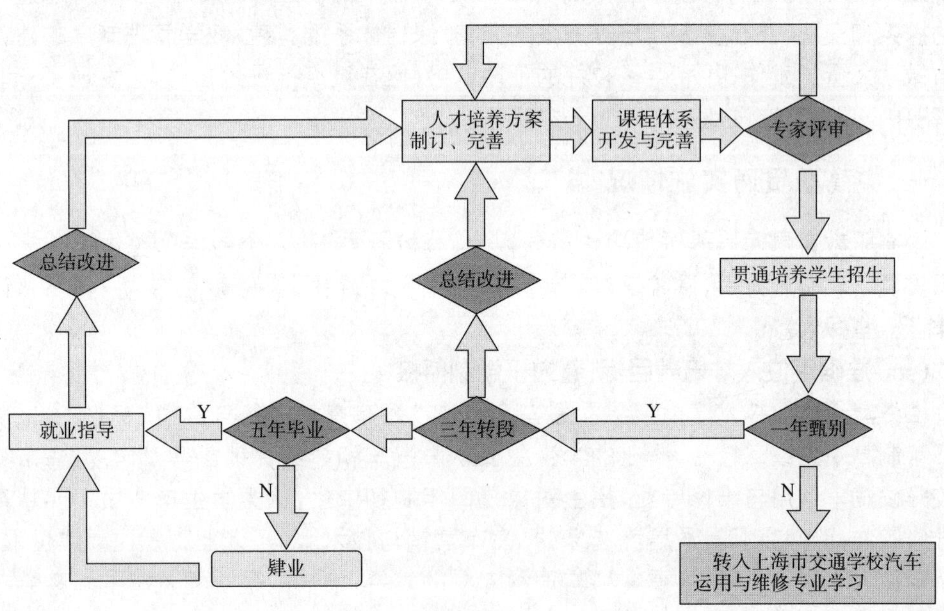

经过一年实施，2010级中高职贯通班77名学生中有1人退学、4人随下一届重修，无学生被甄别至四年制相应专业学习。

2. 学生管理柔性把握好学生“未成年人”与“成年人”身份的度

进入“中高职贯通”班就读的学生因其入学年龄特点，社会、家长、教师易视其为“未成年人”，但其学制为“五年”，在培养的五年时间里，学生的思想、身心、认知、专业技能都会向“成年人”身份转变，我校在学生管理过程中，注重柔性把握学生“未成年人”到“成年人”身份。学校制定了《中高职教育贯通培养学生手册》，明确规定了学生日常行为规范、学籍管理暂行规定、奖学金评比、就业管理等内容。学校为贯通班级配备了具有丰富工作经验的班主任，其工作认真到位，及时与任课教师或家长沟通联系。一年来，基本形成了家庭与学校教育联动的管理模式。

（三）一体化设计课程体系，着力于课程衔接

坚持“一体化”构建课程体系，注重学生综合能力培养，做到通识模块做“实”、核心模块做“精”、拓展模块做“宽”，逐步改革教学评价、学生评价模式。如在设计通识模块课程时注重语、数、外、信息等基础能力的提升，为他们后续发展打下扎实基础；在设计核心模块课程时对接汽车营销员、汽车维修服务接待等核心岗位所需专业核心能力，设置了《汽车市场营销》、《汽车营销实务》、《汽车保养规范》、《汽车维修接待实务》等9门专业核心课程；在设计拓展模块课程时注重拓宽学生专业视野，同时融入发展型课程，如设置了《汽车金融》、《汽车物流管理》、《汽车法规》、《艺术与修养》等课程。课程体系方案整体设计，但分段实施。前三年能较好地将学生对专业的认识及基本技能的基础打好，把重复课程及教学内容删去，适当增加专业基础课的内容；后两年则适当拓宽专业面，注重专业核心课程的学习，加强实训和实习。

（四）有序开发校木教材，着力于教材衔接

在课程体系开发的基础上，同步开发中高职贯通培养校本教材。在开发校本教材的过程中注重中高职教学的全部融通，而不是将“中职”教材与“高职”教材简单的拼凑。

学校先后多次召开了中高职贯通培养专业文化基础课程研讨会，专题研讨了汽车技术服务与营销专业在贯通培养教育期间的文化基础课程、专业方向课程、专业核心课程的课程标准设计，组织相关老师有序开发适合中高职学生特点的校本教材，校本教材采用活页或讲义形式，老师编写与使用同步进行。至今，累计开发贯通培养《英语学习手册》、《数学》、《语文》、《英语》、《汽车文化》、《汽车机械基础》、《职业与政治》、《艺术与修养》入门课程，约50万字，其中担任《语文》课程教学的祝建亚老师主编的《语文》（含练习册）于2011年8月由高等教育出版社公开出版。

（五）精心配备好师资，着力于师资队伍衔接

学校高度重视两届学生四个贯通班级的师资配备，每个班级都独立配备经验丰富的任课老师，累计配备老师28人，其中高级职称20人，占71.4%；硕士学历15人，占53.4%。对这些老师要求都拥有中职和高职教学经历，且同一学年两个平行班同一门课程授课由两位教师担任，隔年经验较丰富的一位老师进入新一届中高职贯通班级教学，另一位老师继续跟班教学,此配备有利于任课教师互相沟通中高职学生教学特点,有利于任课老师把握中高职贯通班级教学内容,有利于下一轮中高职"汽车技术服务与营销"专业授课时教师对学生特性的把握,力求教学更具针对性,提高教学质量。

(六)逐步导入校企合作培养模式,着力于产教衔接

为培养适应工作变化的知识型、发展型的高素质技能型人才,学校遵循职业教育的规律和中高职贯通培养的特点,在新生进校一年级起,就逐步导入校企合作的人才培养模式。学校与上海永达控股(集团)有限公司、上海市汽车修理公司就达成"订单"培养的协议,并分别冠名为"永达"班和"交运汽车"班。在 2010 年 12 月 18 日上海市交通学校 50 周年校庆时,邀请了上海市教委领导和行业领导为冠名班揭牌。企业每年捐资企业专项奖学金用于奖励中高职教育贯通班级品学兼优的学生。同时,校企共同制订教学计划、教学标准和实训标准,共同设计课程体系的运作机制。

二、取得的经验

回顾一年来中高职贯通培养所做的工作,学校感到在三个方面工作有所收获与创新。

(一)积极获取行业、企业等社会资源,顶层设计好贯通培养专业

学校在推进贯通培养试点专业过程中,注意了两个"切入点":第一,对接行业需求,扎实做好前期市场调研。了解企业所需的基础性技能型人才类型,撰写调研报告,所选择的中高职贯通培养专业必须是具有行业岗位技术含量较高、专业技能训练周期较长、熟练程度要求较高、社会需求量较大且需求较为稳定的特性。第二,实施"订单"培养,创新校企合作人才培养新模式。按照职业教育的人才培养定位,在贯通伊始积极获取优质企业资源,融入"校企合作",通过实施"订单"冠名培养、设立"企业"专项奖学金、举办企业专题讲座、共建企业员工培训基地等方面予以深度合作,切实寻找学校与企业、学习与工作、知识与技能之间的结合点与平衡点,校企双方在合作办学、合作育人、合作发展等方面作出新的尝试。

(二)注重中高职协调发展,合理定位贯通培养学生职业能力

学校于 2009 年作为首批课程改革特色学校,依托上海交通职业技术学院、上海交通物流职教集团办学优势,承接了市教委教学研究室立项的《中、高职一体化衔接课程方案设计》实验项目,实验项目对"中、高职一体化衔接方案"进行了设计,在定位中高职贯通培养专业教学标准时,我们不是简单地将高职"汽车商务"与"汽车技术服务与营销"专业、中职"汽车运用与技术"专业学生能力简单地增减,而是重新设计与定位学生的职业能力,确定了中高职贯通培养学生的三大职业能力:专业能力、方法能力和社会能力。专业能力包括计算机操作能力、汽车售后服务知识与基本技能、汽车营销技能、汽车正确使用与养护等能力;方法能力包括制订工作计划能力、解决实际问题能力、独立学习新知识和新技术的能力、评估总结工作结果的能力、计算机的办公软件及汽车相关软件的操作能力。社会能力包括具有良好的职业道德,遵纪守法、良好的人际交流和沟通能力、团队合作精神和客户服务意识、学会吃苦、主动工作的精神。最终形成公共基础课、专业核心课、专业拓展课、任意选修课组成的课程体系。

该项目研究成果于2010年11月被中国职业技术教育学会授予第二届中国职业教育科学研究成果"二等奖",该项目主题报告获上海市职业教育协会2009年度优秀论文"三等奖",得到了社会的高度认可。

(三)以学习者为中心,逐步建立贯通培养学生信息资源库

为了全程记录中高职贯通培养学生在学校的综合信息,学校利用已有校园网系统,开发了中高职贯通培养班学生的信息资源库,建立了中高职贯通学生"一人一档"的信息系统,及时记录学生成长的过程,为学校、企业、家长提供一个沟通的平台,学校可以汇总、分析学生信息,及时调整专业教学标准及后期的职业生涯发展跟踪调查;家长可以实时掌握学生在学校期间的表现和企业的反馈信息,督促学生更好地完成学业;企业可以通过查询学生在学校或实习期间各类数据,分析和判断学生的学习动态。

三、运行中的瓶颈问题与解决思路

中高职贯通培养是一个全新的教育类型,运行一年多来,学校感到目前存在的主要问题聚焦在两个方面。

(一)聚焦之一:中高职贯通人才培养问题

1. 挑战一:学生专业学习兴趣与目的持续激发与明确

2010年报考学生入学后,学校开展了专题调研,分析学生报考中高职贯通班动机,发现主要有以下三个方面:一部分学生喜欢"汽车"专业进入"中高职贯通"班就读,他们基础好,学习积极性高,主动好学;另一部分学生因为五年贯通学制较正常大专学制相比具有学制缩短等综合优势而选择贯通班就读;还有一部分学生是因为其学习成绩一般,预估自己与其读完高中后上大专而不如直接选择贯通班就读。中高职贯通培养五年周期较长,学生在学习过程中往往会出现学习动机不明确、专业兴趣不高等现象,故持续激发与明确其学习目的尤为重要。

如何能做好,关键是"趣在求实,学以致用"。学校着重做好两方面工作:一是探索中高职贯通人才培养突破点,着力提升学生的实践综合能力;二是理论联系实际,让其明确自身的职业生涯发展,巩固其专业思想。

2. 挑战二:学校自身教育模式的实践与转型

从认知发展心理学和年龄角度看,中职生学习处于认知发展第五阶段,他们主要侧重于被动学习,对教师、学校的学习依赖性较强,学习有基本方向,但动力性不足;高职生处于认知发展第六阶段,他们自主意识较强,侧重于主动探究学习。我校在中职教育、高

职教育方面培养积累了一定的经验，但中高职贯通培养试行刚刚起步，如前所述，中高职贯通学生是一特殊的学习群体，在培养期，他们要完成"未成年人"到"成年人"身份的转化，学校不能简单地把中高职贯通班学生看成是前三年"中职生培养"和后两年"高职生培养"，须综合考虑中高职贯通学生特质，创新转型自身培养教育模式，设计出独特的中高职贯通培养教育模式，在实践中探索出一条适合中高职贯通培养范式。

3. 挑战三：专业教学标准、课程标准与产业升级对接

目前，上海区域经济正在发生结构调整与产业转型，汽车后市场升级转型变化非常快，五年后行业对汽车售后服务人才的需求势必会超越现行的中高职贯通专业人才培养方案设计，故学校设想以"一年小循环、三年中循环、五年大循环"为指导思想，拟定《中高职贯通专业教学标准与课程标准动态调整管理办法》，按照"行业发展→岗位需求→任务分析→修订标准"的流程对专业教学标准、课程标准进行动态评审，使教学标准、课程标准、课程内容实时对接行业发展与职业标准。

（二）聚焦之二：中高职贯通学校自身可持续发展问题

1. 中高职贯通培养可持续发展关键在于"内涵提升"

中高职贯通培养类型可持续发展的关键点之一在于其"内涵提升"，内涵建设涉及"人才培养模式改革与创新、师资队伍建设、实训基地建设、社会服务能力提升"四个维度，内涵式提升的关键维度在于师资队伍建设。但在项目推进过程中，任课老师多次在教研活动时提出这样的建议，中高职贯通班级授课内容既不同于高职学生，又不同于中职学生，授课过程较难把握住教学的"度"，他们感到缺少平时沟通互动的平台，来及时解决教学过程遇到的共性问题。目前，上海市教委已建立了中高职骨干教师培养机制，集聚培训效果得到一线教师的高度认可，下一步能否为中高职贯通培养的师资开设市级师资培训班，提升其专业素养，有利于中高职贯通师资专业化成长。

2. 中高职贯通培养可持续发展关键在于发挥行业职教集团的资源优势

中高职贯通培养类型可持续发展的关键点之二在于发挥行业类职教集团资源优势，扩大职教集团中高职贯通"体外异地贯通"的培养面。目前中高职贯通在行业职教集团贯通也只限于"体内贯通"为主，独立设置的中职、高职学校异地贯通较少，如果行业类职教集团成员单位能够做到"三个统一、一个共享"，即"课程标准"统一、"管理标准"统一、"评价标准"统一和资源共享，那么就可逐步试行"体外异地贯通"。为此，对于条件成熟的行业类职教集团，能否给予一些政策，实行"学制跨校认可"，即学生在某一中职校完成三年学业后不实施跨校学习，而是职教集团成员单位高职师资等资源共享，实现行业类职教集团体外贯通，发挥行业类职教集团在中高职贯通教育类型中的资源优势，促进中高职贯通的可持续发展。

（本文发表于《上海交通职业技术学院学报》2011年第2期）

跋

➜ 永不满足现状 永不脱离现实

永不满足现状　永不脱离现实

——南湖职校名校长培养基地学员个案研究报告

本人鲍贤俊，男，1956 年 9 月生，中共党员；大学本科学历，上海市职教特级校长、高级讲师、副教授、注册工程师。参加工作至今，我去过农场，干过工人，做过学生，当过公务员。1983 年 9 月起，我开始从事职业教育工作。25 年的职业教育生涯，分为两个阶段：第一个阶段是 1983 年 9 月至 1995 年 11 月，我在原上海市交通运输局机关人事教育处工作；第二个阶段是 1995 年 12 月起担任上海市交通学校副校长、常务副校长、校长，2001 年 4 月起担任上海交通职业技术学院执行董事、院长。在人生的不同阶段，我获得了不同的人生经验。这既锻炼了我的能力，又磨炼了我的意志，成为我人生中的一笔丰厚的财富，为我个人的成长和发展奠定了良好的基础。具体体现在外因和内因两个方面。

一、外因——得益于三个“一”

（一）一个好的领导——对我成长发展的关心支持

1983 年 9 月，我经组织分配至上海交通运输局人事教育处工作，主管技术工人培训。从拟定培训课程，编制教学大纲，开发培训教材，到直接参与教学，实施考核鉴定发证，我对职业技术培训的流程有了较为全面的了解。同时，我还负责组织开展交运局系统内部的职业技能大赛；组织开发社会力量办学项目，首开职业资格鉴定试点；参与职业技能等级标准、考核鉴定手册等的编制；兼任机关图书馆保管员，负责图书的采购、编辑、借阅和管理工作。

1995年上半年，我被交通邮电系统看中，欲从交运局抽调到原上海市政府交通办去搞全市的驾驶员行业培训。当时，交运局的主要领导找我谈话，要我留下来，局里要委派我重要工作。1995年12月，我被调到上海市交通学校担任教学副校长；1997年12月，我担任了常务副校长；1999年3月起任校长至今；目前我还兼任交运集团人力资源部副部长。

机关工作的这段重要经历，使我深深体会到，无论是学校还是我个人所取得的一点点成绩，都与交运集团主要领导和分管领导的关心、信任、支持分不开。我在机关入了党、提了干；担任学校的教育管理工作后，集团领导非常信任，放手让我去做，在政策上全力扶持。机关工作使我逐步熟悉了市教委、市劳动局、各主管局在职业技术教育方面的工作要求，对职业教育的认识有了较大的飞跃，对职业教育的全过程有了一个整体的把握。可以说，我在机关工作的12年，为我后来13年的校长生涯奠定了重要的实践基础，对我后来逐步形成的职业教育理念产生了深远的影响。

（二）一个好的舞台——职业教育发展的良好机遇

近十年正是我国职业教育事业蓬勃发展的黄金时期，“大力发展职业教育”成为一项基本国策。这一良好的机遇，为我实现自己的职业教育理想搭建了良好的发展平台。

1997年12月，交运集团将所属的四校一中心（交运职工大学、交通学校、交通技校、集团党校、驾驶员培训中心）合并组建上海交运（集团）公司教育中心。1998年9月，教育中心从新华路、凯旋路整体搬迁至宝山区呼兰路。教育中心内部五块牌子、一套班子，有企事业两种编制，初中高三种教育层次，实施教育资源共享。然而刚刚组建不久的教育中心仍面临许多困难，当时外界的评价是“硬件不硬，软件太软”，教育教学手段、育人环境、师资队伍素质均有待提高。

1998年9月至2001年4月，交运职工大学评估复评。当时正值高等职业教育刚刚起步的阶段，我们利用这一大好机遇，在原上海市政府交通办的直接领导下，与上海海港职工大学一起，联合民航上海中专和上海铁路中专，共同组建上海交通职业技术学院，跨出了探索综合大交通联合办学创新道路的第一步。学院实施董事会领导下的院长负责制，是一块牌子、二个统一（管理制度和办学标准）、三个不变（隶属关系、经费渠道、人员编制）、四个校区的联合体，培养综合大交通技能型人才。它打破了资源属性界限，实施市场化运作模式，实现利益共赢。这种以行业为依托、集上海综合交通办学优质资源的职业教育联合体初具集团化办学雏形，在全国1000多所高职院校、30多所交通职业院校中是绝无仅有的。

2001年7月至2004年，交通学校积极投入上海市百所中职校重点建设和全国重点中专校的建设。在投入建设的两年多的时间里，学校着力抓人才、教材、器材“三材”建设，努力做到“硬件过硬，软件不软”。人才建设上着力抓师资队伍整体素质的提升，广泛开展师资学历进修、继续教育和岗位培训。教材建设上着力抓教学标准的统一、规范，积极组织参与统编教材的编审,以主干专业为试点开发校本教材。器材建设上着力抓校园基础设施建设、实验实训场所建设、教学装备建设。2004 年 4 月,交通学校先后通过了上海市百所中职校重点建设评估,被认定为全国重点中专,“汽车运用与维修”专业被认定为国家级示范专业,“现代物流”专业被认定为上海市重点专业。

2004 年至今,学校利用上海市汽车运用与维修开放实训中心、上海市现代物流开放实训中心建设,和交通学校创建课改特色实验学校的有利契机,进一步加强专业内涵建设和基础能力建设,努力做到“硬中有软,软中有硬”。积极推动课改与专业标准的编制紧密结合,牵头组织开发完成《上海市中职汽车运用与维修专业教学标准》和《上海市中职现代物流专业教学标准》。积极推动课改与开放实训中心建设紧密结合,总计投入约 920 万元,完成两个市级开放实训中心建设并通过专家评审;实训场所总建筑面积达到 10000 平方米,共计 600 个工位。积极推动课改与人才培养模式改革紧密结合,实施“定单式”与“订单式”相结合的校企合作、工学交替、半工半读的新型人才培养模式。积极推动课改与教学教法改革紧密结合,探究“任务引领型”、“做学一体”的理论与实践一体化教学新方法。积极推动课改与校本教材开发紧密结合,2004 年至今共完成 20 本统编教材、60 本校本教材的开发,其中实训指导书 47 本、理实一体化模块教材 13 本。积极推动课改与师资队伍建设紧密结合,优化“双师”激励机制,努力建设一支进课堂能教学、到企业能做事的教学水平高、实践能力强的“双师”结构师资队伍,2007 年“双师”素质教师比例达到 64.2%。

(三)一个好的帮手——团队合作精神的充分发挥

充分发挥班子的合力。开展一项事业,实现一个目标,单靠一个人的力量是远远不够的,关键要充分发挥团队合作的能量。尤其在领导班子中,作为校长,更要善用人、用好人。我校的领导班子共有 7 位成员,各人的性格不同,工作风格、做事方法不同。如何既能将班子的合力发挥到最大限度,又能充分展示他们个人的能力,这也是一个不小的课题。多年的校长生涯使我深深体会到:一要善于倾听。所谓海纳百川,多听取班子成员的意见和建议,有利于我做出正确的判断,妥善处理问题。二要充分信任。所谓用人不疑,既然明确了谁主管、谁负责,就应放手让他们去干,充分发挥班子成员的个人才能。三要出好主意。当一项新的工作刚刚开始,或是过程中遇到阻力时,要从全局观的角度考虑问题,提出合理化意见,互相补台,共同解决问题。

充分发挥三支队伍的合力。一是中层干部队伍,这是学校教育教学管理的中坚力量。中层干部是桥梁和纽带。学校的总体工作要靠这支队伍推进落实;领导班子的集体决策意见通过这支队伍上传下达,贯彻执行。因此要充分发挥中层干部的潜能,部门与部门之间应加强协调,加强团队合作。二是教师队伍,这是学校开展教育教学工作的核心保障。所谓名师出高徒,没有差的学生,只有教不好的老师。因此要持续加强师资队伍建设,尽可能创造良好的条件,对职业院校来说,重点加强“双师”队伍建设。在条件允许的情况下，加大从企业引进能工巧匠担任兼职教师的力度。三是班主任队伍，这是学校开展全员育人的基本元素。班主任工作在育人的第一线，他们与学生朝夕相处，他们的育人过程将直接影响学生正确的世界观、人生观、价值观的形成。因此，抓班主任队伍建设，要从思想源头抓起，使班主任统一思想，树立高度的责任意识，并落实到具体的育人工作中去。

二、内因——得益于三个“学”

（一）学有所思——学校教育的文化根基

一切成功教育的背后都有一个成功的教育工作者，而一个成功的教育工作者无不怀揣着一个教育的理想，这种对教育理想的追求最终化为教育理念付诸实践。身为校长，首先必须有先进的教育思想、理念，有与时俱进的教育追求，并积极贯彻到学校教育的方方面面，努力树立健康和谐的校园文化根基。先进的教育理念必须通过理论与实践的相互印证，循序渐进，逐步形成。任职以来，我先后参加了校长岗位培训、教育管理专业研究生班、上海市首批名校长培训；结合党的教育方针，我认真学习了邓小平理论、“三个代表”重要思想和科学发展观理论，学习了职业教育发展的有关政策决定，对党中央国务院《关于大力发展职业教育的决定》有了更深刻的理解。

1. 对大职教观的理解

大职教观就是“开放办学、面向人人”的职教理念。对我校而言，是坚持立足交通融入市场的发展战略和“以服务为宗旨，以就业为导向”的办学理念；是经营学校、终身教育，打破围墙、实施开放式教育，打造不可替代的交通品牌特色的办学理念；是坚持德育为先、以人为本、树立“人人都会发展、人人都能成功”的育人理念；是坚持职前教育职后培训均衡发展的理念，建立内容广泛、高中低层次都有、继续教育与岗位培训相结合的充满活力的培训实体。

2. 对学校校训的理解和倡导

我校根据自身实际，倡导“重德、崇实、求精、创新”的学校校训。“重德”即坚持教师以师德为风尚，育人以德育为先。“崇实”在于本着实事求是的态度，在教育管理上讲求实干、实效、实绩，在专业教学上注重实践，做学一体。“求精”在于工作上实施精细化管理，力求精益求精；在专业建设上加强精品专业、精品课程建设。“创新”在于“不可替代”，就是在办学理念上要始终与时俱进，常有新的理念、新的意识；要以积极的态度和不断进取的创业精神努力开拓新的办学渠道；在教学上及时将新技术、新工艺、新方法传授给学生。

3. 对“专业建设是职业院校发展的立校之本”的观点的提出

2001 年，通过探索我校专业建设的实践与发展轨迹，结合职业教育理论与经验的总结，我提出了“专业建设是职业院校发展的立校之本”的观点。围绕这一观点，我认为，专业建设是职业院校发展的内在需要，在职业教育改革中始终处于核心地位。它的根本是抓基础能力建设，核心是课程改革，重点是创特色，关键是紧紧扣住教育教学质量，成效是培养社会认可的适需人才。因此，专业建设是提升职业院校核心竞争能力的决定性因素，职业院校要坚决树立品牌意识，更好地贯彻落实"以服务为宗旨，以就业为导向"的职业教育办学方针，努力实现办学水平、办学质量与效益的新的提升和新的跨越。

4. 对质量方针的提出

学校实施 ISO 质量贯标体系，把"课程"确定为学校的"产品"，确立"行业特色明显，专业优势突显，交通企业欢迎，社会美誉度高"的质量目标。从工作形成闭环，到工作的持续改进，直至追求卓越绩效的更高目标，学校办学坚持以规范化服务学生，以特色化打造品牌，以优质化取信社会，努力在和谐校园建设中谋求可持续发展，把学校办成"培养交通人才的摇篮，学习汽车技术的基地"，在上海乃至全国的职业院校中处于领先地位。

（二）学有所用——学校建设的具体措施

办好一所学校，教好每一个学生，首先必须有革除教育弊端的冲动和勇气，要有选择教育管理的行为。这种行为可以通过以下三个案例来加以说明。

1. ISO 管理：一把钥匙开五把锁

由于我校是一套班子、五块牌子的内部的体制机制较为复杂的教育实体，如何加强规范管理对我来说是一种挑战。1999 年，我提出实施 ISO 质量贯标体系的设想，当时没有得到积极的回应和支持，但还是在我的坚持下开始了试点工作。1999 年 11 月，我校在上海市的中职校率先实施 ISO 质量贯标体系，ISO 质量贯标体系的试点运行不久就带来了良好的效果。一把钥匙开五把锁，解决了不同体制机制下如何规范管理的难题，学校的整体工作形成了一个闭环，不管哪一项工作或者哪一个环节出现问题都会一目了然。而且，在不断的实践中，广大教职员工也越来越清醒地认识到，质量认证的"为顾客服务，持续改进工作"是正确的和有力的，大家也越来越习惯于在规范、高效的环境下实施教育管理，开展教学工作。2003 年 11 月，学校转而实施 ISO 9001:2000 版质量标准。2007 年 1 月实施 ISO 9001（追求卓越绩效）质量标准，并使用《质量手册（C 版）》。ISO 运行 9 年来，各项规章制度日益健全完善，各项管理更加规范、有序，各项工作得以持续改进和加强，学校的核心竞争力和办学档次得以持续提升。

2. 中高职一体化管理：多种体制并存，分层分类管理

中、高等职业教育是同一类型的两个不同层次和不同阶段的职业教育。中职教育是培养数以亿计的高素质劳动者，高职教育是培养数以千万计的高技能人才。两者之间的定位在理论上是清晰的，然而将他们放在同一个校园里，难度就显而易见了。首先在管理上有难度。高职学生自主性较强，不喜欢老师管头管脚；中职学生自控能力差，需要有严格的行为规范来约束。其次，对于中高职开设相同专业，且学生在中职阶段即在本校就读，专业教学培养目标的范围界定也是很有难度的。而这样的情况在全国范围内也没有先例，可以说完全是新兴事物，没有可借鉴的经验。为此，我主动承接了上海市普教系统"双名工程"《实施中、高职教育一体化管理的理论与实践的研究》专项课题，从我校的实际情况着手开展研究，提出了中高职一体化管理的基本做法。如在一体化管理的架构下，中、高职两种体制并存，并坚持中、高职教育的分层与分类管理。具体体现在对专业课程标准和教材作出清晰的界定；在教学管理上实施不同的质量监督体系，中职实施 ISO 标准，高职以教育部的高职高专人才培养水平评估标准为准绳；在学生管理上，中职着力加强学生行为规范养成教育，高职以学生自我管理为主，加强思想道德行为的引导。

3. 校企合作：交通物流职教集团的创建

2007 年，上海市人民政府、上海市教委将组建职教集团的工作排上了议事日程，这是党和国家政府作出大力发展职业教育决定后的又一项重大举措。按计划，上海在 2007 年首批成立现代护理和交通物流两大职教集团。由于上海交通职业技术学院建院六年来坚持探索打破围墙、走综合大交通联合办学创新的道路，已初具职业教育集团雏形，上海市政府、市教委将组建交通物流职教集团的艰巨任务交由交通学院和交通学校共同承担。这对我们来说既是机遇，又是挑战。为此，学校组织人员开展了职教集团组建的相关课题研究，撰写了课题报告，完成职教集团组建材料的申报，以及职教集团组建方案、集团章程、加入集团相关协议书、集团五年发展规划等文件的编制。经向交运集团总裁办公会议提交组建申请获批准，上海市教委组织专家组审核并一致通过同意组建，2007 年 12 月 24 日举行了"上海交通物流职业教育集团"成立大会和揭牌仪式。上海交通物流职教集团由 10 所中高职院校、7 家大型知名物流企业、6 家综合交通行业协会共 23 家单位组建而成。它以专业为纽带，以实现资源共享为目的，以专业化、品牌化、连锁化、市场化、国际化为标准，在协议的基础上建立起学校与学校、学校与企业、学校与行业协会之间的紧密合作，为探索校企结合、工学交替、半工半读的创新技能型人才培养模式搭建了优质平台。

（三）学有所成——学校实践的初步成效

1. 提升了校企合作的紧密度

学校与一汽丰田开展 T-TEP 教育长达 12 年，2004 年 9 月与上海通用汽车合作在全国首创 ASEP 教育，与美国 PPG 公司合作建立 400 平方米的汽车涂装实训中心；此外还与云峰集团、蓝霸汽配、TNT 上海分公司等企业建立了校企合作关系，这些企业每年提供先进的实习实训设备和培训教材，积极推动了学校的专业内涵建设和课程改革；同时，学校亦坚持为企业员工继续教育和岗位培训服务，年培训量保持在 1 万人次左右。2004 年 10 月，日本丰田汽车有限公司授予学校全国"T-TEP"样板学校荣誉，2007 年 3 月又授予学校"全国 T-TEP 学校特殊贡献奖"。2004 年 11 月，上海市劳动与社会保障局、上海市职业技能鉴定中心将价值 250 万元的汽车运用与维修实训设备划归学校。目前，学校的就业推荐网络有 500 多家企业，毕业生就业率近三年保持在 98% 以上。

2. 提升了学校的育人水平

在2005年和2007年上海市第一届、第二届"星光计划"学生技能大赛汽车运用与维修、现代物流专场比赛中,学校包揽了团体、个人全能和几乎所有单项的第一名,共计获得40余个奖项。2007年6月,学校与上海市东辉职校共同组队,代表上海市参加在重庆举行的全国中职技能大赛汽车运用与维修专场比赛,我校的4位选手在全国34个省市队、64个代表队、194名选手中脱颖而出,一举夺得团体比赛一等奖,并在个人比赛仅设的五个一等奖中摘得二金,取得了优异的成绩和全面的胜利。学校的社会认可度、知名度大幅提升,在上海乃至全国的职业院校中起到了引领和示范的作用。此外,学生"双证书"、"多证书"获得率达到98.33%,学生综合素质进一步提高。

3. 提升了学校的教科研水平

学校制定实施《教育科研课题管理办法(试行)》,进一步规范了课题申报制度、教材选题制度等,逐步构建起产学结合的应用型教科研体系。"十五"期间,完成教育部、上海市科研课题共9项,其中国家十五德育重点课题"劳动值勤、自我服务"《中职一年级劳动教育德育体系整体建构》获课题研究优秀成果二等奖,并被评为"国家课题先进实验学校"。31篇论文在中国职教学会、交通职业教育研究会等权威机构的论文评选中获奖。2位教师参加上海市中职第四届教师教学法改革复评,分获二、三等奖,学校获优秀组织奖。2006年11月参加上海市中职校第一届校本教材展示交流评比获优秀组织奖。此外,学校每年出版2期《交通教育》校刊和1本论文精选集,教师拥有教科研成果的占82%。

4. 提升了学校的办学档次和社会声誉

学校连续八年被评为上海市文明单位,近年来先后被评为上海市职教先进单位、上海市职工素质工程教育培训基地十佳示范单位、2004至2005年度上海市学校及周边治安综合治理先进集体、上海市教育系统社会治安综合治理先进集体、上海市安全文明校园、上海市职成教信息工作先进单位、职业技能鉴定站所评比第一名。2004年4月,上海市百校建设总结大会在我校举行。在2006年3月召开的上海职教工作会议上,学校代表上海市中等职业学校作主题为"引名企进校园,融专业入社会"的交流发言。2007年5月,学校被市政府、市教委、市劳动和社会保障局联合授予"校企合作试点单位",全市仅五所中职校获得此项资质。2008年4月,交通学校申报上海市课程教材改革特色实验学校,经过自评、网上打分两个阶段后,以免予答辩、免予实地评估的良好成绩,被上海市教委正式认定为上海市16所课程教材改革特色实验学校之一。

结束语:交通学校创建课改特色实验学校的过程证明:"德育为先,技能为道"是职业教育的特色。对职业院校而言,"特色"是没有既定模式可效仿的,"课改特色"是学生特长的集中表现,是一种有选择的追求卓越。它具有创新性、前瞻性和可塑性的特点。创特色的关键要素是不可替代;核心目标是打造优质品牌,并在上海市中职新一轮课程与教材改革中充分发挥示范、引领和辐射作用。

上海交通物流职教集团成功组建的事实证明：职业教育只有在跨系统的运作模式中，才能有鲜活的生命力。上海交通物流职教集团作为多种体制并存、多层次办学、校企紧密合作的成功范例，实现了跨行业、跨区域、跨产业、跨地区的联合，真正体现了面向人人、开放办学的大职教观。

可见，学校要发展，作为校长，必须要有回馈社会、公共服务的意识和能力。作为校长，只有永不脱离现实，坚持实事求是、严谨治校的工作作风；永不满足现状，坚持与时俱进、开拓创新的工作干劲，才能有所作为，实现自己的职业教育理想。只有牢固树立"以服务为宗旨，以就业为导向，以提高质量为重点"的职业教育办学理念，职业院校的可持续发展的道路才能越走越宽敞，越走越光明。

(2008.4)